JIDIANLEI TEZHONG SHEBEI JIANYAN JI ANQUANXING FENXI

机电类特种设备检验及安全性分析

主　编　高　勇
副主编　井德强　屈名胜

西北工业大学出版社
西　安

【内容简介】 本书是关于机电类特种设备检验及安全性的论文集，由自陕西省特种设备质量安全监督检测中心成立以来在国内期刊正式发表的论文集结而成。全书分为电梯检验技术及安全性分析、起重机械检验技术及安全性分析以及特种设备检验技术及监督管理三部分。

本书可供从事与机电类特种设备工作相关的安全监察人员，检验人员以及作业人员使用，也可供其他与特种设备工作相关的人员参考。

图书在版编目（CIP）数据

机电类特种设备检验及安全性分析 / 高勇主编．—西安：西北工业大学出版社，2017.12

ISBN 978-7-5612-5817-0

Ⅰ．①机… Ⅱ．①高… Ⅲ．①机电设备-质量检验-文集②机电设备-安全性-文集 Ⅳ．①TM92-53

中国版本图书馆 CIP 数据核字（2017）第 328184 号

策划编辑： 华一瑾
责任编辑： 华一瑾

出版发行： 西北工业大学出版社
通信地址： 西安市友谊西路 127 号 **邮编：** 710072
电　　话： (029) 88493844 88491757
网　　址： www. nwpup. com
印 刷 者： 陕西金德佳印务有限公司
开　　本： 787 mm×1 092 mm 1/16
印　　张： 18.5
字　　数： 445 千字
版　　次： 2017 年 12 月第 1 版 2017 年 12 月第 1 次印刷
定　　价： 68.00 元

机电类特种设备检验及安全性分析

编委会

主　编　高　勇

副主编　井德强　屈名胜

编　委　张志仁　王　刚　李　波　杨新明

　　　　常振元　黄鹏辉　孙　南

前　言

特种设备安全关系人民生命安全，关系国家经济运行安全和社会稳定，是公共安全的重要组成部分。因此，保证特种设备安全，预防和减少事故，对维护人民生命财产安全、保障经济安全运行，促进经济社会又好又快发展，具有重大意义。

陕西省特种设备质量安全监督检测中心是从事机电类（电梯、起重机、游乐设施、场（厂）内专用机动车辆等）特种设备检验检测工作的专业技术机构，为维护陕西地区机电类特种设备安全工作发挥了巨大作用。中心秉承“依法检验，科学公正，高效廉洁，诚信至上”的质量方针，严格按照国家规定的规范、方法、标准开展检验，在检验检测和管理过程中，中心员工认真总结梳理，对发现的问题积极研究，并在专业期刊将研究成果发表，为促进知识共享，特将自陕西省特种设备质量安全监督检测中心成立以来在国内期刊发表的论文结集出版。

陕西省特种设备质量安全监督检测中心和原陕西省锅炉压力容器检验所于 2017 年 9 月合并，成立了新的特种设备检验检测研究机构——陕西省特种设备检验检测研究院。新研究院主要从事锅炉，压力容器（含气瓶、氧舱），压力管道，电梯，起重机械，游乐设备及场（厂）内专用机动车辆的安全性能监督检验、定期检验，锅炉水质检验，锅炉能效检测，安全阀、防坠安全器校验以及相关特种设备制造、安装、修理、改造和气瓶检验机构的评审等工作，是具有独立法人的公正第三方地位的综合检验检测机构。

本书共分为三部分。第一部分介绍电梯检验技术及安全分析，第二部分介绍起重机械检验技术及安全分析，第三部分介绍特种设备检验技术及监督管理。对于已公开发表的论文，本论文集收录时均在文末予以注明。

本论文集旨在与同行进行交流探讨，由于水平有限，且涉及的技术领域广，书中难免有疏漏和不足，不当之处恳请读者批评指正。

编委会

2017 年 9 月

目　　录

第一部分
电梯检验技术及安全性分析

抽样检验在电梯定期检验中应用的可行性分析

高勇　屈名胜

(陕西省特种设备质量安全监督检测中心　陕西 西安 710048)

摘　要:电梯数量随着我国城市化进程的加快出现高速增长态势,电梯检验机构检测人员却增速缓慢,检验人员配比难以满足检验需求,而各检验机构将工作的重心放在电梯的安装、改造、大修过程中的监督检验,对在用电梯的定期检验有所松懈。在社会舆论和机构改革的推动下,电梯的定期检验有放开的趋势。本文首先研究了抽样检验的必要性,分析了抽样检验的可行性,通过分析定期检验不同检验方法的特点,对抽样检验可能涉及的问题和检验责任进行了探讨。通过对抽样方法在电梯定期检验中应用的必然性和可行性进行研究,提出了控制检验质量和检验风险的建议。

关键词:电梯;定期检验;抽样;检验风险

0　引言

随着我国城市化进程的加快,城市中电梯的保有量正以年均20%左右的速度在增长。这使得特种设备检验检测机构将工作的重点放在了这增长的20%的电梯安装过程的监督检验上,对在用电梯的定期检验有所松懈,甚至流于形式。有的检验检测机构对电梯的定期检验已通过抽样的方式进行检验判断。在检验人员配比难以满足检验需求的情况下,有必要研究抽样检验方法在电梯定期检验中应用的可能性和可行性,为市场化做好充足准备,从而有效控制检验工作质量并降低检验风险。

1　电梯定期检验抽样检验的必要性

1.1　电梯定期检验的必要性

对电梯实施定期检验是加强电梯安全管理,保证设备安全运行,防止和减少事故的一个重要措施。目前,我国对电梯实施强制性定期检验的目的是通过检验机构的安全检验来验证投入使用的电梯设备的安全状态是否符合安全技术规范要求。

电梯作为一种运输工具,由于其使用环境、条件及方式不同,都会对电梯的正常运行产生影响,因此必须对电梯进行定期维护保养。如果不能及时对电梯进行保养、检查和调整,电梯就可能发生故障,故障多了,就可能引发安全事故。为了遏制事故的发生,监督使用单位和维护保养单位的工作,必须由法定机构定期对电梯进行安全检验,其目的是检查电梯的使用是否规范、防范事故的措施是否到位、电梯的保养质量是否合格。如果有不合格项目,通过检验机构的检测和监察机构的监督来促进电梯使用单位、维保单位及时落实相应的整改措施，从而保证电梯的安全运行。只有上述条件都满足了，才能为电梯的安全运行提供良好的保障。

1.2 电梯定期检验存在的问题

1.2.1 现状分析

根据《特种设备安全监察条例》要求，电梯使用单位应当按照安全技术规范定期检验，但在实际执行过程中却出现了“三低”现状，即电梯受检率低、检验申请及时率低和检验一次性合格率低[1]。电梯受检验率和检验申请及时率低是由于使用单位对责任认识不清未引起其足够重视，加上监察机构常规监察力度不够，未对其进行有效监督。而检验一次合格率低则是由多方面的因素引起的，主要原因还是维保单位维保质量不高、使用单位不能对维保质量进行有效管理。维保单位为争取市场不断压低价格，而使用单位倾向于选择价格低的维保单位，导致维保市场的恶性竞争。

电梯定期检验可分为检验机构的定期检验和使用单位的定期检验，前者是法定检验要求，为行政监管部门下属检验机构从事；后者为日常工作要求，为维护保养单位从事。法定检验机构所从事的定期检验仍然是一种验证型的定期检验行为。监督检验是监管部门履行法定职责的技术手段，监督检验和定期检验两者检验目的、方式等都有较大区别。但由于目前电梯定期检验主要由行政监管部门下属检验机构开展，以至形成了以定期检验替代监督检验的现状，造成行政监管部门既当“裁判员”又当“运动员”，不利于电梯安全主体责任的落实[2]。

1.2.2 检验人员配比的不均衡

截至2010年底，中国在用电梯总数达到162.8万台，并以每年20%左右的速度高速增长。每年新增的电梯数在30万台以上[3]，尽管如此，我国每千人拥有电梯台数离世界水平还相差甚远，电梯市场还有很大的发展空间。市场估计电梯饱和量将是600～700万台。这也就意味着，未来我国至少还将有500万台左右的电梯需求，再加上老旧电梯的更新改造的需求，电梯有很大的市场增加空间。

在电梯数量快速增长的同时，目前我国特种设备检验检测机构检验资源未能有效配置，检验机构规模小，抗风险能力弱。检验检测机构的检验人员由于受体制等多方面因素的影响，检验人员结构不合理，在技术类人才需求上均出现人员紧缺问题，而由于编制的限制，事业编制满员，合同编制与事业编制的待遇差异形态存在，使得人才难以被真正吸引，缺乏高素质管理与技术人才[4]。由于工作量大，加上检验人才的缺乏，检验人员往往在完成检验工作时为了提高速度而忽略了检验质量和要求，造成检验结果的失实。

1.3 市场的推动

1.3.1 市场经济的推动

自20世纪80年代中期我国开展机电类特种设备检验开始，我国的机电类特种设备检验经过了30多年的发展。在电梯等特种设备数量少的初期，检验检测机构的运作靠的是政府的支持。现如今设备的数量已经增长到一个相当高的水平，检验收入已经可以在维持检验机构正常运行的同时有所盈余，检验机构检验年收入的量已足以引起社会检验机构等各方力量的关注。在检验收入引起社会关注的同时社会认为检验费用偏高，而社会其他检验机构想从中分得经济利益，社会舆论也一直将这种靠政府的强制性吃饭的工作处于高度关注状态，电梯一旦发生事故就将质监部门和政府推向舆论的风口浪尖。

1.3.2　改革的推动

从2012年4月份国家正式公布了我国事业单位的改革指导意见后，部分地市的质监部门已经改变了原先的垂直管理而改为地方管理。从此次改革的目标看，隶属于事业单位的检验检测机构也在改革之列。从市场的各种预期看，检验检测机构的职能加强是必然的，其进一步突出的将是监督职能，其检验检测业务也有可能部分推向市场。

检验检测机构的改革，电梯的检验检测也将向着《TSG T7001—2009 电梯监督检验和定期检验规则——曳引与强制驱动电梯》制定的三个阶段中的第三个阶段发展，其监督职能将进一步强化，定期检验将由社会检验机构或维保单位自行进行，而政府检验检测机构主要从定期检验的设备中抽查一定比例进行监督检验。

2　电梯定期检验抽样检验的可行性

2.1　前提条件

2.1.1　制造单位关注重点的转移

实现抽样的前提是电梯状态的安全可靠，电梯在使用过程中的安全可靠主要靠维护保养来保证。从我国电梯维保市场来看，维保单位可分为厂商维保和第三方维保，从专业性和技术性而言，厂商维保要远胜于第三方维保。但从市场份额来看，厂商设立的维保占有市场份额不足20%[5]。究其原因是厂商不注重维保，相对国外利润增长点主要来自售后而言，国内制造厂商更多关注的是销售环节。根据美国摩根银行所做的咨询调研报告显示，自2000年以来，全球范围内电梯销售业务只占总收入的35%左右，而维修保养业务占总收入的55%。如果电梯制造单位将维护保养提高到与销售同等的地位，更多关注电梯的维护保养，维保质量提高了，电梯状态安全了，才能去谈由维保单位或社会检验机构执行定期检验的事情。

2.1.2　《TSG T5001—2009 电梯使用管理与维护保养规则》的贯彻落实

《TSG T5001—2009 电梯使用管理与维护保养规则》为全国电梯使用管理和维护保养形成了一个统一的、能满足电梯安全保障和正常运行的基本要求，以达到规范电梯使用管理和维护保养工作的目的，是为了规范电梯的使用管理和维护保养而制定的。但从其执行情况看，维护保养单位基本可以贯彻，但在使用单位那里，这个规定却成了一纸空文。虽然检验机构按检规进行了检查，但使用单位真正能贯彻实施的少之又少。这就需要更强有力的制度来督促使用单位的贯彻落实，只有各方责任都履行了才能谈设备运行质量的提高。

2.1.3　主体责任的明确

根据国家质检总局特种设备安全监察局于2012年初下发的指导意见，意见中指出公共交通领域电梯由制造单位或其委托、授权的单位进行安装调试和日常维护保养，电梯制造单位对设备的设计制造、安装调试、维护保养质量和安全性能承担责任。这份指导意见还明确了公共交通运营单位对电梯使用管理负主体责任。这份指导意见只明确了公共交通领域，如果将其延伸到一般客货梯，有了责任的约束，安全则更多一份保障。

2.1.4 保险制度的完善

根据目前特种设备的最高法规《特种设备安全监察条例》:“国家鼓励实行特种设备保险制度,以提高事故赔付能力”,对特种设备的保险一直是鼓励性的。就实施情况来看,在电梯行业真正参加保险的少之又少,文献[6]的数据显示,上海电梯责任险的投保率不足5%。随着我国电梯在用数量的日益增长,部分电梯服役时间增长,事故发生的频次可能会继续增加,应制定完善的方案将保险制度引入电梯中,发挥保险较强的经济补偿、安全促进等作用,为企业稳定发展提供强有力的保证。

2.2 抽样方法的完善

2.2.1 全数检验

一直以来电梯的定期检验实施的是全数检验,也就是对每一个电梯都要由国家核准的检验检测机构对其进行每年一次的定期检验。这种检验方法适用于数量少的产品,对大批量的就很不适用。当产品数量大,检验项目多或复杂时,全数检验或耗费大量的人力和物力,并很容易出现错检和漏检现象。

2.2.2 抽样检验

抽样检验是从一批交验的产品(总体)中,随机抽取适量的产品样本进行质量检验,然后把检验结果与判定标准进行比较,从而确定该批产品是否合格或需再进行抽检后裁决的一种质量检验方法。将其引入电梯定期检验,其管理流程如图1所示。

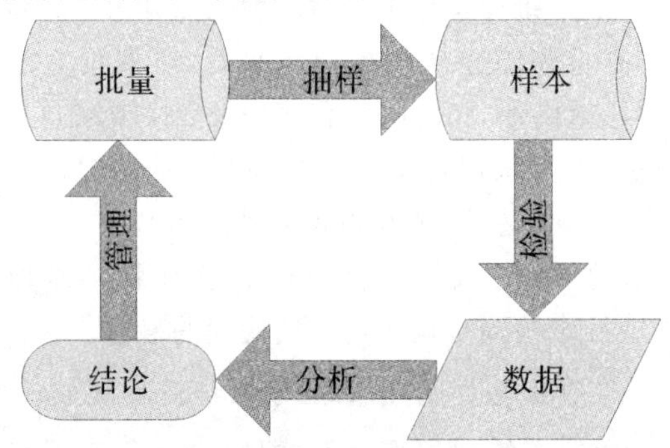

图1 抽样检验流程图

无论是全数检验还是抽样检验,其适用范围是不同的,其最终所获得的结果的准确性也是不一样的,其对比见表1[7]。

表1 全数检验与抽样检验比较表

项 目	全数检验	抽样检验
检验对象	一件单位产品	一批产品
检验目的	判断每件单位产品是否合格	判定整批产品是否合格
应用场合	单件小批量产品及极重要质量特性的成品检验	大批量生产与连续交货的产品及检验费用高的产品
对质量保证能力	存在错检、漏检,需及时纠正。能保证产品质量	存在生产方风险与使用方风险两种误判,但可限制在允许范围内,能保证产品质量
检验费用	检验费用高	检验费用低

目前我国已经发布了20多部抽样检验国家标准，基本上构成了一个比较完整的抽样检验标准体系。实践证明，将抽样方法应用于产品质量检验，虽然也存在着误判（即通常所说的存在着生产方风险和使用方风险）的可能，但可以通过选用合适的抽样检查方案，把这种误判的风险控制在人们要求的范围之内，符合社会生产使用的客观实际需要。

目前社会的预期是进行抽检，如果按照一定的百分比去抽样，这种百分比抽样检验本身就有其不合理性。由于电梯的特殊性，电梯新旧程度不同，到期时间不同，品牌不同等多方面因素影响可能会产生不同的抽样批量。由于要求的合格判断数是相同的，这就容易产生大批量严，小批量宽的不合理性，而且随着产品总批量的增长，百分比抽样检验亦不能体现抽样检验在经济性方面的优点。

2.3　企业自检能力的加强

2.3.1　技术由国外转向国内

电梯行业是我国最早对外资开放的行业之一，电梯制造技术、安装技术是随着国外电梯公司在国内设厂后逐步在国内推广开来的。国际上最大的电梯公司几乎全部进入我国，最先进的电梯产品争先在中国生产。对外开放的政策和国外先进技术与先进管理方法的引进对国内电梯企业的发展产生了强大的推动作用，有力地促进了内资企业的技术进步。近年来江南嘉捷、上海永大以及康力电梯等民族品牌的异军突起，使过去外资品牌占中国市场绝对主导的格局正在发生变化，民族品牌与外资品牌同台竞技能力增强，并且已显现出市场份额将不断上升的态势。到目前为止，国内基本上形成电梯核心技术国产化，国内电梯技术主动权也由外资企业垄断发展到国内外企业基本对等的局面[8]。

2.3.2　人才培养正在加强

人才是行业兴衰的关键，我国电梯行业专业技能人才缺口每年逾3万人[9]，如何解决人才紧缺问题，成为大家关注的焦点。2012年由中国电梯协会主办的“电梯行业专业技能人才培养论坛”在中山市南区举行，中山职业技术学院成功的办学经验给我国的高等教育和职业教育提供了很好的经验可供借鉴，相信随着电梯专业人才培养标准的日益规范，我国电梯维保、检验人员空缺以及专业素质不高的难题可得到有效解决。

3　检验质量的保证和检验风险的控制

3.1　检验和全面质量管理

实行定期检验的目的是加强设备管理的必要选择，如果实行检验机构的抽样检验，其通过抽检的目的是在节省人力和物力的同时强化检验机构的监督职能，落实各责任主体的责任。要通过抽检对所有电梯设备的安全运行状态有一个很好监督，实现电梯使用单位和维保单位的全面管理。因此应选择合适的抽样方案，使样本可真正代表总体，才能将风险降低到可控的范围内。

3.2　基于风险的检验(RBI)的引入

我国实行电梯定期检验其遵循的是国家质检总局制定的《TSG T7001—2009 电梯监督

检验和定期检验规则——曳引与强制驱动电梯》,对到期的所有电梯,不论设备状况如何,一律按统一的标准进行检验。定期检验对高风险设备可能检验不够充分,而对低风险设备可能造成检验过度。应加强风险管理在电梯检验中的适用性研究,将风险管理引入电梯定期检验,开展具有针对性的检验,通过风险管理将风险可能产生的危害降到尽可能低的水平。

3.3 检验风险的合理规避

政策风险是检验检测机构面临的最大风险,一旦发生事故,检验检测机构或检验人员就可能被追究责任,相对于事故率更高的车辆检验而言,却未见有检验机构为此担责,这种责任追究的不科学将随着我国特种设备法律制度的完善逐步的到改善。

要加强舆论引导,改变社会对经检验就一定安全,出了事故就一定是检验的问题的错误认知。普及电梯知识,使公众认识到电梯的安全运行是多种条件综合作用的结果,需要使用单位、维护保养单位、电梯乘坐者以及检验检测机构共同努力去创造。

从目前看,检验机构工作的重点应放在妥善处理质量与效益的关系,合理配置检验人员,加大检验科研投入,研究更加科学的抽样方法,采用科学的管理理念和方法,通过提高检验质量来降低检验风险,并通过参加保险的形式来分担风险,增强检验机构自身抵御风险的能力。

4 结束语

电梯的定期检验对我国遏制电梯事故发挥了很大的作用,由于电梯定期检验中检验机构本身暴露出的问题,加上我国改革进程和舆论压力的推动,社会对检验市场开放呼声越来越高。虽然如此,要实现真正意义上的抽样检验,还有很多问题需要解决。像市场对 2.1 提出的前提条件是否已经成熟?谁来执行定期检验?检验人员的条件谁来控制?抽样检验是否一定能够达到制定定期检验规则的初衷?怎样抽样?抽检如何能反应总体的安全特性等一系列的问题。这都需要进行深入地调查研究,选择合适的地方试点。虽然效果我们不得而知,但我们检验检测机构的确应清醒地看到自身的不足,转变发展理念,忠实履行法定职责,顺应市场需求走科学发展之路,只有增强了自身检验水平,才能在改革的浪潮中立于不败之地。

参考文献

[1] 民建湖南省委建议加强电梯定期检验工作[OL]. http://www.rmzxb.com.cn.

[2] 广东试行电梯安全监管体制改革[N]. 南方日报,2012-05-11(A12).

[3] 白雪. 安全事故频发电梯如何支撑中国城市运转[J]. 安全与健康,2011(15):15.

[4] 赵加力. 我国产品质量检验机构改革路径研究[D]. 中山:中山大学,2009.

[5] 吴玉峰. 电梯事故频现 增长方式求变[J]. 中国质量万里行,2011(8):55.

[6] 苏微佳. 上海电梯责任险投保率不足 5%[N]. 解放日报,2011-08-02(15).

[7] 寇洪财. 新版抽样检验国家标准使用手册[M]. 北京:中国标准出版社,2004.

[8] 李晓明. 特种设备监督检验市场化分析[D]. 天津:天津大学,2006.

[9]　陈秋媚．协同育人长效机制让电梯产业从困局中突围[N]．中国教育报，2012－03－07(6)．

（该论文发表于《中国特种设备安全》2013年第7期）

电梯门系统的防夹保护

高勇　屈名胜

（陕西省特种设备质量安全监督检测中心　陕西 西安 710048）

摘　要：电梯层门的防夹保护装置对通过层门的人员具有很好的保护作用，但几起由于遛狗绳被夹住而引发人员受伤的事故暴露出电梯门系统保护的功能不足。本文通过两起由遛狗绳引发的电梯事故案例分析，给出了提高电梯门系统防夹保护装置安全性的方法和建议。

关键词：电梯；遛狗绳；门系统；光幕；防夹保护

0　引言

随着城市中高层建筑的不断涌现，电梯成为人们日常生活中上下楼必不可少的运输工具。据国家质检总局公布的数据，截至2015年底，全国电梯总量超过400万台，我国电梯保有量、年产量、年增长量均为世界第一。2015年全国共发生电梯事故58起，死亡46人。据统计，在所发生电梯事故中，发生在门系统的事故占电梯事故的比重最大，发生也最为频繁，占80%左右[1]。门系统事故之所以发生率最高，一方面是乘客与之接触的频次高，另一方面电梯门的防夹、防障碍物的检测手段不完善也是造成这类事故的主要原因。因此，有必要从典型事故案例分析入手，找出这类事故发生的规律和原因，总结经验教训，改进设计和管理，对提高电梯的使用安全性具有很好的实际意义。

1　案例回顾

事故一：某3岁男童和父母出门遛狗，家长将遛狗绳拴在了男童的右手中指，让他牵狗出门。出门后，狗迅速跑进电梯。男童还没来得及追赶，电梯关门后运行，遛狗绳将男童的中指拽掉。

事故二：某64岁老人，出去遛狗回来在楼下等电梯，电梯门打开后狗就立刻钻进了电梯，老人未及时进入电梯，电梯关门后开始上行，她左手无名指被拽断。

2　事故原因分析

2.1　事故产生的原因

（1）从人的角度讲，造成上述事故的直接原因是当事人缺乏乘坐电梯的基本知识所致。第一:在电梯开门过程中,当事人没有看管好宠物,不应让它随便进出轿厢。第二:电梯到达目的层站,在轿厢外,没有及时按呼梯按钮,电梯在一定时间内响应其他楼层的呼梯信号或内选信号,电梯关门运行。

(2)从设备的角度讲(排除电梯故障的可能),电梯门关闭时,遛狗绳并没有挡住光幕信号或触发安全触板动作,因此电梯门没有检测到障碍物,从而关门运行。

2.2 技术原因分析

2.2.1 电梯门系统的防夹保护存在检测盲区

上述两起事故中事故的引发都是由于遛狗绳,在市场上遛狗绳直径分为很多种,根据犬类大小和个人喜好不同而不同,一般直径为 10 mm,有伸缩的扁平带型式的尺寸更小。上述事故发生时由于狗的拉拽使遛狗绳处于绷紧状态,此时能够使光幕动作的最大宽度仅为遛狗绳的最大直径约为 10 mm。而光幕由于其原理和制造成本等方面的原因其本身存在一定的检测盲区。由于遛狗绳绷紧,最多仅保持小幅度的上下晃动,未达到光幕的最小检测灵敏度,此时遛狗绳所处位置处于光幕检测盲区的概率很大,因而可能无法触动光幕。如果此时检测不到其他障碍物,电梯在达到关门延迟时间后,电梯将响应其他楼层的呼梯信号关门运行。

2.2.2 电梯门系统防夹保护的最后 50 mm

在关门过程中,遛狗绳可能会挡住光幕或触发安全触板使轿门重新开启。但这种由于遛狗绳与轿门碰撞后引起的上下移动可能发生在关门的最后一段行程,根据我国现行的电梯制造标准《GB 7588—2003 电梯制造与安装安全规范》中 8.7.2.1.1.3 规定防止门夹人的保护装置在主动门扇关闭的最后 50 mm 内可以不起作用,所以遛狗绳与层门或轿门的接触无法使电梯门重新开启。

2.2.3 遛狗绳直径不足以阻止层轿门锁的正常闭合

在电梯层门和轿门关闭过程中,遛狗绳夹在层门和轿门之间,由于遛狗绳直径较小,其尺寸不足以破坏层门锁的闭合,门锁正常啮合后电梯正常运行。

3 电梯门系统的保护要求

3.1 国标中对门系统保护的要求

3.1.1 现行电梯制造标准的要求

我国现行的电梯制造标准是 GB 7588—2003,等效采用的是欧洲标准 EN81—1:1998,其中 8.7.2.1.1.3 对电梯出入口保护系统做了下述规定。

当乘客在轿门关闭过程中,通过入口时被门扇撞击或将被撞击,一个保护装置应自动地使门重新开启。此保护装置的作用可在每个主动门扇最后 50 mm 的行程中被消除。对于这样的一个系统,即在一个预定的时间后,它使保护装置失去作用以抵制关门时的持续阻碍,则门扇在保护装置失效下运动时,8.7.2.1.1.2 规定的动能不应大于 4 J(焦耳)。

3.1.2 适用于残障人员的电梯附加要求

GB/T 24477—2009 中 5.2.4 款要求，GB 7588—2003 中 7.5.2.1.1.3 和 GB 21240—2007 中 7.5.2.1.1.3 要求的保护装置（如光幕）应至少覆盖轿厢地坎以上 25～1 800 mm 之间。该装置应为传感器，以防止乘客直接接触关闭中的门扇的前沿。

3.2 欧标中对门系统保护的要求

新版的欧洲标准 EN81—20:2014 已于 2014 年 8 月开始在欧洲实施，过渡期是 3 年。在 EN81—20:2014 中，对电梯门系统的保护定义如下。

当乘客在层门关闭过程中通过入口时，一个保护装置应自动地使门重新开启，该保护装置可在关门的最后 20 mm 不起作用。

（1）该保护装置（如：光幕）应能覆盖至少从轿门地坎上方 25～1 600 mm 的开放区域。

（2）该保护装置应能检测直径至少为 50 mm 的障碍物。

（3）为抵消在关门过程中的持续性阻碍，该保护装置可在特定时间后重新启动。

（4）如果该保护装置故障或不起作用，门的动能应降低到最大 4 J；如果电梯仍在运行，一个听觉信号应在门扇关闭过程中起作用。

4 现有门系统防夹保护装置

4.1 安全触板

工作原理：电梯轿门两边各安装一块触板，触板和压力传感器或导体弹片组成检测主系统。在电梯门关闭过程中，接触式触板与障碍物接触产生压力，当压力大小超过一定阈值范围时就判断为检测到障碍物，进而向电梯的门机控制系统发送检测到有障碍物的信号，使电梯门重新开启。

存在的问题如下。

（1）属于事后检测，安全触板必须与障碍物接触后才能触发开关动作，使用舒适性较差。

（2）防夹检测范围有局限，仅限于图 1 中的 B 区，对 A 区和 C 区不能实现保护。

（3）不满足 Fail safe 故障安全原则，当微动开关损坏后，触板无法实现安全闭环，门机将继续关门从而有可能夹伤人。

（4）不能检测较细较薄的障碍物。

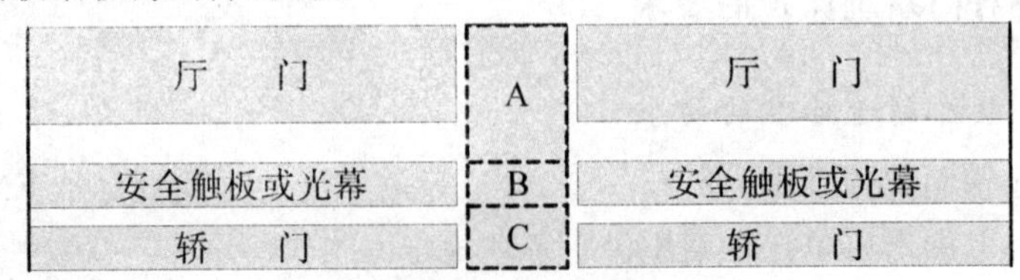

图 1　电梯门系统分布示意图

4.2 电梯光幕

电梯门光幕是防止电梯门夹人保护装置的一种，所谓门光幕，是指在探测装置两边分别装上多个红外线发射管和接收管，在装置所形成的水平区域内通过扫描方式形成多条红外光线，好似门帘幕布，故称为门光幕，如图 2 所示。

工作原理：在轿门两侧安装有发射单元和接收单元，一般为红外线二级管。在微控制单元的控制下，发射接收管依次打开，一个发射头发射出的光线依次被多个接收头接收，形成多路扫描，如图 2 所示。通过这种自上而下连续扫描图 1 中的 B 区域，形成一个密集的红外线保护光幕。当其中任何一束光线被阻挡时，由于接收头后端电路无法实现光电转化，光幕判断有遮挡，向门机输出中断信号。门机接到光幕发出的信号后，立即输出开门信号，轿门即停止关闭并反转开启，直至乘客或障碍物离开图 1 中的 B 区域后电梯门方可正常关闭，从而达到安全保护的目的。

存在问题如下。

(1)存在检测盲区：①由于元件本身的特点，在元件安装时必须满足图 3 中的 $d=L\cdot\text{tg}\,\frac{\alpha}{2}$ 才能避免相互之间的干扰；②其检验盲区随两门扇之间的距离变化不同而不同；③同样不能检测图 1 中的 A 和 C 区域。

(2)因为红外线能穿透透明和半透明的物体，因此不能检测透明半透明障碍物，如矿泉水瓶等。

(3)易受到强光、灰尘等因素干扰[4]。

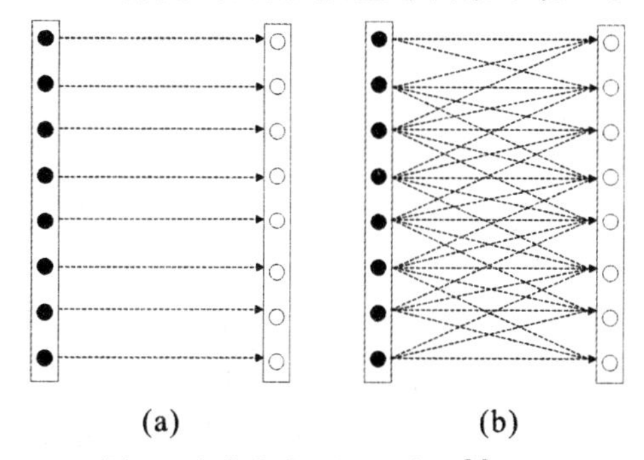

图 2　光幕收发原理示意图[2]

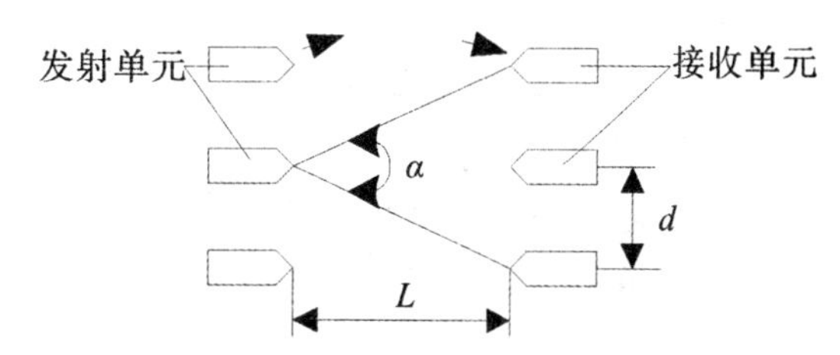

图 3　相邻两对发射管互不干扰条件[3]

5　对电梯门系统保护的改进意见和建议

5.1　新的电梯门系统保护技术

5.1.1　三维光幕系统

3D(Three Dimensions 的简称)光幕是相对于传统光幕而言的，传统的光幕保护的范围为图 1 中的 B 区域，是与电梯门平行的一个平面，而 3D 光幕将保护区域扩展为一个三维区域，保护的范围包括图 1 中的 A，B，C 三个区域，保护区域根据其工作原理的不同而不同，通常为一个锥顶在轿门顶端的一个圆锥体范围，如图 2(b)所示。

3D 电梯光幕根据工作原理分为一体式和分体式。一体式典型的是英国门科公司百能三维保护系列红外光幕电梯门保护系统。采用的是双重红外光幕：平面红外光幕保护电梯轿门区域和投射红外光幕保护电梯楼门区域，利用对反射回来的红外信号进行检测，判断是否有人或物体在检测区域。

分体式 3D 电梯光幕采用在二维电梯光幕基础上加装探测单元。工程应用中将 3D 探测头安装在电梯轿门顶端中间，让其与地面保持 75°的探测角，探测范围在轿门前 600 mm 左右[5]。通常为红外热释电传感器 PID(Passive Infrared Detection 被动式红外探测器)，它和现有的二维保护系统，如光幕、光幕机械触板组合等一起使用来提供三维保护。热释电红外传感器是基于物体温度的不同辐射红外波长进行检测，传感器内部的热释电晶体只对变化的温度具有极化现象，因而对从探测区域外进入探测范围的人体非常敏感，而对静止的人或物体不敏感[6]，但通过对光幕检测和红外热释电传感器检测进行合理的逻辑安排，可实现效率和安全的良好结合，实现电梯门系统的三维保护。兼顾成本和改造难易程度，这种组合式的 3D 光幕可实现对现有 2D 光幕系统的改造，实现电梯门系统的保护升级。

5.1.2 基于图像识别的防夹、防拖曳电梯门系统保护

随着新型半导体技术、视频图像处理技术的发展，高清摄像头和图像处理技术日益成熟和完善，低成本低功耗 COMS 摄像传感器(CMOS Image Sensor，CIS)应用日益广泛，利用安装于电梯厅门与轿门之间横梁中间处的摄像头采集图像信息，通过挖掘、分析采集到的图像信息[4]，通过图像处理和识别技术可以实现电梯门防夹、防拖曳。检测区域覆盖了图 1 中的 A，B，C 和它们之间的区域，不存在盲区；且通过摄像头来检测，对于透明度高的物体依然可以有效地检测出来，大大增强了电梯的安全性[7]。

5.2 电梯门系统风险降低的方法和建议

5.2.1 思路和方法

根据《GB/T 20900—2007 电梯、自动扶梯和自动人行道风险评价、降低的方法》针对门系统存在可能的夹人风险，根据其要求应从以下三方面进行改进。

(1)如果可能，应通过修改电梯设计或更换电梯部件来消除危险。

(2)如果依照(1)，被识别出的危险不能消除，则宜进一步采取与设计有关的措施来降低风险。

(3)如果依照(2)或(3)，所识别的危险不能被消除或降低，应告知使用者该装置、系统或过程的遗留风险。

5.2.2 意见和建议

根据 5.2.1 解决问题的思路，最根本的解决方案是通过修改电梯设计或更换电梯部件来消除或降低危险，但由于降低每种风险所采取的措施其费用各有不同而且差异较大。消除或降低风险的措施应按以下方式进行。

(1)从根本上消除和降低这类风险就是修改电梯设计，采用最新的标准和新的电梯防夹技术，如用新的 EN81－20:2014 修订的内容取代旧的 GB 7588—2003 的内容，从严要求。

(2)对于已经安装的电梯上的门的防夹保护装置，更换为符合最新要求的安全保护装置，降低风险发生的概率。

(3)对于识别出的风险不能消除或降低：如设备本身的分辨能力/设备的上下两端的识别盲区，告知使用者该装置的遗留风险，如增加警示标志，告知使用者正确使用方式。

6 小结

随着科学的发展，新的技术已经能很好的解决电梯门系统保护中遇到的问题，在将这些新

技术应用到实践的过程中，我们还要重点做好以下几方面的工作：一是尽快制定电梯门的光电保护装置的国家标准，让生产厂家和使用单位有章可循；二是要尽快制定修订现有制造、检验规范标准，如用新的EN81—20：2014中电梯门系统保护的内容取代旧的GB 7588—2003中相应的内容并修改相应的检验技术规范，从严要求，从本质上保证安全。三是要将原安全系数较低的更换为安全系数更高的电梯门安全保护系统，更要加大宣传教育，提高乘客安全乘梯意识，预防此类事故发生。

参考文献

[1] 薛艳梅．电梯门系统事故分析与预防[J]. 劳动保护，2010(3)：96-97.

[2] 李东．3D电梯光幕保护系统[D]. 广州：广东工业大学．2012.6.

[3] 熊家新，陈平．红外光幕系统研究[J]. 长春光学精密机械学院学报，2000(3)：9-12.

[4] 方莉．基于图像模糊边缘检测的电梯门防夹关键技术研究[D]. 重庆：重庆大学，2013.

[5] 熊奇欢，唐露新，宾斌．基于HT48R05的3D电梯光幕保护系统[J]. 自动化与信息工程，2009(4)：28.

[6] 杨波，陈忧先．热释电红外传感器的原理和应用[J]. 仪表技术，2008，21(6)：66-68.

[7] 刘健巧．防拖曳事故电梯影像光幕的研制[D]. 衡阳：南华大学，2012.

（该论文发表于《中国特种设备安全》2017年第4期）

电梯定期检验中平衡系数测定的必要性研究

屈名胜　高勇　井德强

（陕西省特种设备质量安全监督检测中心　陕西 西安 710048）

摘　要：随着我国居民生活水平的提高，人们对电梯乘运过程中轿厢的美观和舒适感提出了更高的要求，使得使用单位对轿厢进行装潢的现象日益普遍。由于使用单位和安装改造维修单位对相关法规标准理解的偏差，在未经安全计算的情况下即进行装潢，装潢前未申请监督检验，装潢后未进行相应平衡系数的调整。而根据我国现行电梯检验规范，平衡系数的检验只在监督检验过程中进行，定期检验项目中不涉及该项目，造成了检验机构在进行定期检验时平衡系数已发生改变。而轿厢质量的增加和平衡系数的改变对电梯的安全运行有重要影响，因此有必要在定期检验中增加相应平衡系数检验的选检项目。

关键词：电梯定期检验；平衡系数；必要性

0　引言

随着科技的进步和社会的发展，电梯成为人们生活中必不可少的垂直交通运输工具，按驱动方式可分为曳引式驱动电梯、强制式驱动电梯、液压电梯等多种型式。曳引驱动由于其自身突出的优点，是现代电梯中应用最广泛的驱动方式。曳引驱动电梯的轿厢与对重通过钢丝绳分别悬挂于曳引轮的两侧，靠曳引钢丝绳与曳引轮之间的摩擦力驱动。在这个由轿厢、对重、钢丝绳和曳引轮组成的平衡系统中，对重主要用于相对平衡轿厢质量，在电梯工作中能使轿厢与对重间的重量差保持在限额之内，保证电梯的曳引传动正常。为使电梯的运行接近于理想的平衡状态，就必须合理设置对重的质量，也就是需要选择一个合适的平衡系数。

根据现行检规《TSG T7001—2009 电梯监督检验和定期检验规则——曳引与强制驱动电梯》8.5 项的规定：曳引电梯的平衡系数应当在 0.40～0.50 之间，或者符合制造（改造）单位的设计值。平衡系数一般在安装或改造时调整，而设定后一般不再改变，因此现行检规中平衡系数的项目检验只在监督检验中进行，定期检验中对此系数不再重复检验。但随着人们生活水平的提高，对电梯乘运中轿厢的环境提出了更高的要求，对电梯进行装潢、安装空调的现象日益普遍，而使用单位进行装潢往往发生于电梯安装监督检验之后，由于使用单位和安装改造单位对改造认识不够，在进行装潢后并未申请检验而直接投入使用。这就造成检验机构在下次定期检验时在不知情的情况下进行相关功能试验，就可能造成不必要的损失和危险。而轿厢重量的改变，如不经验算和调整，将使到电梯平衡系数变小，更给电梯的安全使用留下隐患。

1　平衡系数的意义

由于曳引式电梯的驱动靠的是钢丝绳与曳引轮之间的摩擦力，力的大小取决于曳引轮两侧重量差的大小。在曳引电梯的匀速运行段，曳引机通过曳引轮与钢丝绳之间的摩擦力带动轿厢和对重匀速运动，这时的系统近似组成一个平衡系统。在这个平衡系统中最理想的状态是使对重侧重量与轿厢侧重量（包括轿厢自重和运输载荷重量等）相等，但运输载荷随其运送人员和货物的重量而变化，是一个变量。在实际应用中曳引轮两侧的重量很难相等，因此选择一个恰当的对重重量很重要，这里引入了平衡系数的概念。

平衡系数的值取为

$$k=\frac{W-P}{Q} \tag{1}$$

式中

k ——平衡系数；

W——对重的重量；

P——轿厢自重；

Q——电梯的额定载荷。

式(1)中的系数 k 就是平衡系数。由于一般情况下轿厢自重和电梯的额定载重量是确定的，因此，平衡系数的实质就是设计对重的质量大小。

如果使用单位进行装潢和(或)加装空调，相当于改变的是轿厢的质量 W，如果不对对重侧质量进行相应调整，将会使平衡系数 k 减小。而如果对对重侧重量进行了相应调整，则又会造成 P 和 W 值均变大。

2　平衡系数改变的危害

2.1　对电机容量的影响

根据文献[1]，曳引电机的容量在初选和核算时可按静功率进行计算，一般计算公式为：

$$P=\frac{QV(1-k)}{102\eta i} \tag{2}$$

式中

k ——电梯平衡系数，其变化将导致电机的容量的变化。

P——电动机功率，单位 kw；

Q——额定载质量，单位 kg；

V——曳引轮节圆的线速度，单位 m/s；

η——机械传动总效率；

i——曳引比。

如果平衡系数变小，将导致所需的电机的容量变大，可能会造成“小马拉大车”现象，造成电动机长期过载，使其绝缘因发热而损坏，甚至电动机被烧毁。更为严重的是在电动机选择使用余量较小的功率时，电梯在启动时由于功率不足出现倒溜引发危险。

2.2　对电梯曳引能力的影响

根据《GB 7588—2003 电梯制造与安装安全规范》的附录 M 要求，曳引应满足的计算条件：

(1)在轿厢装载和紧急制动工况时,曳引力应满足式:

$$\frac{T_1}{T_2} \leqslant e^{f\alpha} \tag{3}$$

(2)在轿厢滞留工况时,曳引力应满足式:

$$\frac{T_1}{T_2} \geqslant e^{f\alpha} \tag{4}$$

式中

T_1,T_2——曳引轮两侧的钢丝绳分配的张力,如图 1 所示。

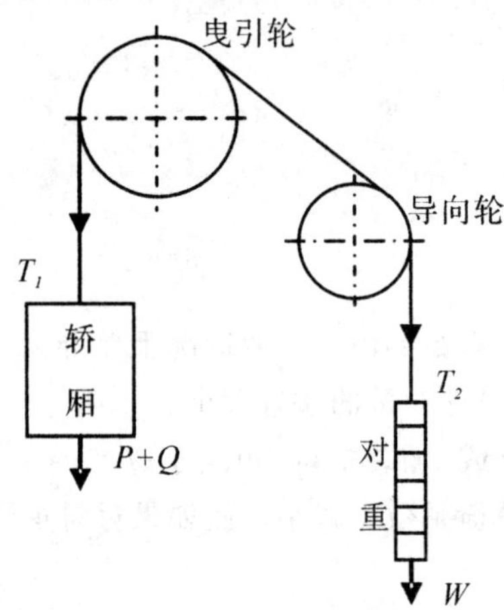

图 1 曳引示意图

式(3)和式(4)中轿厢装载工况按照轿厢装载 1.25 倍额定载荷并考虑轿厢在井道中不同的位置时最不利情况下进行计算。如果使用单位因为装潢等原因造成轿厢质量的改变,根据式(1)将造成平衡系数的减小。由于其轿厢面积并没有改变,应按照对应额定载重量的 1.25 倍装载试验载荷。此时由于轿厢质量的改变,装潢质量加上试验载荷其实际载荷可能远大于额定载荷的 1.25 倍,电梯不满足曳引条件的风险极大。此时曳引钢丝绳开始在曳引轮上打滑,电梯就可能发生溜梯。在检验时在不满足曳引条件的情况下进行相关试验,则很容易发生事故。

由于曳引钢丝绳绳槽的张力大小影响比压力,曳引轮两侧张紧力越大,比压力也越大,从而提供悬挂绳的起重能力也越强。当最大负载不平衡大于最大的电梯曳引力时,曳引钢丝绳的绳槽会出现打滑,在正常使用时由于轿厢面积不能限制人员的进入,特别是在电梯超载功能失效而轿厢又严重超载时将会造成严重的人员伤亡事故[2]。

2.3 对安全部件的影响

在电梯因为装潢等原因造成轿厢质量与设计质量不一致而引起平衡系数改变时,安装改造单位往往在没有进行校核计算的情况下通过增加对重侧的质量的方法使平衡系数满足要求。这种情况下虽然使得平衡系数满足了要求,却使整个系统的质量 $P+Q$ 也相应增加。而 $P+Q$ 是安全钳等安全部件的重要选择依据,其值的改变将直接影响到所用制动器制动能力以及上行超速装置、安全钳、缓冲器等安全部件的选型是否匹配,给电梯运行留下重大的安全隐患[2]。

另外曳引轮两侧质量的增加,根据牛顿第二定律,将影响到电梯启、制动时的加速度,会带来电梯启、制动加速度的减小,以至制动困难。另外,平衡系数对钢丝绳直径、安全性、可靠性、舒适性等也具有一定影响[3]。

3　平衡系数检验的方法和必要性

3.1　平衡系数的检验方法

平衡系数的测定有很多种方法，文献[4]介绍了5种：称重法、调整配重法、电流法、张力检测法和扭矩检测法。比较常用的方法是电流法。现行的检规8.5项中平衡系数的测定是C类项目，测定由施工单位实施，检验人员现场观察确认。而实际测定过程中劳动强度较大，而且由于载荷本身精度等问题，其测量精度不高。有专家学者对平衡系数无载测量进行了研究，相信不久的将来一种更简洁的手持式平衡系数测量仪器的应用将大幅提高平衡系数测量的效率和准确度。

3.2　电梯改造的界定

由于施工单位对改造和维修认识不够，在进行装潢和(或)加装空调未对曳引系统进行校核计算并申报监督检验。从根本上讲电梯改造与重大维修和维修有较大区别，从某种意义上说，电梯改造相当于对电梯进行一次再设计，牵涉到电梯的总体方案布置，各零部件和元器件的选型和配置，计算校核、性能与技术指标的实现等问题[5]。

《GB 7588—2003 电梯制造与安装安全规范》附录E中特别指出，改变轿厢质量应视为重大改装。在《机电类特种设备安装改造维修许可规则(试行)》(国质检锅[2003]251号)附件5中电梯施工类别划分表中：改变轿厢质量不管所列部件是否变更，应当认定为改造作业。从我国现行的电梯制造和安装改造维修现行的标准规范中都明确规定了电梯轿厢质量的改变都应认定为改造作业，但并没有明确改变多少属于改造，此项规定在执行中有很大的难度。因此我们可以理解为只要是质量发生改变，其均属于改造，都应按照再设计的要求对电梯进行重新计算，这样的规定在执行时缺乏科学性和实际操作性。而部分地市在实际执行中采用的标准不一样，例如根据《上海市电梯改造规则》改变轿厢质量是指原电梯轿厢设计质量或其附件的质量发生变化，超出原有的5%。

根据《GB 7588—2003 电梯制造与安装安全规范》(简称《规范》)8.2.1要求：为了允许轿厢设计的改变，对《规范》所列各额定载重量对应的轿厢最大有效面积允许增加不大于表列值5%的面积。对常见乘客电梯而言，其允许偏差在0.12 m^2左右，根据《规范》，可以多承载1人。由于电梯是按照超载25%设计的，因此将改造的界限定为超过轿厢质量的5%符合相关标准规范的，应在相关标准规范中予以明确。

由于现在轿厢的装潢日益普遍，要从根源上抓就要从制造环节着手。在产品销售的初期，对于需要改变轿厢质量进行装潢和额外加装设备的，应在产品合同中进行明确，制造单位在进行产品的设计时应留出一定的余量可供用户进行装修改造，并在产品技术文件中明确说明其装潢后轿厢质量允许改变的最大值。从而最大限度降低在未经计算校核擅自装潢引起平衡系数改变等原因造成事故的可能性。

3.3　定期检验中平衡系数的检验

我国现行的检规中，平衡系数的测定仅存在于电梯的监督检验项目中，而从目前的电梯安装使用状况看，在检验机构进行监督检验时，电梯绝大部分并没有移交给使用单位，此时测定的平衡系数是符合制造单位要求的。而在电梯使用单位接收后，使用单位可能要求维护保养单位协助进行二次装潢和(或)加装空调等操作，这时如果使用单位不申报检验，检验机构是无法确定其是否进行了装潢以及轿厢质量的改变情况。因平衡系数改变引发诸如2.1～2.3所述危险甚至事故。虽然这其中无检验机构本身责任，但作为技术监督机构，有责任发现并指出使用单位和安装改造维修单位的违法行为并进行纠正。

这就需要检验机构在监督检验时应在报告中明确在安装监督检验时其轿厢装潢和其他辅助设备安装情况，并留存相关照片的见证资料。如果已经进行了装潢，应要求相关单位提供制造单位或其授权单位设计计算证明文件等资料。如果暂没有进行装潢，则检验机构应当向使用单位出具备忘录，指明其如果进行装潢应履行的职责和办理的相关手续。如在定期检验时发现其未按照备忘录要求办理相关手续，则出具相应的意见通知书，由监察机构对其进行查处。

这种做法可履行检验机构在技术监督方面的责任，但要从根本上解决有必要将平衡系数的检验项目列入定期检验中，将其列为选检项目，其是否检验视设备具体情况，采用灵活多变的形式，真正体现检规符合设备安全性的要求。

4 结束语

综上所述，对于平衡系数，检验人员首先应正确理解其取值的意义，以及取值的改变对电梯的影响，其次是采取正确的方法进行测量并按照监督检验的项目要求进行相应的试验。对在定期检验中发现的装潢改变的情况更不能盲目的进行试验，应在制造或改造单位计算的基础上确认其满足要求后进行，以免试验对电梯造成损坏。不仅检验机构应该重视，在逐渐推行制造单位质量负责制的今天，制造单位更应充分考虑到装潢的可能性，在订立产品合同时应明确，从根源上改变随意装潢引起事故的可能性。电梯监督管理部门应加大宣传力度，使使用单位、安装维修单位认清随意装潢和增加对重质量的危害性，更加自觉的申报检验，由检验检测机构进行技术把关，从设计、施工到检验的各个环节都按照相应法规标准执行，为电梯的安全运行提供良好的保障。

参考文献

[1] 毛怀新．电梯与自动扶梯技术检验[M]．北京：学苑出版社，2001．

[2] 黄忠林．曳引电梯平衡系数的取值探析[J]．机电产品开发与创新，2010(1)：64－65．

[3] 吴予馨．曳引电梯平衡系数及其检测方法研究[J]．机械研究与应用，2010(2)：101－103．

[4] 史旭洲，王智广，张鑫鹏，等．曳引电梯平衡系数及其检测方法之讨论[J]．科技创新导报，2012(22)：99．

[5] 陆荣峰，陈蕾，黄斌．浅谈在用电梯的改造[EB/OL]．(2010－11－10)[2011－06－11]http://china.findlow.cn/fangdichan/fangd:chanunwen/wyglflw/105749.html．

(该论文发表于《机械工程与自动化》2014年第2期)

分层抽样在电梯检验报告抽查中的应用

黄鹏辉　高勇

（陕西省特种设备质量安全监督检测中心　陕西 西安 710048）

摘　要：目前电梯的检验质量受到了社会的广泛关注，检验报告抽查是对电梯检验质量进行控制的重要环节。为解决检验报告抽查的科学性和精确性，本文尝试将统计学上的分层抽样理论引入电梯检验报告抽查中，本文论述了分层抽样的基本理论及其用于电梯检验报告抽查的可行性，介绍了分层抽样应用于电梯检验报告抽查的实施步骤，并进行了实例计算。

关键词：分层抽样；电梯检验报告；抽查

0　引言

近年来随着社会经济的发展，我国电梯的数量急剧增加，随之带来的安全问题不容忽视。电梯数量的激增和与之相关的安全事故的频发，使整个社会对电梯的检验质量关注度也越来越高。电梯检验质量的控制有多种手段，检验报告的质量是检验质量的重要组成部分[1-2]。因此检验报告抽查是质量控制的重要一环，通过报告抽查，可以发现检验中存在的一些共性问题，进而采取有针对性的措施，以达到提高检验质量的目的。目前检验报告的抽查多停留在以经验为主的阶段，没有采用科学的方法进行规范，往往达不到预期的效果。分层抽样理论由于其科学性和适用性已经在渔业生产统计、森林资产核查，以及实验室废液统计等各领域得到广泛应用[3-5]。本文尝试以统计学上的分层抽样理论来解决电梯检验报告的抽查问题，以提高抽查的科学性和精确性，并给出了具体的实例计算。

1　分层抽样理论

抽样方法是一种综合了统计技术和管理方法的质控手段，抽样方法包括简单随机抽样、分层抽样、整群抽样，多阶段抽样等多种抽样方法。在进行抽样估计时，总体方差是影响估计精度的重要因素，总体方差越大，估计的精度越差；反之，估计的精度越高。总体的方差是客观存在的且无法改变，但如果能按照某种规则对总体单元进行分类，在子总体内单元之间比较相似，每一个子总体的方差较小，这样只需在子总体中抽取少量样本单元，就能很好地代表子总体的特征，从而提高对整个总体估计的精度，这就是分层抽样技术。分层抽样要求层内差异较小，层间差异较大。

分层抽样[6-7]的定义描述：在抽样之前，将总体的 N 个单元划分为 L 个互不交叉、互不重叠的子总体，每个子总体称为层，它们的大小分别为 $N_1, N_2, \cdots, N_L$，这 L 个层合起来就是总体($N=\sum_{k=1}^{L}N_k$)。然后,对每个层分别独立地进行抽样,这种抽样就是分层抽样,所得到的样本称为分层抽样样本。若每层中的抽样都是简单随机抽样,那么这种分层抽样就称作分层随机抽样。

对于分层抽样,在对总体进行推算时,估计量的方差不仅与各层的方差有关,还与各层所分配的样本量有关。分层抽样确定各层样本容量的方法通常有比例分配、最优分配,奈曼分配等三种方式,其中比例分配是实际工作中最为常用的方法。按照比例分配的分层随机样本,估计量的形式特别简单,并且为自加权的样本。比例分配法分配各层样本量时,给各层分配的样本量 n_h 占各层所有单元数 N_h 的比例是相同的,均等于总样本量 n 占总体 N 的比重。此时,各层应分配的样本量为

$$n_h=n\cdot\frac{N_h}{N}=n\cdot W_h$$

式中

W_h——为各层的层权。

2 利用分层抽样的可行性

在一般的检验机构中,通常都会按照检验区域划分成不同的检验部室,不同部室之间的电梯检验数量是各不相同的。并且按照《TSG T7001 — 2009 电梯监督检验和定期检验规则——曳引与强制驱动电梯》的要求,电梯的检验至少需要两名有资质的人员,因此一般部室内又会将人员两两分组,每组人员由于技术能力和工作经验的不同,其检验的电梯数量也不尽相同,即一定时期内不同检验组出具的检验报告数量是各不相同的。若简单地对每组抽取同样的报告数量,则对于报告数量较多的检验组不能合理地反映其真实状况,若是一味增加报告的抽查数量,虽然可以提高抽查的精确性,但是质量管理成本却会急剧增加;另一方面,当每组按照同一百分比抽取报告时,对于不同的检验组抽查报告得到的报告无缺陷率,其估计的准确程度也没有一致性。也就是说,用这种抽查方法得到的无缺陷率衡量不同检验组的报告质量,其宽严程度也是不相同的:对于报告量较大的检验组严格,对于报告量较少的检验组则显得宽松。因此就有必要采取科学的统计方法对检验报告进行抽查,以期以合理的报告抽查数量较为真实地反映检验质量。

实际工作中,同一个检验组所出电梯报告的编制人员、审核人员、批准人员是相同;组与组之间的编制、审核和批准人员是不相同的。若以检验组来分层,则层内的各单元是比较相似的,由于检验人员技术水平,责任心等的不同,层与层之间则差异较大。因此,电梯检验报告的抽查宜利用分层随机抽样技术。

3 分层抽样的实施步骤[4,8]

3.1 确定分层方案

以不同的检验组为分层因子进行分层,层内方差较小,层间方差较大。可在不增加样本单

元数的条件下，提高估计精度和抽样效果。在同一检验组所出报告中，无缺陷率的概率是相同的，可采用简单随机抽样。

3.2　计算各层的权重

第 h 层的权重为

$$W_h=\frac{N_h}{N} \tag{1}$$

式中

W_h ——第 h 层的权重（$h=1,2,\cdots,L$）；

N_h ——第 h 层的报告数量；

N ——总体报告数量。

3.3　总样本量的确定

本文采用比例分配来确定样本量在各层的分配，这里的比例分配是指按照各层单元数占总单元数的比例，即按各层的层权进行分配。按比例分配的分层随机样本，其估计量的形式比较简单，并且此类样本为自加权的样本。按比例分配时，分层抽样的总样本量为

$$n=\frac{\sum_{h=1}^{L}W_hS_h^2}{\left(\frac{r\bar{Y}}{t}\right)^2+\frac{\sum_{h=1}^{L}W_hS_h^2}{N}} \tag{2}$$

式中

S_h^2 ——第 h 层的方差，$S_h^2=\frac{1}{N_h-1}\sum_{i=1}^{N_h}(Y_{hi}-\bar{Y}_h)^2$；

r ——相对误差限；

t ——标准正态分布的双侧 α 分位数；

$\bar{Y}$ ——总体均值。

其中：r 和 t 是根据抽样精度预先确定的，W_h 和 N 为已知数，S_h^2 和 $\bar{Y}$ 是未知数，应根据历史数据或预抽样所得数据进行估计。

3.4　各层样本量的分配

按照比例分配，各层样本量为 $n_h=n\cdot W_h$。各层样本量确定后，利用检验报告系统将某一检验组的报告编号搜索出来并进行编号，然后利用计算机产生 n_h 个随机数（随机数在 $0\sim N_h$ 之间产生），按照产生的随机数抽取报告。

3.5　估计量的计算

对于电梯等特种设备的检验报告抽查，检验机构一般会以“无缺陷率”等指标来衡量。无缺陷率也就是无缺陷报告数量占报告总量的百分比，即对总体比例进行估计。

定义

$$Y_i=\begin{cases}1, & \text{第 } i \text{ 份报告无缺陷} \\ 0, & \text{其他}\end{cases} \qquad i=1,2,\cdots,N \tag{3}$$

则总体比例 $P=\frac{\sum_{i=1}^{N}Y_i}{N}$ 即为无缺陷率（即均值），其估计值为 $P=\sum_{h=1}^{L}P_h \cdot W_h$。

式中

P_h——第 h 层的无缺陷率。

4 实例应用

已知：某单位检验电梯共有29组，全年检验电梯26 900台，即 $N=26\ 900$。在95%置信度下，相对误差不超过5%（$r=0.05$）进行抽样分析。按照检验组分层，共29层，层样本量的分配采用比例分配。

4.1 计算总样本量

按照预抽样所得数据计算相应参数，见表1。

表1 参数计算

层号	层报告数 N_h	层权 W_h	层无缺陷率 $\hat{P}_h$	层方差 S_h^2	$W_hS_h^2$	$W_h\hat{P}_h$
组01	113 8	0.042 3	1.000 0	0.000 0	0.000 0	0.042 3
组02	970	0.036 1	0.875 0	0.125 0	0.004 5	0.031 6
组03	1 000	0.037 2	1.000 0	0.000 0	0.000 0	0.037 2
组04	1 607	0.059 7	0.500 0	0.300 0	0.017 9	0.029 9
组05	607	0.022 6	0.428 6	0.285 7	0.006 4	0.009 7
组06	908	0.033 8	0.833 3	0.166 7	0.005 6	0.028 1
组07	737	0.027 4	0.714 3	0.238 1	0.006 5	0.019 6
组08	903	0.033 6	0.714 3	0.238 1	0.008 0	0.024 0
组09	813	0.030 2	0.666 7	0.266 7	0.008 1	0.020 1
组10	596	0.022 2	1.000 0	0.000 0	0.000 0	0.022 2
组11	469	0.017 4	1.000 0	0.000 0	0.000 0	0.017 4
组12	858	0.031 9	0.571 4	0.285 7	0.009 1	0.018 2
组13	835	0.031 0	0.571 4	0.285 7	0.008 9	0.017 7
组14	1 216	0.045 2	0.857 1	0.142 9	0.006 5	0.038 7
组15	538	0.020 0	0.666 7	0.266 7	0.005 3	0.013 3
组16	1 080	0.040 1	0.833 3	0.166 7	0.006 7	0.033 5
组17	867	0.032 2	0.428 6	0.285 7	0.009 2	0.013 8
组18	1 159	0.043 1	0.857 1	0.142 9	0.006 2	0.036 9
组19	651	0.024 2	0.714 3	0.238 1	0.005 8	0.017 3
组20	1 063	0.039 5	0.714 3	0.238 1	0.009 4	0.028 2

表 1(**续**)

层 号	层报告数 N_h	层权 W_h	层无缺陷率 $\hat{P}_h$	层方差 S_h^2	$W_hS_h^2$	$W_h\hat{P}_h$
组 21	945	0.035 1	1.000 0	0.000 0	0.000 0	0.035 1
组 22	1 087	0.040 4	0.714 3	0.238 1	0.009 6	0.028 9
组 23	676	0.025 1	1.000 0	0.000 0	0.000 0	0.025 1
组 24	1 125	0.041 8	0.857 1	0.142 9	0.006 0	0.035 8
组 25	1 142	0.042 5	0.857 1	0.142 9	0.006 1	0.036 4
组 26	1 566	0.058 2	1.000 0	0.000 0	0.000 0	0.058 2
组 27	872	0.032 4	0.428 6	0.285 7	0.009 3	0.013 9
组 28	687	0.025 5	1.000 0	0.000 0	0.000 0	0.025 5
组 29	785	0.029 2	0.833 3	0.166 7	0.004 9	0.024 3

估计总体均值 $\bar{Y}=\sum_{h=1}^{29}W_h\hat{P}_h=0.783\ 1$。在 95%置信度下，双侧 α 分位数 $t=1.96$。则总样本量为

$$n=\frac{\sum_{h=1}^{29}W_hS_h^2}{\left(\frac{r\bar{Y}}{t}\right)^2+\frac{\sum_{h=1}^{29}W_hS_h^2}{N}}=\frac{0.159\ 9}{\left(\frac{0.05\times0.783\ 1}{1.96}\right)^2+\frac{0.159\ 9}{26\ 900}}=394.8$$

即总样本量为 395 份。

4.2 各层样本量分配及抽样

按照比例分配，层样本量为

$$n_h=n\cdot W_h$$

例如对于检验组 1

$$n_1=n\cdot W_1=395\times0.042\ 3=16.7$$

则检验组 1 应抽取的报告份数为 17 份。对样本量进行分配后，利用检验报告系统将每一层的报告编号搜索出来并进行编号，然后随机抽取报告 n_h 份。

4.3 总体均值(无缺陷率)的估计

对各层抽取到的报告进行审核，得到每个检验组的报告无缺陷率 P_h，则总体的报告无缺陷率为

$$P=\sum_{h=1}^{29}P_h\cdot W_h$$

5 结束语

采用比例分配样本量的分层随机抽样方法可应用于电梯检验报告的抽查中，相比于传统的凭经验抽查方法，更为合理和科学，能提高对总体估计的精度。

参考文献

[1] 王洪亮,陈莉,马霞,等．特种设备检验质量管理方法的应用[J]. 中国特种设备安全,2008,24(12):9-12.

[2] 杨念慈,萧艳彤．强化特种设备检验质量管理[J]. 北京劳动保障职业学院学报,2007,1(4):47-48.

[3] 甘喜萍,卢伙胜,冯波,等．分层抽样法应用于渔业生产统计的研究[J]. 安徽农业科学,2008,36(20):8401-8402.

[4] 葛晓丽．分层抽样理论在森林资源资产核查中的应用研究[J]. 农业勘查设计,2014(1):4-6.

[5] 修宗明,樊鸿康,金朝晖,等．分层抽样法在实验室废液量统计中的应用[J]. 安全与环境学报,2005,5(6):51-53.

[6] 金勇进．抽样:理论与应用[M]. 北京:高等教育出版社,2010.

[7] 齐二石,裴小兵,于延超．产品质量检验的分层抽样法研究[J]. 工业工程,2004,7(4):54-56.

[8] 王宝来,翁泽宇,祝晓青,等．分层抽样理论在电动钉枪耐久性试验中的应用[J]. 轻工机械,2007,25(5):99-102.

(该论文发表于《中国特种设备安全》2017 年第 8 期)

电梯检验检测技术综述

辛宏彬　高勇　井德强　杨新明

（陕西省特种设备质量安全监督检测中心　陕西 西安 710048）

摘　要：论述了电梯检验的类型，电梯检测的基本内容和主要的电梯检测技术，并分析了电梯检测的一般流程和电梯检测的困境，最后展望了电梯检测技术的发展趋势。

关键词：电梯；检验和检测技术；发展趋势

0　引言

随着国民经济的发展，电梯作为高层建筑的重要的交通工具，在人们日常生活中起着越来越重要的作用，因此，确保电梯的安全运行，具有重要的现实意义[1]。为此，不光要逐步提高电梯设计、制造和安装的质量，还要重视对电梯的年检和日常保养工作。其中电梯的检测技术是当前比较薄弱的环节，为了保证电梯安全、可靠和正常的运行，电梯检测技术起着十分重要的作用。本文主要对电梯的检验检测技术进行了研究。

1　电梯检验的类型和检验前的准备工作

1.1　电梯的检验类型

电梯的技术检验是电梯质量控制的重要环节[2]，一般包括型式检验、出厂检验、交付使用前检验、定期检验和重大改造维修或事故后的检验。

（1）型式检验。型式检验包括整机型式检验、主要部件型式检验和安全部件型式检验。一般出现下列情况时需要进行型式检验。

1）新产品生产或老产品转厂生产时的定型鉴定。

2）正式生产后，结构、材料、工艺有较大改变时。

3）正常生产时，安全部件每年应进行不少于一次的型式检验。

4）产品停产二年或二年以上恢复生产时。

5）出厂检验结果与上次型式检验有较大差异时。

（2）出厂检验。有制造厂产品标准进行，但必须满足国家有关强制性标准的要求。在采用外购零件时，要有该零件的合格证明和有关的型式试验合格证明，同时应对零部件在产品中的协调和功能进行检验和调整。

(3)交付使用前的检验。应对电梯的安装调试质量，电梯的整体性能和功能以及主要部件和安全部件的状况进行检验。交付使用前的检验包括安装单位的自检和质量技术监督部门的监督检验。

(4)定期检验。主要检查在一定时间内，电梯运行过程中因磨损、老化、振动等因素对电梯功能和安全运行的影响，定期检验每年一次，超期未经检验或定期检验不合格的电梯，不准继续使用。

(5)重大改造维修和发生设备事故后的检验。重大改造维修是指改变了主参数、桥厢质量、行程、门锁装置类型；改变或更换了控制系统、导轨、门的类型或数量、驱动主机或曳引轮、安全钳、限速器和缓冲器。重大改造和事故后的检验，改装的内容和事故情况决定检验内容和要求，但主要参数改变和控制系统改变时，应对电梯进行全面检验。

1.2 检验前的准备工作

检验前的准备工作如下。

(1)电梯的工作条件应符合 GB/T 10058—2009 的规定或符合电梯设计资料的规定。

(2)审查完整的资料和文件，例如：出厂合格证，主要零部件的型式试验合格证，安全钳和限速器的调试证书，施工方案及自检报告，机房井道布置图和使用维护说明书等。

(3)准备所用的检验仪器，如：钢卷尺、游标卡尺、绝缘电阻测试仪、接地电阻测试仪、限速器测试仪等。

2 电梯检测的主要内容和电梯检测技术概述

2.1 电梯检测的主要内容

(1)轿厢上行超速保护装置试验：作用是当电梯上行超速时，轿厢上行超速保护装置应当动作，使轿厢制停或者至少使其速度降低至对重缓冲器的设计范围，以此来确保乘客的安全。

(2)耗能缓冲器试验：作用是当电梯失控向下运行，且速度达不到使限速器安全钳动作时，缓冲器能有效动作，使轿厢能平稳与其接触制停。

(3)轿厢限速器-安全钳联动试验：作用是当电梯超过限速器所规定的动作速度时，应当使其限速器动作带动安全钳，使轿厢卡在导轨上，避免了高速坠落的危险。

(4)上行制动试验：轿厢以额定速度空载上行至行程的上半部时，切断主电源，轿厢应在曳引轮制动器的作用下可靠制停，制动距离应在规定范围之内。

(5)空载曳引力试验。

(6)运行试验。

(7)消防返回功能试验。

(8)电梯速度测试。

(9)平衡系数试验：曳引电梯的平衡系数应当在 0.40～0.50 之间。

除了以上几项，还有很多项目需要检验，例如：电梯制动加速度的检测，曳引条件的检验，导轨应力的检验，电梯控制系统检验，电梯整机振动检测。

2.2　电梯检测技术概述

2.2.1　目视检测技术

目视检测技术一般用于电梯外观的检测，通过手动开关的动作试验和利用游标卡尺等检测工具测量和计算来检查相关设施和零部件设置的有效性[1]、功能开关的可靠性和各种安全尺寸的符合性。

2.2.2　电梯导轨的无损检测技术

电梯导轨的检测主要使用无损检测技术，一般方法有线锤法和激光测试法两种。线锤法主要用来检测电梯导轨的工作面，看 5 m 铅垂线测量值间的最大偏差是否可以满足规定的要求。激光测试方法是通过将激光测量仪测得的信号送到电脑中，计算出导轨的线性度和扭曲度来测量电梯导轨的。

2.2.3　电梯曳引钢丝绳的漏磁检测技术

电梯曳引钢丝绳的漏磁检测技术主要是通过计算机对位置编码器发出的脉冲信号计数，并通过计算处理而得到钢丝绳当量断丝数和当量磨损量的具体情况和相应的位置[3]。

2.2.4　电梯噪声检测技术

电梯的噪声检测技术是主要采用测量声压级的传感器来测量噪声的。

2.2.5　电梯综合性能检测技术

电梯综合性能检测技术是通过便携式检测设备进行电梯各种性能的测试，便携式检测设备由多种电子传感器组成，是通过信号采集，最终得到电梯安全参数的检测结果。

3　电梯检测的一般流程和发展困境

3.1　电梯的检测流程

目前全国所有特种设备检测机构的业务流程基本上大致相同，如图 1 所示。这一业务流程是经过多年应用、检测后，符合法规和实际工作情况的。如今有很多的检测机构都开通了自己的网站，这样不仅可以通过网站对外宣传自己，而且也给用户提供了网上申请报检的途径，大大方便了用户，也提高了效率。

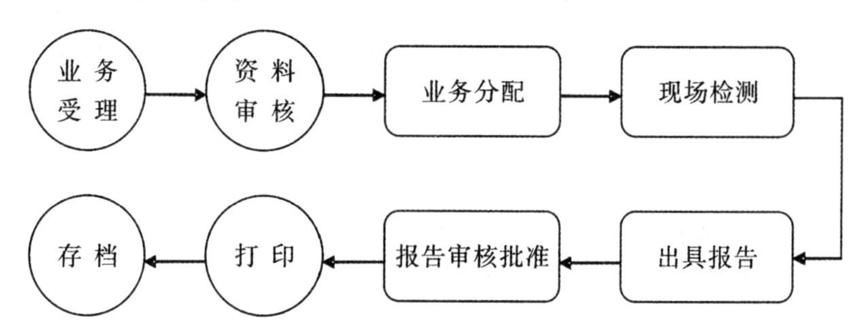

图 1　电梯检测流程图

在所有的模块中，现场检测占用的时间最长，工作最复杂，检测人员需要带上仪器、工具对在用电梯根据监督检测规程和定期检测规程进行逐台逐项检测。

3.2 电梯检测模式的困境

经过多半个世纪的发展，特种设备监管和检测也随之发生了深刻的变化，最初由于锅炉这种特种设备从数量上说不是很大，监督和检测是同一批人，为事故率下降和保障人民群众的生命财产做出了贡献。随着数量的增长和设备种类的扩充，监检人员明显不足，所以就促生了人员的分化，由专门人员负责特种设备的监察。在其后的很长一段时间里，这套体系运转良好，收到了很好的效果，有效地规范了市场秩序，降低了事故率，为人民的生命财产安全做出了贡献[3]。近几年，随着市场经济的发展，特种设备数量不断增长，尤其是随着城市化进程的加快，电梯数量增长和检测资源出现了矛盾，这套体系已不能满足现实的要求，因此需要一种新的模式来适应这种要求，电梯的管理信息系统模式是一个不错的选择。

4 电梯检测技术的发展趋势

21 世纪以来，电梯检测技术得到了很大的发展，无损检测技术和非接触式检测技术是当代电梯的主要检测方法[4]，在未来的时间里，随着电子信息技术和网络技术的飞速发展，电梯检测技术将会朝着节能化、智能化和远程化的方向发展。

4.1 节能化检测技术

节能化技术是 21 世纪的主流技术，节能电梯检测技术将会是未来电梯发展的趋势，发展的趋势主要有：不但改进电梯检测设备的设计，生产环保低能的电梯检测设备，同时对电梯检测设备报废后的处理也采用环保化的方法。

4.2 远程监控救援系统

电梯困人故障是电梯使用中最主要的安全事故。电梯厂商为电梯设计的通话系统只能保证维修和检测的需要，不能满足使用要求。因为大多井道都没有网络信号，一旦出现困人事件，轿厢内的乘客往往会感到恐慌，而远程监控救援系统就显得尤为重要，随着计算机技术和网络技术的快速发展，电梯检测技术也将会向智能化和集成化的方向发展。如果利用电脑或者机器人来替代人进行某些检验，可以大大提高电梯的检测效率，同时可以降低检验成本。它将集通讯、故障诊断、微处理集为一体，可以通过网络传递电梯的运行和故障信息到服务中心，使维修人员及时了解电梯问题所在并去处理。此项技术一旦成熟，将会被广泛应用。

5 结论

近几年电梯事故屡见不鲜，因此提高电梯的检验检测技术十分重要，本文通过对电梯检验检测技术的研究，为电梯的技术检验提供重要的参考，具有实际意义。

参考文献

[1] 张万岭．特种设备安全[M]．北京：中国计量出版社，2006.

［2］　毛怀新．电梯与自动扶梯技术检验［M］．北京：学苑出版社，2001．
［3］　梁飞．论电梯检测技术［J］．现代企业文化，2010(12)：195－196．
［4］　栾玮．电梯检验技术发展趋势研究［J］．科技创新导报，2010(3)：115．

（该论文发表于《机械工程与自动化》2012年第1期）

电梯定期检验中上行制动试验分析

黄鹏辉　高勇　井德强

（陕西省特种设备质量安全监督检测中心　陕西 西安 710048）

摘　要：指出电梯上行制动试验的目的是对制动能力和曳引能力的双重检验，对上行制动过程中无滑移和有滑移两种情况进行了分析，推导了减速度和制动距离的计算公式，并讨论了人工操作试验的弊端，同时介绍了一种合理的仪器检测系统。

关键词：上行制动；滑移；减速度；制停距离；试验方法

0　引言

上行制动试验是电梯定期检验的一项重要内容。检规对此有如下规定[1]：轿厢空载以正常运行速度上行时，切断电动机与制动器供电，轿厢应当完全停止，并且无明显变形和损坏。检规对上行制动试验的规定并不明确，在实际检验工作中存在判定结论多样性。目前，已有相关文献对此进行了分析，韩路等[2]不考虑系统转动惯量的影响，将制动过程简化为匀减速直线运动，结合减速度的取值范围，求出制动距离，以此为参考判定上行制动试验合格与否；关金生[3]考虑各部件转动惯量，将电梯系统看作绕定轴转动的刚体系统，从而计算出角减速度 ε 及线性减速度 a；协会标准[4]也对上行制动的允许距离进行了规定。但对于上行制动的目的，制动过程中的钢丝绳滑移问题，滑移时的减速度及制动距离计算以及试验具体操作等问题仍存在疑惑，本文尝试对上述问题进行分析。

1　上行制动检验目的说明

对于上行制动试验，检规对这项的解读与提示中指出：此项是进行上行紧急制动工况下曳引力的检验，而非制动器能力试验。“轿厢完全停止”可理解为在紧急制动期间保证曳引能力，不发生钢丝绳的严重滑移而导致轿厢失控；另一方面，在电梯定检中没有制动器制动能力的检测项目，检验人员仅通过制动器的外观和电梯正常运行启停来判断制动器的性能是不科学的，并且空载上行制动试验在实际检验中操作方便，所以上行制动试验可看作是制动能力和曳引能力的双重检验。若用距离法对上行制动试验的结果进行判定，观测记录的数据应包括两部分：曳引轮的制停距离和钢丝绳的制停距离，试验结果的判定标准也应包括上述两方面。

2　上行制动过程分析

2.1　钢丝绳滑移分析

在定期检验中做上行制动试验时，会发现紧急制动工况下经常会有曳引轮和曳引钢丝绳之间发生滑移。首先需要说明的是，适当的打滑是允许的[5]。至于紧急制动时钢丝绳滑移的原因，本文用图1所示的模型来说明滑移现象产生的原因：A代表钢丝绳，B代表曳引轮，F_1 和 F_2 分别为钢丝绳两端的拉力，F_f 为钢丝绳和曳引轮之间的摩擦力。A和B以相同的速度 V 在光滑平面上向右运行，当制动器制动时，相当于给B一个向左的减速度 a，若减速度 a 过大，摩擦力 $F_f+F_2-F_1$ 对A所产生的减速度不等于 a，则A和B产生相对滑动，即钢丝绳在曳引轮上滑移。

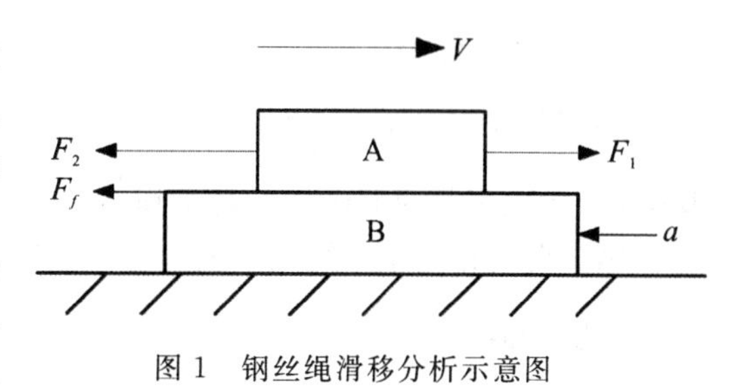

图1　钢丝绳滑移分析示意图

2.2　制停减速度及距离计算

以常用的曳引比为2∶1的电梯系统为例进行分析，如图2所示。减速度和制停距离的计算分无滑移和有滑移两种情况。

2.2.1　曳引轮与钢丝绳间无滑移

曳引轮与钢丝绳之间在紧急制动时无滑移，则整个系统可看作是绕定轴转动的系统。规定力矩方向逆时针为正。

(1)外力矩计算。对重侧拉力为

$$T_1=\frac{1}{2}(m_3+m_4+\frac{1}{2}m_5)g$$

轿厢侧拉力为

$$T_2=\frac{1}{2}(m_1+m_2+m_6+m_7)g$$

其中：$m_1, m_2, m_3, m_4, m_5, m_6, m_7$ 分别为轿厢、轿厢反绳轮、对重、对重反绳轮、曳引钢丝绳、补偿链、随行电缆的重量；g 为重力加速度。外力矩为

$$M=M_B+(T_2-T_1)R \tag{1}$$

其中：M_B 为抱闸施加的制动力矩；R 为曳引轮半径。将 T_1, T_2 代入式(1)可得

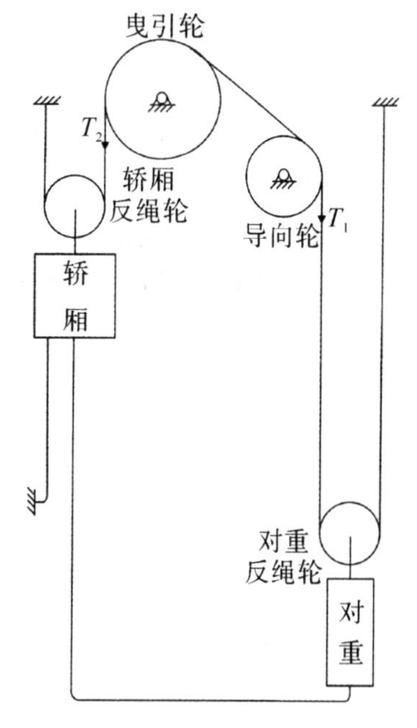

图2　曳引比2∶1电梯系统简图

$$M=M_B+\frac{1}{2}(m_1+m_2+m_6+m_7-m_3-m_4-\frac{1}{2}m_5)gR \tag{2}$$

(2)转动惯量的等效计算。按照等效前后动能不变的原则[6]，计算各部件折算到曳引轮轴线上的等效转动惯量如下。

线性运动部件等效转动惯量为

$$J_{eq}^{x}=\frac{1}{4}(m_1+m_3+4m_5+m_6+m_7)R^2 \tag{3}$$

转动部件等效转动惯量为

$$J_{eq}^{z}=(\frac{J_1}{r_1^2}+\frac{J_2}{r_2^2}+\frac{J_3}{r_3^2}+\frac{1}{4}m_2+\frac{1}{4}m_4)R^2 \tag{4}$$

式中，J_1，J_2，J_3 分别为轿厢反绳轮、对重反绳轮和导向轮对自身轴线的转动惯量；r_1，r_2，r_3 分别为轿厢反绳轮、对重反绳轮和导向轮的半径。由式(3)和式(4)可得电梯系统对曳引轮轴线上的等效转动惯量为

$$J=J_{eq}^{x}+J_{eq}^{z}+J_0=\frac{1}{4}(m_1+m_2+m_3+m_4+4m_5+m_6+m_7)R^2+(\frac{J_1}{r_1^2}+\frac{J_2}{r_2^2}+\frac{J_3}{r_3^2})R^2+J_0 \tag{5}$$

其中：J_0 为曳引轮对其轴线的转动惯量。利用式(2)、式(5)及 $M=J\varepsilon$ 计算出曳引轮的角减速度 ε，因为曳引轮与钢丝绳之间无滑移，所以钢丝绳的减速度 $a_1=R\varepsilon$，钢丝绳的制动距离 $S_1=\frac{v^2}{2a_1}$，v 为轿厢额定速度。

2.2.2 曳引轮与钢丝绳间有滑移

当曳引轮与钢丝绳之间在紧急制动时存在滑移时，整个系统不能看作是绕定轴转动的系统。此时，应将系统分两部分：曳引轮为一部分；轿厢(反绳轮)、对重(反绳轮)、曳引钢丝绳、补偿链及电缆为另一部分。当曳引轮与钢丝绳之间存在滑移时，曳引轮作用于钢丝绳的摩擦力为[7]

$$F=\frac{2\mu\alpha(1-\sin\frac{\beta}{2})}{\pi-\beta-\sin\beta}(T_1+T_2) \tag{6}$$

式中 μ 为摩擦因数，α 为曳引轮包角，β 为曳引轮轮槽下部切口角度值。

(1)钢丝绳减速度 a_2 及其滑移距离 S_2。

以一半的曳引钢丝绳为分析对象(如图 3 所示，钢丝绳下部从对重曳引轮相切处断开，此断开处钢丝绳所受拉力为 T_3)，受力分析得

$$T_2+F-T_3-\frac{1}{2}m_5g=\frac{1}{2}m_5a_2 \tag{7}$$

将 $T_1=\frac{1}{2}(m_3+m_4+\frac{1}{2}m_5)g$，$T_2=\frac{1}{2}(m_1+m_2+m_6+m_7)g$，$T_3=\frac{1}{2}(m_3+m_4)g$ 代入式(6)和式(7)可得

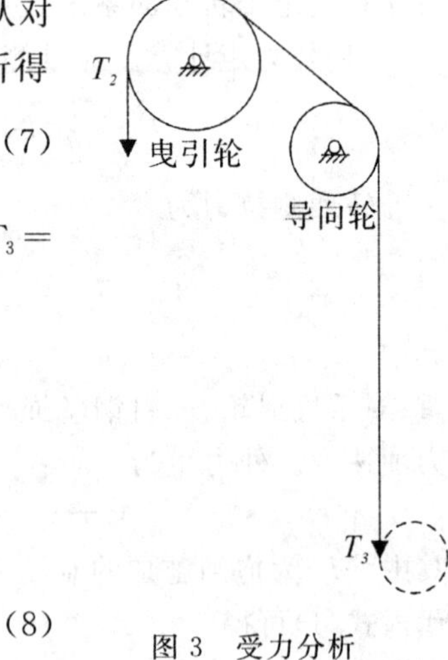

图 3 受力分析

减速度

$$a_2=\frac{2\mu\alpha(1-\sin\frac{\beta}{2})(m_1+m_2+m_3+m_4+\frac{1}{2}m_5+m_6+m_7)g}{(\pi-\beta-\sin\beta)m_5}+\frac{(m_1+m_2+m_6+m_7-m_3-m_4)g}{m_5}-g \tag{8}$$

滑移距离为

$$S_2=\frac{(2v)^2}{2a_2}=\frac{2v^2}{a_2} \tag{9}$$

(2)曳引轮角减速度 ε 及制停弧长 S_3。

钢丝绳与曳引轮存在滑移时，曳引轮上的外力矩为制动力矩和钢丝绳对曳引轮的摩擦力矩之和。同样

规定逆时针为力矩正方向，则作用于曳引轮的外力矩 M 为

$$M=M_B-FR=M_B-\frac{2\mu\alpha(1-\sin\frac{\beta}{2})}{\pi-\beta-\sin\beta}(T_1+T_2)R \tag{10}$$

角减速度 $\varepsilon=\frac{M}{J_0}$；角位移 $\varphi=\frac{\omega^2}{2\varepsilon}$；制停弧长 $S_3=R\varphi$。

无滑移时可用易于观察的钢丝绳制停距离作为制动能力和曳引能力的评价指标；有滑移时应用曳引轮制停弧长作为制动器制动能力的评价指标，钢丝绳滑移距离作为曳引能力的评价指标。

3　上行制动试验实施方法

目前上行制动试验的实施基本上是采用人工操作的方法[5]，人工操作的实施方法存在很多缺陷：①测量精度较低。人工操作时，需要一个检验员肉眼观察到钢丝绳上的标记点到达曳引轮最高点后，向另一个检验员发出指令，该检验员再断开电梯电源主开关，如此操作会滞后很多，其测量值很不精确。②无机房电梯无法操作。无机房电梯大量存在，且目前很多20层左右的住宅楼也采用无机房电梯，而大部分无机房电梯曳引机在井道顶部，此时用传统的人工操作方法无法进行。另外，目前文献所见的仪器检测装置[8]中，其距离传感器与曳引机的旋转轴直接连接，只能检测曳引轮的制动距离，无法对有滑移的情况进行有效测量。

鉴于以上情况，建议开发如图4所示的检测系统，其中由两个带滚轮的传感器与曳引轮和钢丝绳接触，当电梯运行至行程中上部时，仪器控制系统向电梯控制系统发出指令断开安全回路，同时仪器控制系统开始记录传感器的滚轮转过的距离，此检测方案可对无滑移和有滑移两种情况进行检测，同时评价上行制动时的制动能力和曳引能力。

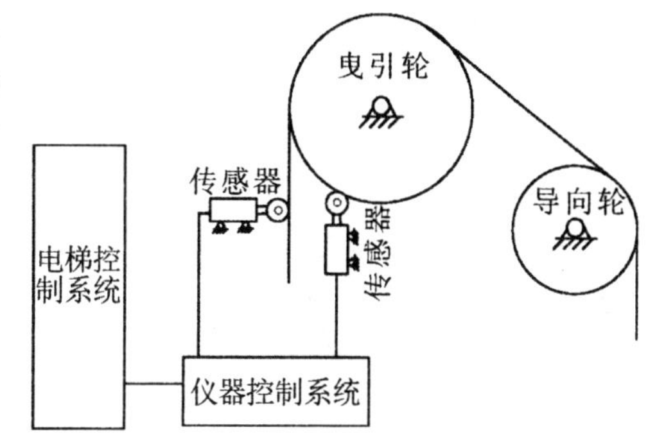

图4　检测系统示意图

4　结束语

空载上行制动试验是电梯定检的重要内容，上行制动试验可看作是制动能力和曳引能力的双重检验。上行制动试验的评价应分无滑移和有滑移两种情况：无滑移时用钢丝绳制停距离作为制动能力和曳引能力的评价指标；有滑移时用曳引轮制停弧长作为制动器制动能力的评价指标，钢丝绳滑移距离作为曳引能力的评价指标。试验实施方法应采用仪器检测来代替人工操作。

参考文献

[1]　中华人民共和国国家质量监督检验检疫总局．TSG T7001—2009 电梯监督检验和定期检验规则——曳引与强制驱动电梯[S]．北京：新华出版社，2010.

[2] 韩路，肖可．对曳引式电梯上行制动试验的探讨[J]．机电工程技术，2013，42(7)：194-196.
[3] 关金生．电梯紧急制动减速度的理论分析[J]．中国电梯，2014，25(1)：17-22.
[4] 中国特种设备检验协会．T/CASEI T102—2015 曳引驱动电梯制动能力快捷检测方法[S]．北京：化学工业出版社，2016.
[5] 李勃，吴明建．电梯空载上行制动试验结果的判定分析[J]．科技广场，2013(2)：83-85.
[6] 刘振兴，李新华，吴雨川．电机与拖动[M]．武汉：华中科技大学出版社，2007.
[7] 文耀平．曳引摩擦力计算方法分析研究[J]．机电工程，2014，31(7)：880-883.
[8] 王贯山，刘世岩．电梯制动距离探讨及其检测装置[J]．安装，2007(12)：23-24.

（该论文发表于《机械工程与自动化》2016年第6期）

对曳引电梯对重缓冲器标识的探讨

黄鹏辉　井德强　符敢为

（陕西省特种设备质量安全监督检测中心　陕西 西安 210048）

摘　要：曳引电梯对重缓冲器标识对电梯顶部空间尺寸以及上极限开关动作的有效性具有较大影响，对于对重缓冲器标识的标记，目前尚无明确且具体可行的计算公式。本文就对重缓冲器标识的计算依据，计算公式进行了探讨，并给出了标记步骤及其注意事项。

关键词：对重缓冲器标识；顶部空间；极限开关

1　对重缓冲器标识的作用

曳引电梯对重缓冲器标识，标明当轿厢位于顶层端站平层位置时，对重装置撞板与其缓冲器顶面间的最大允许垂直距离。对重缓冲器标识标记的正确与否，对电梯顶部空间尺寸以及上极限开关动作的有效性具有较大影响。对重装置撞板与缓冲器顶面之间距离过大，则电梯顶部空间缩小，可能会造成顶部空间不够，影响设备及人员安全；距离过小，上极限开关在对重接触缓冲器前不起作用。因此，在监督检验中要检查对重标识的标记是否符合要求；在定期检验中要查看对重撞板是否在标识允许的范围内。

2　目前存在的问题

目前，检规仅规定：对重缓冲器附近应当设置永久性的明显标识，标明当轿厢位于顶层端站平层位置时，对重装置撞板与其缓冲器顶面间的最大允许垂直距离；并且该垂直距离不超过最大允许值[1]。检规没有给出明确且具体可行的标记方法，致使检验人员对检规的理解各有不同，从而导致判定的尺度也不尽相同。也有文献对此问题进行了研究[2-3]，但讨论不是很明晰，没有给出具体的计算公式。因此，有必要对此问题进行进一步的探讨，以期得到具体计算公式，可行的操作步骤以及注意事项。

3　对重缓冲器标识的计算依据

对重缓冲器标识应由上下两条线来界定其范围，其计算依赖于曳引电梯的顶部空间和上极限开关动作的有效性。

3.1 曳引电梯的顶部空间[4]

当对重完全压在它的缓冲器上时，应同时满足以下4个条件。

(1) 轿厢导轨长度应能提供不小于 $0.1+0.035v^2$(m)的进一步的制导行程。

(2) 轿顶可以站人的最高面积的水平面，与位于轿厢投影面积部分井道顶最低部件的水平面之间的自由垂直距离不应小于 $1.0+0.035v^2$(m)。

(3) 井道顶的最低部件。

1) 固定在轿厢顶上的设备的最高部件之间的自由垂直距离(不包括导靴、滚轮和钢丝绳附件等)，不应小于 $0.3+0.035v^2$(m)。

2) 导靴或滚轮、曳引绳附件和垂直滑动门的横梁或部件的最高部分之间的自由垂直距离不应小于 $0.1+0.035v^2$(m)。

(4) 轿厢上方应有足够的空间，该空间的大小以能容纳一个不小于 0.5 m×0.6 m×0.8 m的长方体为准，任一平面朝下放置即可。

3.2 上极限开关动作的有效性[4]

井道上端应当装设极限开关，该开关在对重接触缓冲器前起作用，并且在缓冲器被压缩期间保持其动作的状态。

4 对重缓冲器标识的计算公式

4.1 对重缓冲器上标识的计算

为实际操作的方便，当轿厢位于顶层端站平层位置时，测量以下数据：如图1所示，A 为导靴上端距导轨顶端的距离；B 为轿顶可以站人的最高面积的水平面，与位于轿厢投影面积部分井道顶最低部件的水平面之间的自由垂直距离；C_1 为井道顶的最低部件与固定在轿厢顶上的设备的最高部件之间的自由垂直距离(不包括导靴、滚轮和钢丝绳附件等)；C_2 为井道顶的最低部件与导靴或滚轮、曳引绳附件的最高部分之间的自由垂直距离。

设 H 为对重装置撞板与其缓冲器顶面间的垂直距离。E 为对重缓冲器的压缩行程：对于耗能型缓冲器，其值为缓冲器铭牌上标注的压缩行程；对于蓄能型缓冲器，其值为缓冲器高度的90%。

由曳引电梯的顶部空间要求可知：

$$\left.\begin{aligned} A-H-E &\geqslant 0.1+0.035v^2 \\ B-H-E &\geqslant 1.0+0.035v^2 \\ C_1-H-E &\geqslant 0.3+0.035v^2 \\ C_2-H-E &\geqslant 0.1+0.035v^2 \end{aligned}\right\} \tag{1}$$

不妨对式(1)取等号，且令

$$\left.\begin{aligned} Y_1 &= A-E-(0.1+0.035v^2) \\ Y_2 &= B-E-(1.0+0.035v^2) \\ Y_3 &= C_1-E-(0.3+0.035v^2) \\ Y_4 &= C_2-E-(0.1+0.035v^2) \end{aligned}\right\} \tag{2}$$

则对重缓冲器上标识

$$H_{max}=MIN(Y_1,Y_2,Y_3,Y_4) \tag{3}$$

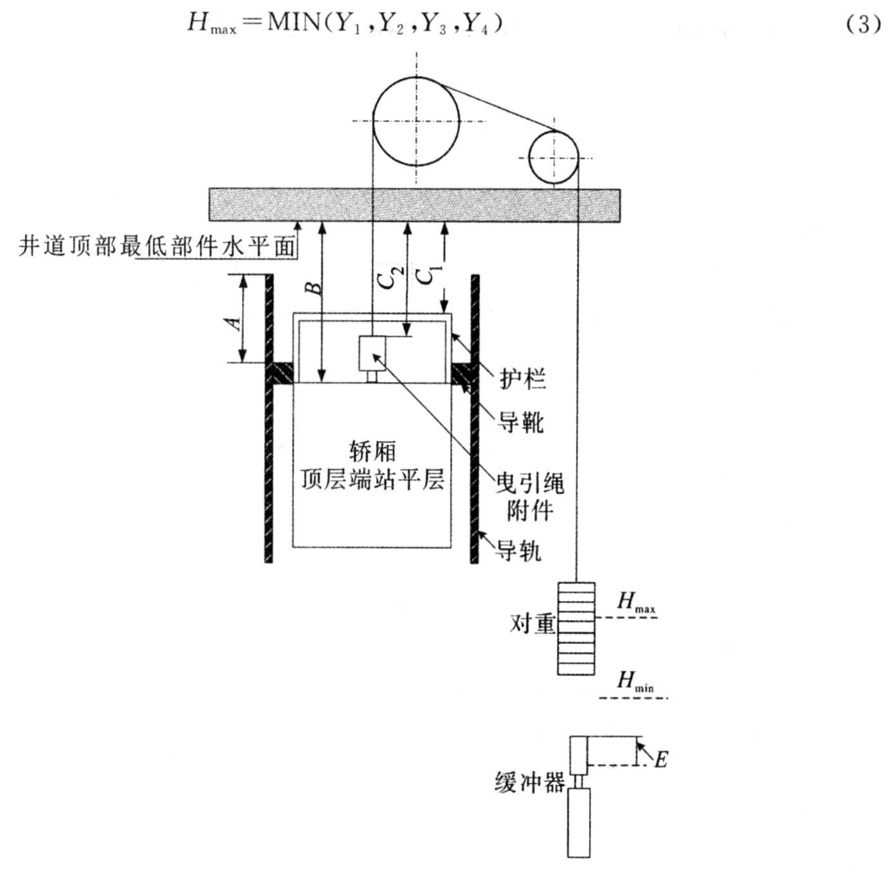

图 1　电梯结构示意图

4.2　对重缓冲器下标识的计算

如图 2 所示，L 为轿厢位于顶层端站平层位置时，极限开关撞板与上极限之间的距离，由上极限开关动作的有效性可知：

对重缓冲器下标识

$$H_{min}=L \tag{4}$$

并且

$$H_{max}>H_{min}$$

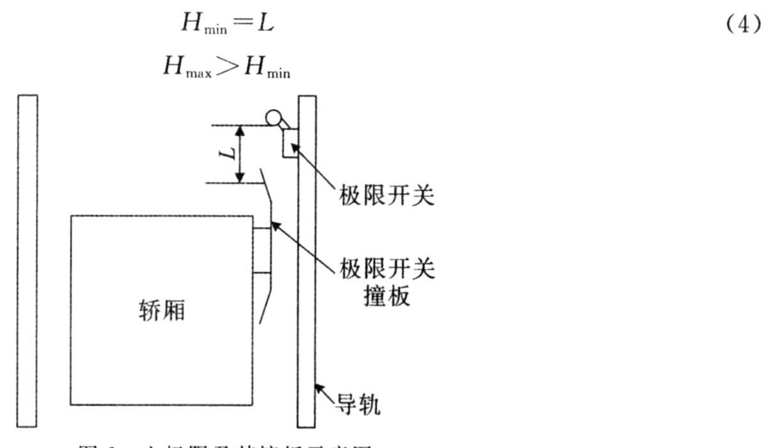

图 2　上极限及其撞板示意图

5 对重缓冲器标识标记步骤及注意事项

5.1 标记步骤

(1)将轿厢停于顶层端站平层位置,测量数据 A,B,C_1,C_2,L,并记录耗能型缓冲器铭牌上标注的压缩行程或者蓄能型缓冲器的高度。

(2)由公式(3)和公式(4)计算对重缓冲器上下标识 H_{max} 和 H_{min}。

(3)以对重缓冲器自然状态下的顶面为基准,按照 H_{max} 和 H_{min} 数值划定上下标识线。

5.2 注意事项

检规要求对重缓冲器标识应是永久性的明显标识,因此标记对重缓冲器标识时,应使用明亮的黄色,线条不宜太粗。另外,应标记在井道壁等固定不变的地方,而不应是标记在对重防护装置上。

参考文献

[1] 中华人民共和国国家质量监督检验检疫总局. TSG T7001—2009 电梯监督检验和定期检验规则——电引与强制驱动电梯[S]. 北京:新华出版社,2010.

[2] 徐强. 浅谈电梯对重缓冲器的标识[J]. 科技信息,2012(12):445.

[3] 赖五生. 关于电梯对重缓冲器附近永久性标识的探讨[J]. 中国机械,2014(4):220-221.

[4] 中华人民共和国国家质量监督检验检疫总局. GB 7588—2003 电梯制造与安装安全规范[S]. 北京:中国标准出版社,2003.

(该论文发表于《特种设备安全技术》2017 年第 2 期)

一种曳引电梯平衡系数计算方法的软件实现

常振元

（陕西省特种设备质量安全监督检测中心　陕西 西安 710048）

摘　要：本文通过对曳引电梯平衡系数电流-负荷数据的牛顿插值多项式拟合，分别建立的上、下行电流-负荷多项式，并利用牛顿迭代法对多项式联立求解，从而得出平衡系数的值。

关键字：曳引电梯；平衡系数；计算方法；软件实现

0　引言

平衡系数是曳引电梯的一个重要参数，也是《电梯监督检验和定期检验规则——曳引与强制驱动电梯》（以下简称"新检规"）的一个重要检测项目。其定义为电梯对重与轿厢之间的重量差与额定载重量之间的比值。新检规要求电梯平衡系数范围在0.4～0.5之间。理论上，曳引电梯平衡系数反映电梯在不同工况下运行时有效载荷大小的平均值，它是电梯曳引机功率选择的一个重要依据。选择适当的平衡系数，能够使电梯在不同工况下的综合能效比达到最佳值，从而起到节能降耗的作用。新检规规定曳引电梯平衡系数的测量方法为："轿厢分别装载额定载重量的30％，40％，45％，50％，60％做上下全程运行，当轿厢和对重运行到同一水平位置时，记录电动机的电流值，绘制电流-负荷曲线，以上、下运行曲线的交点确定平衡系数。《电梯监督检验规程》（2002版，以下简称"老检规"）对曳引电梯平衡系数测量方法的要求与新检规类似，只不过是测量时加载有所不同。两版检规的测量方法均要求记录不同载荷下电梯上、下运行至对重、轿厢处于同一水平位置时电动机的电流值。传统的做法是将测得的电动机电流记录在专门的坐标纸上，手工描出上、下行电流曲线，取两条曲线交点处的横坐标即为该曳引电梯的平衡系数。这种在坐标纸上描图的方法精度较低，新检规将电梯平衡系数测量作为资料确认项，由电梯安装单位完成。由于电梯安装单位水平参差不齐，个别安装单位提供的平衡系数曲线图使用记录数据点之间的简单折线连接代替平滑曲线连接，这样的曲线图就毫无精度可言了。因此，寻求一种客观、可靠的方法来计算电梯平衡系数便显得十分重要。

1　思路

传统的曳引电梯平衡系数测量方法要求将记录的电梯上、下行电流-负荷数据点标在坐标纸上，分别用平滑曲线连接，找出两曲线的交点，其横坐标即为所测平衡系数。可见，由数据点画出平滑曲线是求解平衡系数的关键。事实上，平滑曲线即为通过一系列数据点的多项式所表示的曲线。利用牛顿插值多项式可以求得通过所描数据点的平滑曲线多项式，将代表上、下行曲线的多项式联立，可以得出一个多项式方程。利用牛顿迭代法和平衡系数范围在0.4～0.5之间的初值条件则可以求得该多项式的解，即为曳引电梯的平衡系数。

2 求解

2.1 上、下行电流-负荷曲线对应的多项式表示及求解

对于 $n+1$ 个不同的节点 $x_1, x_2, \cdots, x_n, x_{n+1}$，考虑 n 次多项式 $N(x)=c_0+c_1(x-x_1)+c_2(x-x_1)(x-x_2)+\cdots+c_n(x-x_1)(x-x_2)\cdots(x-x_n)$，如果满足：$N(x)=f(x_i)=f_i$，$i=1,2,3,\cdots,n,n+1$，那么它就是 $n+1$ 个点上的 n 次插值多项式，对于这样的 $N(x)$，则有

$$\begin{cases} N(x_1)=c_0=f_1 \\ N(x_2)=c_0+c_1(x_2-x_1)=f_2 \\ N(x_3)=c_0+c_1(x_3-x_1)+c_2(x_3-x_1)(x_3-x_2)=f_3 \\ \cdots\cdots \\ N(x_n)=c_0+c_1(x_n-x_1)+\cdots c_{n-1}(x_n-x_1)(x_n-x_2)\cdots(x_n-x_{n-1})=f_n \\ N(x_{n+1})=c_0+c_1(x_{n+1}-x_1)+\cdots c_n(x_{n+1}-x_1)(x_{n+1}-x_2)\cdots(x_{n+1}-x_n)=f_{n+1} \end{cases}$$

由 $N(x_1)$ 可以求出 c_0，再由 $N(x_2)$ 可以求出 c_1，依次由 $N(x_n)$ 可以求出 c_{n-1}，最后由 $N(x_{n+1})$ 可以求出 c_n。即

$$\begin{cases} c_0=f_1 \\ c_1=\dfrac{f_2-c_0}{(x_2-x_1)} \\ c_2=\dfrac{f_3-(c_0+c_1(x_3-x_1))}{(x_3-x_1)(x_3-x_2)} \\ \cdots\cdots \\ c_{n-1}=\dfrac{f_n-(c_0+c_1(x_n-x_1)+\cdots c_{n-2}(x_n-x_1)(x_n-x_2)\cdots(x_n-x_{n-2}))}{(x_n-x_1)(x_n-x_2)\cdots(x_n-x_{n-1})} \\ c_n=\dfrac{f_{n+1}-(c_0+c_1(x_{n+1}-x_1)+\cdots c_{n-1}(x_{n+1}-x_1)(x_{n+1}-x_2)\cdots(x_{n+1}-x_{n-1}))}{(x_{n+1}-x_1)(x_{n+1}-x_2)\cdots(x_{n+1}-x_n)} \end{cases}$$

将记录平衡系数电流-负荷数据中代入上式，即可求得上、下行电流-负荷曲线对应的牛顿插值多项式。

2.2 多项式的导数及求解

若要利用牛顿迭代法计算多项式方程的解，还需事先求解相应多项式的导数。

由于多项式的导数等于各项导数的和，n 次多项式的导数可表示为

$$N'(x)=c_1+c_2((x-x_1)+(x-x_2))+c_3((x-x_1)(x-x_2)+(x-x_1)(x-x_3)+(x-x_2)(x-x_3))+\cdots+c_n((x-x_2)(x-x_3)\cdots(x-x_n)+(x-x_1)(x-x_3)\cdots(x-x_n)+(x-x_1)(x-x_2)\cdots(x-x_{n-1}))=c_1+\sum_{i=2}^{n}(c_i\sum_{k=1}^{i}(\prod_{i}(x-x_j))$$

将 2.1 节中计算出的 $c_0, c_1, \cdots, c_n$ 的值带入上式即可得到相应多项式的导数值。

2.3　平衡系数

记由前述方法得到的两个多项式分别为 $N_{上行}(x)$，$N_{下行}(x)$，绘制上行、下行两条电流-负荷曲线，两曲线交点即为平衡系数点，则求平衡系数即为求 $N(x)=N_{上行}(x)-N_{下行}(x)=0$ 的解。

若 $N(x)$ 在[0.4,0.5]中，且满足：

$$\begin{cases} N(0.4)N(0.5)<0 \\ N'(x)\neq 0 \\ N''(x)\text{不变号} \\ \text{对于 } x_0\in[0.4,0.5]\text{，有 } N(x_0)N''(x_0)>0 \end{cases}$$

则由牛顿迭代法可知，迭代序列 $\{x_n\}$，$x_n=x_{n-1}-\dfrac{N(x)}{N'(x)}$ 收敛，从而可以求得平衡系数。

3　软件实现

软件实现可以分为多项式求解、多项式导数求解、平衡系数迭代求解、上下行电流-负荷曲线绘制四个模块。下面介绍多项式求解和平衡系数迭代两个关键模块。

3.1　多项式求解

对应电梯的电流-负荷曲线，x 为曲线的横坐标电流值，y 为曲线的纵坐标电梯负荷值，c 为 n 次多项式的系数，则求解代码为

```
Public Sub polyncoeff(x() As Double, y() As Double,c() As Double)
Dim i, j, k, n As Integer
Dim temp1, temp2, temp3 As Double
n = UBound(x) - LBound(x) + 1
c(0) = y(0)
c(1) = (y(1) - c(0)) / ((x(1) - x(0)))
For i = 2 To n - 1
temp3 = 0
For k = 1 To i - 1
temp1 = 1
For j = 1 To k
temp1 = temp1 * (x(i) - x(j - 1))
Next j
temp2 = temp1 * (x(i) - x(i - 1))
temp1 = temp1 * c(k)
temp3 = temp3 + temp1
Next k
```

```
c(i) = (y(i) - c(0) - temp3) / temp2
Next i
End Sub
```

3.2 平衡系数迭代

利用牛顿迭代公式 $x_n = x_{n-1} - \frac{N(x)}{N'(x)}$，给求解变量赋予初值(由于平衡系数在 0.4～0.5 之间，初值可选 0.45)。根据多项式求解中求出的多项式系数，带入 $N(x)$ 表达式后可分别求出上下行电流-负荷曲线的连个多项式，对应系数相减后可得平衡系数曲线方程 $N(x)=0$。相应地，亦可得到其导数 $N'(x)$ 的表达式，将相应数值带入后可迭代求得平衡系数。具体实现如下：

```
Public Function Newton(x() As Double, diff() As Double, ini As Double) As Double
Dim i, j, k, iloop As Integer
Dim fx, fxd, multiNewton, addNewton As Double
On Error GoTo myerr:
Newton = ini
k = 0
iloop = 0
Do
fx = diff(0)
fxd = 0
For i = 1 To 4
      multiNewton = 1
      For j = 1 To i
        multiNewton = multiNewton * (Newton - x(j - 1))
      Next j
        fx = fx + diff(i) * multiNewton
   Next i
   For i = 1 To 4
      addNewton = 0
      For j = 1 To i
      multiNewton = 1
        For k = 1 To i
          If j<>k Then multiNewton=multiNewton * (Newton-x(k-1))
        Next k
        addNewton = addNewton + multiNewton
      Next j
      fxd = fxd + addNewton * diff(i)
   Next i
```

```
iloop = iloop+1
Newton = Newton - fx / fxd
Loop While (Abs(fx / fxd) > 10 ^ -14) Or (iloop > 1000)
End Function
```

3.3　软件实现的说明

对于多项式求解，由于新检规中要求轿厢分别装载额定载重量的30%，40%，45%，50%，60%进行测试，所以测试数据应有5个点，也就是说得到的插值多项式最高次数为4。

在平衡系数迭代模块设计中，需注意迭代终止条件的选取，由于新检规对于平衡系数的精度要求不高，取10^{-3}即可。此精度下，通常情况下迭代可在5步内完成。

平衡系数计算软件具体如图1所示。

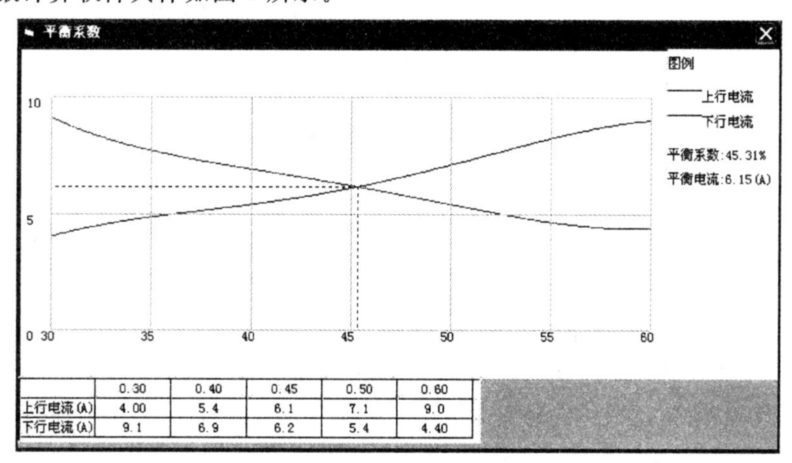

图1　平衡系数计算软件

4　软件的应用

本软件在WinXP+VB6.0环境下调试编译通过。由于本软件采用模块化设计，具有良好地可移植性。多项式求解、平衡系数迭代求解等模块代码可封装于单机软件中，也可作为VBA脚本嵌入到excel办公软件或检验报告管理软件中，实现平衡系数自动计算及相应检验报告项目的智能判别，从而方便检验人员、维保人员使用，降低劳动强度，提高工作效率。

参考文献

[1]　中华人民共和国国家质量监督检验检疫总局．TSG T7001—2009电梯监督检验和定期检验规则——电引与强制驱动电梯[S]. 北京：新华出版社，2010.

[2]　凌永祥．计算方法[M]. 西安：西安交通大学出版社，2008.

（该论文发表于《中国电梯》2012年第5期）

关于 TSG T7001—2009 执行过程中两个问题的思考

龚鑫凯

(陕西省特种设备质量安全监督检测中心　陕西 西安 710048)

摘　要:《TSG T7001—2009 电梯监督检验和定期检验规则——曳引与强制驱动电梯》对曳引式客梯定期检验过程中,限速器定验项目针对实际状况要求有缺失,并且制动装置定检项目对切断制动器的电气安全装置检查要求有缺失,这样会使在用电梯的安全隐患不能完全排查出来,应完善作业指导书,确保查找出安全隐患。

关键词:TSG T7001—2009;定期检验;限速器;制动器

0　引言

限速器是电梯系统中十分重要的安全保护装置,电梯在运行过程中如果发生失控、超速等现象,限速器安全钳装置能将电梯制停在导轨上,为电梯中人和设备的安全提供保障。制动器是电梯非常重要的部件,是电梯提供一切正常运行服务的基础,启动、停梯都离不开它,是实现一切程序保护和电气保护的前提,同时,也是防止电梯冲顶、蹲底的重要安全设施。因而,对限速器和制动器的日常检查、保养、检验,应当加以重视和细心。在用电梯进行年度定期检验时,我们会严格执行检验规则,但是对限速器和制动器的相关项目检验时,我们会发现有些安全隐患我们不能完全准确的找出来。

《TSG T7001—2009 电梯监督检验和定期检验规则——曳引与强制驱动电梯》正文中对定期检验是这样要求的:对于在用电梯,按照附件 A 规定的检验内容、要求和方法,对附件 C 所列项目每年进行 1 次定期检验。TSG T7001－2009 中附件 A 是曳引与强制驱动电梯监督检验和定期检验内容、要求与方法,附件 C 所列项目是对在用电梯进行定期项目。笔者在进行曳引式客梯定期检验时,在限速器和制动器两个方面,发现执行 TSG T7001－2009 时,有问题值得探讨。

1　限速器定期检验项目

1.1　限速器定期检验要求

TSG T2001—2009 中附件 C 中 2.11 项为限速器检验项目,其内容为:电气安全装置高级、动作速度校验。

(1)电气安全装置。该项检验内容与要求为:限速器或者其他装置上应当设有在轿厢上行或者下行速度达到限速器动作速度之前动作的电气安全装置,以及验证限速器复位状态的电气安全装置。

(2)动作速度校验。该项检验内容与要求为:使用周期达到 2 年的电梯,或者限速器动作出现异常、限速器各调节部位封记损坏的电梯,应当由经许可的电梯检验机构或者电梯生产单位对限速器进行动作速度校验,并且由该单位出具校验报告。在进行曳引电梯定期检验的 2.11 项限速器检验项目时,如果 2.11(2)和 2.11(3)的两项检验结果都符合要求时,那么就可以判定 2.11 项限速器该单项结论为合格。

1.2 某电梯限速器定期检验发现问题及思考

例 1:某单位办公楼,一台曳引式客梯,2002 年制造,使用单位按照要求进行报检。笔者按照相关规定进行定期检验工作,在进行附件 C 中 2.11 项限速器项时,进行了 2.11 项(2)电气安全装置和 2.11 项(3)动作速度校验等两项,经检验两项都符合检验要求,如果按照 TSG T7001—2009 的要求,可以判定该 2.11 项为合格项。但是笔者随后发现,该限速器铭牌上标注该限速器应使用直径为 8 mm 钢丝绳,限速器绳轮的节圆直径为 245 mm,但是该台电梯上限速器使用的钢丝绳,直径明显大于为 8 mm,经测量该限速器实际使用的钢丝绳直径为 10 mm。这种情况是严重与铭牌不符的行为,限速器、安全钳、张紧轮在不符合要求的限速器钢丝绳的牵引下,能否在轿厢出现紧急情况下下行超速后安全钳能可靠紧急制动,这是值得商榷的。GB 7588—1987,GB 7588—1995,GB 7588—2003 这三个版本的《电梯制造与安装安全规范》中都是规定限速器绳轮的节圆直径与绳的公称直径之比不应小于 30。显然限速器绳径为 10 mm时,节圆直径(245 mm)与绳的公称直径之比为 24.5,也不满足 GB7588 的要求。综上所述,检验现场发现限速器与绳的不匹配,这是一种潜在安全隐患,我们检验人员应该值得注意。

造成限速器上使用的钢丝绳不符合该铭牌要求的原因,可能有多种情况,如电梯维保单位日常的维护保养麻痹大意,使用单位未加强电梯日常的状况记录与故障状态记录等。但是,如果按照 TSG T7001—2009 附件 C 中 2.11 限速器检验项目,定期要求的电气安全装置和动作速度校验两项进行检验,就会遗漏限速器与绳的不匹配这种现象。所以笔者建议检验机构作业指导书针对定期检验项目应增加监督检验项目(1)限速器铭牌,检验内容为限速器上应当设有铭牌,标明制造单位名称、型号、规格参数和型式试验机构标识,铭牌和型式试验合格证、调试证书内容应当相符。检验要求:对照型式试验合格、调试证书、铭牌及实物。

例 2:某写字楼,三台曳引式客梯,2002 年制造,型号:OTIS3200,某知名品牌,该三部电梯没有改造和大修过。按照 TSG T7001—2009 相关规定进行限速器定期检验工作,现场发现限速器的结构如图 1 所示结构,如果单单查看限速器,并无什么不妥,而且现场发现限速器实物上,有铭牌型号标注:TAB20602A209 等相关信息与上一年度的限速器报告一致性符合,在以上条件下,按照 TSG T7001—2009 的要求,可以判定该限速器 2.11 项为合格项。但是仔细看会发现,这三台曳引式客梯是存在私自更换不同规格不同型号限速器重大安全隐患的。首先,某品牌 OTIS3200 电梯所配备的型号为 TAB20602A209 的限速器并不是图 1 所示的结构,而是图 2 所示结构图,图 1 和图 2 为不同规格不同型号,图 2 所示结构图为 OTIS3200 的原出产配置限速器,OTIS3200 整机在国内市场上有相当一份市场份额,如果检验人员在平常的检验工作中留心留意,就会对各种整机设备配备特点做到胸有成竹,检验过程中会做到"火眼金金",不放过任何蛛丝马迹;其次,实物限速器的贴的铭牌指示为 TAB20602A209,经勘察和问询得知,铭牌为抄录原厂配置的限速器的铭牌信息后人为贴到不同规格不同型号限速器上。

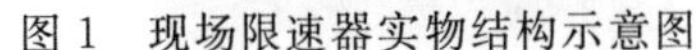

图 1　现场限速器实物结构示意图

图 2　TAB20602A209 型号结构示意图

造成私自更换不同规格不同型号限速器的原因，分析为使用单位法律意识单薄，正常途径更换不同规格不同型号的限速器为改造工作，使用单位怕麻烦，未经维护保养单位同意，私自聘请某公司更换限速器，某公司更换限速器后，还有意识采用原厂限速器设备上的型号编号等信息，造成一般修理假象。未经正规程序办理更换不同规格不同型号的限速器，使用单位存在重大违法事实，设备存在重大安全隐患，设备安全无法保证，置于乘梯人员生命于不顾，针对这种情况，检验员应当提出相关问题。如果按照 TSG T7001－2009 附件 C 中 2.11 限速器检验项目，定期要求的电气安全装置和动作速度校验两项进行检验，这两项并不能排除私自更换限速器问题。所以笔者建议检验机构作业指导书针对定期检验项目增加监督检验项目(1)限速器铭牌，检验内容为限速器上应当设有铭牌，标明制造单位名称、型号、规格参数和型式试验机构标识，铭牌和型式试验合格证、调试证书内容应当相符。检验要求：对照型式试验合格、调试证书、铭牌及实物。而且对照型式试验报告时应当核对样品照片与实物是否一致。

2　制动装置项目

TSG T7001－2009 附件 C 中制动装置定检项目对切断制动器的电气安全装置无检查要求，下来我想结合本人在一次曳引电梯定期检验中发现的问题阐述如下。

某住宅小区，一台曳引乘客电梯，2001 年制造，12 层 12 站，主机为蜗轮蜗杆异步主机，无上行超速保护装置，无停电平层要求。在进行机房检验时，从电气原理图中的制动回路如图 3 所示。

电源 103＋与 102－之间有 DC＋110 V，DC＋110 V 电源 103＋→安全继电器触点 KAQ→门联锁继电器触点 KML→抱闸接触器 KBZ 主触点→抱闸线包 YBZ→DC＋110 V 电源 102－。

在图 3 中，若在电梯运行停止时，安全回路正常导通状态(安全继电器触点 KAQ 闭合)，门联锁也是正常导通状态(门联锁继电器触点 KML 闭合)，也就是说 KAQ 和 KML 一直是闭合导通状态，而此时只有抱闸接触器 KBZ 切断抱闸线包 YBZ 的电流，因此，图 3 中电梯运行停止时就是只有一个电气装置来切断制动器电流，即抱闸接触器 KBZ。在电梯运行停止时，如果该抱闸接触器 KBZ 发生接触器黏连，主控系统对抱闸接触器 KBZ 防黏连功能是否起作用，会不会发生抱闸打开溜梯现象，要进行现场试验验证。

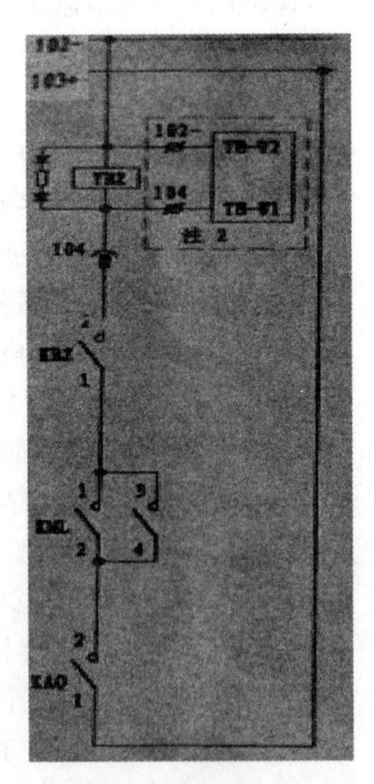

图 3　制动回路

注：有停电平层要求时，才接线

在确保安全的前提下，试验过程为：在机房中，将电梯转换至检修状态，将电梯运行至井道中部。此时安全回路、门联锁都为正常导通状态，即安全继电器触点 KAQ 闭合和门联锁继电器触点 KML 闭合，也是电梯停止状态。在机房，对照电气图人为用螺丝刀顶至抱闸接触器 KBZ，此时看到了曳引机制动器抱闸打开，电梯溜车；将电梯恢复至正常运行状态，快车开至中间楼层平层，电梯处于停止等待状态，此时安全回路、门联锁都为正常导通状态（KAQ 和 KML 是闭合导通状态），在机房，对照电气图人为用螺丝刀顶至抱闸接触器 KBZ，此时也看到了曳引机制动器抱闸打开，电梯溜车。

以上溜梯现象存在着重大的安全隐患，容易发生冲顶或蹲底事故。分析原因为抱闸接触器的防黏连功能失效，主控系统对抱闸接触器防黏连监控没有起到作用，提出问题进行整改。但是 TSG T7001—2009 附件 C 中制动装置定检项目对切断制动器的电气安全装置无检查要求，这样会遗漏发现风险的关控点，我们来看看监督检验项目对切断制动器的电气安全装置检查要求："电梯正常运行时，切断制动器电流至少应当用两个独立的电气装置来实现，当电梯停止时，如果其中一个接触器的主触点未打开，最迟到下一次运行方向改变时，应当防止电梯再运行"。GB7588—1987，GB7588—1995，GB7588—2003 这三个版本的《电梯制造与安装安全规范》中针对制动电气回路的要求，也是有相同规定的。所以笔者建议制动装置定检项目应增加对切断制动器的电气安全装置检查要求，尽最大可能找出设备的安全隐患点。

3　总结

限速器及制动装置为电梯两大重要的安全部件，对它们的检验我们要慎之又慎。TSG T7001－2009 对曳引式客梯定期检验过程中，限速器定验和切断制动器的电气安全装置定检检查要求有缺失，若完全按照检验规则执行势必放过设备的危险因素，最近颁布的 TSG T7001－2009 第 2 号修改单（2017 年 10 月 1 日起施行）也同样存在这样问题，定期检验没有核查限速器相关资料及选配要求，而定期检验也没有对切断制动器的电气安全装置的防黏连功能核查要求，这样会使在用电梯的安全隐患不能完全排查出来。建议检验机构在编制作业指导书时，应增加定期检验相应项目，确保查找出安全隐患问题，保障设备安全运行。

参考文献

[1]　中华人民共和国城乡建设环境保护部. GB 7588—1987 电梯制造与安装安全规范[S]. 北京：中国标准出版，1987.

[2]　中华人民共和国城乡建设环境保护部. GB 7588—1995 电梯制造与安装安全规范[S]. 北京：中国标准出版，1995.

[3]　中华人民共和国城乡建设环境保护部. GB 7588—2003 电梯制造与安装安全规范[S]. 北京：中国标准出版，2003.

[4]　中华人共共和国国家质量监督检验检疫总局．TSG T7001—2009 电梯监督检验和定期检验规则——曳引与强制驱动电梯[S]. 北京：新华出版社，2010.

（该论文发表于《特种设备安全技术》2017 年第 5 期）

一起电梯曳引绳脱槽并出轮事故的追踪调查

樊忠　高勇

（陕西省特种设备质量安全监督检测中心　陕西 西安 710048）

摘　要：本次电梯曳引绳脱槽并出轮致使轿厢卡在井道事故就是由于曳引绳张力严重不均造成的。每一个使用、维保和检测检验人员必须对曳引绳张力的检查、调整引起高度重视！

关键词：曳引绳脱槽并出轮；曳引绳张力不均

0　引言

2015 年 11 月 27 日 10 时许，我们接到一起电梯事故报案，西安市某住宅区一台高层电梯出现曳引绳脱槽并从曳引轮和对重返绳轮脱出，致轿厢卡在井道。

1　事故现场

11 时许，我们赶到现场，电梯维保人员和物业有关人员已在场，并已经关闭了电梯动力电源。现场情况是：轿厢卡在 15 楼，轿顶高出 15 层地面约 40 cm，从 14 层厅门处可看到对重和轿底。对重架上复绕轮 1 根绳脱出轮槽，并拉动挡绳架板上翘弯曲变形（见图 1）。

在机房查看，曳引轮 6 根绳见图 2，其中 2 根在轮槽内（不一定是原对应轮槽），4 根脱出曳引轮搭在机体上并缠绕在一起，其中 1 根缠绕住另 3 根绳（见图 3～图 6），有 1 根断股。限速器处于正常工作状态。

图 1　对重架上复绕轮绳脱出、挡绳板翘曲

图 2　曳引轮下方绳缠绕、保护罩损坏

根据被缠绕的3根绳上的摩擦印痕看，轿厢是在下行时卡住的(见图7)。所幸轿厢空载(见图8)，无人员伤亡，经济损失也较小。

该电梯额定速度1.75 m/s，额定载重量1 000 kg，楼层是29层。

2 事故分析与原因查找

经初步分析判断，曳引绳脱出是由于曳引绳张力不均匀造成的，但又不能完全肯定。为准确找到原因，就要排除其他可能的影响因素。因此，根据现场情况和理论分析，找出了导致曳引绳脱槽并出轮的大概原因有以下几点。

(1)曳引绳张力不均，一根或个别绳严重松动。

(2)一根或个别根绳过紧造成断股，断股后被拉长而松动，或断股绳头挤入相邻绳槽致相邻绳出槽。

(3)曳引轮垂直度不符合要求。

(4)曳引轮、导向轮、对重复绕轮的直线对中度不符合要求(绳槽中心线不在同一直线)。

(5)曳引绳是否出自同一厂家或同一批次，即各绳的质量即弹性、塑性等差异较大。

(6)各轮槽磨损不均匀一致，轮槽深度不同，绳的张力也就不同。

(7)曳引轮、导向轮、复绕轮的固定是否松动。

据物业电梯管理员说，该小区另一台电梯(同品牌、同厂家、同规格及同时安装)于2010年11月也出现了同样的问题。因此就必须要考虑安装质量、误差和产品材料的质量。

如果要准确分析判断找出并排除原因，或缩小怀疑的原因范围，就要待进一步跟踪调查。笔者将以上分析以文字方案与甲乙双方交流以后，取得一致的认可，并立即付诸实施，由电梯维保公司检查、维修、恢复电梯，物业具有专业技能人员配合。在检查维修过程中，甲乙双方共同对前述7条可能原因进行了仔细的检查验证，经逐一测量检查，后面的5条原因都是完好的，所以后5条怀疑因素被排除了，结果就只能是前2条原因了。然而，由于曳引绳都已搅在一起，并有断股的(见图3和图4)，前2条原因就很难再细分并确定究竟是哪条造成的了。实际上也不必再细分，1、2两条的意义和性质是相同的，只是表现形式不同。即曳引绳张力不均作为重点怀疑对象。

图3 绳脱出曳引轮后缠绕

图4 一侧脱出导向轮，另一侧拧在一起

图5　导向轮侧视图

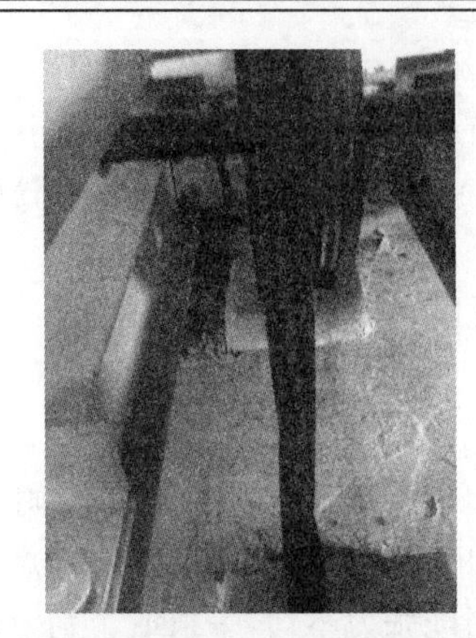

图6　导向轮上曳引绳脱出并缠绕

图7　导向轮下方绳缠绕

图8　轿顶上方绳散落状况

3　问题的解决

事故电梯经检查、维修、恢复，拆除已损坏的曳引绳，在未改动任何零部件的情况下，重新安装新曳引绳并调整好张力，电梯运行正常。然后再对换下来的旧曳引绳做了测量，断股的一根短。也说明了事故确实为曳引绳张力造成的。

4　预防措施

4.1　定期检查、调整

按照 GB 7588—2003 的 9.5.1 要求“至少在悬挂钢丝绳或链条的一端应设有一个调节装置用来平衡各绳或链的张力”，就是说各曳引绳张力如果出现不均，要求通过绳端的调节装置调节以保持平衡一致。据该小区物业电梯管理员说，同机房 2 台电梯，另一台在年内调整了绳的松紧度，即张力，因此未出现脱槽。而这台出槽事故电梯没有调整绳的张力，所以出现了脱槽，这又是一个证明。曳引绳受力后都要拉长，无论在弹性阶段还是在塑性阶段。并且，各绳的伸长量是不可能相同的，伸长后的回缩量也不相同。电梯运行时间长了，曳引绳的长度就不可能相等,并且每根绳调节弹簧的弹力和长度也会发生变化,二者都使绳的长度发生变化,从而松紧度变化。因此要定期检查调整曳引绳的松紧度,使每根绳的长度和张力均衡一致(GB7588—1995 老标准对松紧度有量的要求,即单绳张力不超过平均张力的±5%。新标准取消了这条,只做了定性要求)。长期不检查调整,曳引绳长短、松紧不一致,造成脱槽、出轮是必然的,而且还有可能会造成更严重的事故。

绳脱槽不会是几根同时脱出,应是先后陆续脱出的。应该是最松的绳先出绳槽,然后排挤、缠绕另外的绳,使另外的绳出槽乃至脱出曳引轮。

如果出槽是由于某根绳断股后拉长而引起的松动,说明断股的绳过紧,这样长期 1 根绳重负荷,造成单绳早起磨损断股,这同样说明曳引绳张力不均。如果是某根绳过松,就会在电梯加减速过程中容易脱槽挤入其他绳槽造成绳间排挤或互相缠绕,以致出槽。特别需要说明提醒的是,不怕一根松,就怕一根紧。

4.2 曳引绳的调整方法

曳引绳的调整是在对重上方适当的高度,维保人员站在轿顶上进行。将轿厢以检修操作停在约 2/3 井道高处,用拉力器拉每根绳,在水平方向拉伸幅度相同的情况下,读取拉力数,或者拉力相同的情况下测量水平拉伸幅度,一般采用前一种方法。拉力大的和小的都要通过绳端的调整螺母调整,达到拉力一致。

5 汲取的教训

这起事故给我们一条重要的启发就是:曳引绳张力的检查与调整原来如此重要,事故触目惊心,必须引起每一个使用、维保和检测检验人员高度重视!现在新《检规》虽然对钢丝绳的张力差未做定量要求,但我们在检验和维保时不可疏忽。

参考文献

[1] 中华人民共和国国家质量监督检验检疫总局 . GB 7588—2003 电梯制造与安装安全规范[S]. 北京:中国标准出版社,2003.

[2] 中华人民共和国国家质量监督检验检疫总局 . TSG T7001—2009 电梯监督检验和定期检验规则——曳引与强制驱动电梯[S]. 北京:新华出版社,2010.

[3] 毛怀新. 电梯与自动扶梯技术检验[M]. 北京:学苑出版社,2001.

(本论文发表于《中国电梯》2016 年第 23 期)

浅谈防止电梯轿厢意外移动的保护装置

韩向青

（陕西省特种设备质量安全监督检测中心　陕西 西安 710048）

摘　要：乘客出入电梯轿厢的时候，如果电梯发生非正常移动，就会造成挤压和剪切的事故。为了避免此类事故的发生，本文提出应制定强制性的标准，要求设置一种防止轿厢意外移动的装置。此装置一旦检测到轿厢意外移动就会马上强制制停电梯。本文还分析了轿厢意外移动保护装置的组成及制动装置的制停距离，并且讨论了轿厢意外移动保护装置的释放方法。事实证明，轿厢意外移动保护装置能有效减少轿厢意外移动发生的剪切事故，保证乘客安全。

关键词：电梯；轿厢意外移动；保护装置

1　前言

电梯已经成为一种常见的公共交通工具，越来越离不开我们的生活。高楼大厦越来越多，直梯的数量也在成倍的增长，我们每个人每天都要和直梯见几次面。但电梯毕竟是个机电类产品，总会有各种故障的发生，而这些故障会导致电梯的各种意外动作，进而对乘客的人身安全构成威胁。特别是电梯在开门状况下的意外移动，会导致剪切事故的发生，造成各种惨案。近年来全国各地此类事故时有发生，已造成多人伤亡。本文讨论的就是电梯轿厢在开门状况下的意外移动。

2　设置防止轿厢意外移动保护装置的必要性

轿厢意外移动，顾名思义，就是在开锁区域内并且开门状态下，轿厢未接受到指令却离开层站的移动，这其中不包含装卸操作引起的移动。在层门未被锁住且轿门未关闭的情况下，由于轿厢运行所依赖的驱动主机或驱动控制系统的任一元件失效而引起轿厢离开层站的意外移动，电梯应具有防止该移动或使移动停止的装置。电梯的悬挂钢丝绳、链条和曳引轮、滚筒、链轮的失效除外。曳引轮的失效包含曳引能力的突然丧失。由于轿厢意外移动会造成很大的人员伤害，所以电梯应具备防止意外移动的功能。目前我们正在使用的电梯都不含该功能。所以必须增加一个保护装置来使电梯具备该功能。该装置应能够检测到轿厢的意外移动，并应制停轿厢且使其始终保持停止状态。

3 防止轿厢意外移动保护装置的结构组成及要求

3.1 该保护装置的组成

防止轿厢意外移动的保护装置主要由两部分组成，一部分是监测装置，用来判断电梯轿厢是否意外移动。可以利用每层的平层感应装置及安全控制系统共同组成该监测系统。最迟在轿厢离开开锁区域时，该监测装置应检测到轿厢的意外移动。该监测装置应单独或者和轿厢移动保护装置一起作为一个完整的系统进行型式试验。应进行 10 次试验来验证该监测装置，所有试验应可靠地验证该装置均正确动作。

该保护装置的另一部分组成装置是制停部件。该装置的制停部件可以作用在以下几个位置：轿厢、对重、悬挂钢丝绳系统、曳引轮、只有两个支撑的曳引轮轴上。制停部件不仅仅只是使轿厢停止，还必须使轿厢一直处于停止状态。停止部件或保持轿厢停止的装置可与上行超速保护装置和下行超速保护装置共用。制停在轿厢和对重这两个位置可以利用轿厢安全钳和对重安全钳来达到。这样该保护装置就由检测系统、限速器和安全钳组成。制停在悬挂钢丝绳这个位置可以利用夹绳器来达到。制停在曳引轮可以利用制动器来实现。

3.2 制停装置动作的距离要求

防止轿厢意外移动的保护装置应该在下列距离内制停轿厢：与检测到轿厢意外移动的该层站的距离不大于 1.20 m；该层门地坎与轿厢护脚板最低部分之间的垂直距离不大于 200 mm；轿厢地坎与面对轿厢入口处的井道壁最低部件之间的距离不大于 200 mm；轿厢地坎与该层门门楣之间或层门地坎与轿厢门楣之间的垂直距离不小于 1.0 m。上述值在轿厢载有不超过 100%额定载重量的任何载荷情况下均应满足，移动距离从平层停止位置计算[1]。在制停过程中，该装置的制停部件不应使轿厢减速度超过：空轿厢向上意外移动时为 1 gn；向下意外移动时为自由坠落保护装置动作时允许的减速度。

3.3 防止轿厢意外移动的保护装置的释放

防止轿厢意外移动的保护装置被触发或当自监测显示该装置的制停部件失效时，应由称职人员使其释放或使电梯复位。释放该装置应不需要接近轿厢、对重或平衡重。该装置释放后应处于工作状态。如果需要外部能量来操作该装置，当能量不足时应使电梯停止并保持在停止状态[2]。该要求不适用于带导向的压缩弹簧。

4 结束语

防止电梯轿厢意外移动的保护装置作为电梯安全的又一道保护屏障，可以降低由于电梯轿厢意外移动而带来的安全隐患，提高电梯的整体安全性能。本文论述了该装置的构成以及对于该装置的一些技术要求，笔者相信防止电梯轿厢意外移动的保护装置将很快应用到各种电梯中，它将是电梯发展史中一个重要的节点。

参考文献

[1] 中华人民共和国国家质量监督检验检疫总局.GB 7588—2003 电梯制造与安装安全规范(第1号修改单(征求意见稿)[S]. 廊坊:全国电梯标准化技术委员会,2014.

(该论文发表于《机械工程与自动化》2016年第3期)

浅谈电梯涡轮蜗杆减速机的安全评估

辛宏彬[1]　杨海威[2]　赵宇超[1]　常晨[1]　边江[1]

(1.陕西省特种设备质量安全监督监测中心　陕西 西安 710068
2.天津天铁冶金集团　天津 300050)

摘　要:虽然电梯技术的发展,新型的电梯曳引机已经取缔了老旧涡轮蜗杆曳引机,但是这种涡轮蜗杆减速机依然被广泛使用,其主要发挥的功能是对电梯运行的速度进行调整,并根据乘客需要而有效控制,其运行质量直接关乎到电梯安全系数。本论文针对涡轮蜗杆减速器的安全评估进行研究。

关键词:涡轮蜗杆;减速器;安全评估

0　引言

虽然目前的电梯技术发展迅速,传统的电梯减速器已经逐渐被取缔,但是,依然有大量的老旧的高层建筑中所安装的电梯减速器处于作业状态。要确保电梯安全稳定地运行,就要对电梯减速器的安全性进行评估。

1　涡轮蜗杆减速器的失效分析

从涡轮蜗杆减速器的设计结构来看,它是用来传递两交错轴之间的运动和动力。电动机与蜗杆连接在一起,在电动机处于高速运转状态通过联轴器带动曳引轮转动,使得电梯轿厢能够按照乘客的指令运行,达到载客运输的需求[1]。

涡轮蜗杆减速器主要包括三个组成部分,即齿轮、轴以及轴承等。电梯在运行的过程中是否安全与这些零部件的安全性具有直接的关系。根据有关统计数据显示,在电梯运行中,如果各种零部件出现安全故障,就会引发电梯运行问题,而且这种原因所引发的故障率可以超过九成。为了提高电梯的安全系数,就要做好电梯的安全评价工作,以能够根据安全评估结果对电梯的运行状态做出调整,以保证电梯能够安全稳定地运行[2]。但是,从目前的老旧曳引电梯的运行情况来看,由于维修保养公司对减速器没有及时正确的技术保养,而且也没有采取有效的维护措施,导致减速器的齿面磨损、轴部出现了弯曲或者不平衡的现象、滚动轴承的内环和外环出现了不同程度的剥落、齿轮的啮合状态发生了变化。

2 涡轮蜗杆减速器的安全评估

2.1 涡轮蜗杆减速器的安全检测方法

当老旧电梯处于运行状态的时候,要对电梯的安全性进行检测存在着一定的局限性,因此,电梯检验人员都会采用直观的检测方式,即采用目测方法或者声音辨别的方法进行检测。但是,这种传统的检测方法缺乏合理性,要确保电梯运行检测的科学性,可以采用安全评估的方式。

当涡轮蜗杆减速器运行中,影响其运行安全的因素包括两个方面的内容,即电梯运行中的环境温度和蜗轮蜗杆状态。按照常规的检测方法,是采用较为直观的观察方法做出判断。比如,通过检测振动情况而对轴向窜动情况进行检测;通过检测油液就可以检测油液的质量。

2.2 涡轮蜗杆减速器安全检测的操作步骤

2.2.1 对电梯减速器的运行状态进行观察

当电梯处于运行状态的时候,要对减速器的工作状态做出初步判断,就要对减速器运转中所发出的声音进行判断,并观察其运转状体,将需要检测的范围缩小[3]。之后根据观察结果具有针对性地进行检测,将电梯运行中电梯减速器所在故障位置寻找出来。

2.2.2 对电梯减速器的零件进行检测

电梯减速器的零件有很多,如果仅仅依赖于人工检测是远远不够的,不仅检测效率低,而且检测质量不高。在对电梯减速器进行检测的时候,可以采用便携式的仪器或者是仪表,对减速器进行定量分析和定性分析相结合的方法,可以获得减速器运行故障所在范围而无法获得精确的结果,难以准确地将电梯减速器的运行故障诊断出来,却为减速器运行的安全评估奠定了基础。

2.2.3 电梯处于运行状态对油液和轴承的温度进行检测

当电梯处于运行状态的时候,油液和轴承的温度就会升高。对温度进行测量,可以采用红外测温仪,对电梯处于停止状态和运行状态下油液和轴承的温度都进行检测,与标准温度数据进行比较而对电梯减速器的故障做出判断。采用这种方式对电梯减速器进行安全评估,可以获得精确的检测结果,不仅可以帮助检修人员将减速器的故障做出准确判断,而且还可以确保电梯处于稳定的运行状态,保证电梯乘客的安全。

2.2.4 对油液的质量进行检测

在对油液的质量进行检测的过程中,要将减速器的油样抽取出来与新的油品进行对比,以对减速器的油样质量做出准确判断,对是否需要更换油液做出判断。如果油液的比重有所增加,就意味着受到蜗轮蜗杆已经遭到了严重的磨损[4]。因此,对老旧曳引电梯减速器的油液要每间隔一个月左右就要进行一次检测,并将检测结果记录下来。

3 涡轮蜗杆减速器评估结果的具体应用

针对涡轮蜗杆减速器评估结果,要能够做到具体问题具体分析,并以定性分析结合定量分析的原则，对电梯减速器进行全面检查并系统性分析，以做到科学而合理地检测。当上述的检测方法应用于具体的检测工作中时，就要具有针对性地制定出不同的检测等级，基于此而对电梯减速器运行状况进行确定并决定是否需要维修或者更换电梯减速器。比如，当电梯减速器的检验等级低于60％时，就需要对减速器进行更换；如果电梯减速器的检验等级高于80％时，就可以采用维修手段维持电梯减速器继续使用；如果电梯减速器的检验等级高于60％而低于80％时，就需要对电梯减速器进行大修。

4　总结

综上所述，对涡轮蜗杆电梯减速器进行安全评估，如果采用传统用的方法就会由于评估方法缺乏科学合理性而存在一些弊端，将新的评估方案构建起来，不仅可以提高电梯减速器的检测质量，还可以检测工作效率，而且还降低了电梯维护成本，保证了电梯运行安全。

参考文献

[1]　王宝学，夏荣华，黄莞苓．“预先危险性分析”在电梯检验危险因素分析中的应用[J]．中国特种设备安全，2011，10(8)：158－159．

[2]　朱昌明．走自主创新之路，创可持续发展之业——谈谈我国电梯行业技术创新中的一些问题[J]．中国电梯，2011，18(3)：259－261．

[3]　王印博．老旧电梯安全评估方法研究及系统开发[D]．西安：长安大学，2015．

[4]　王小群，张兴容．模糊评价数学模型在企业安全评价中的应用[J]．上海应用技术学院学报：自然科学版，2013，14(1)：265－267．

（该论文发表于《经济管理》2016年第5期）

聚氨酯缓冲器应用于电梯的相关问题讨论

黄鹏辉　李波　王莹

（陕西省特种设备质量安全监督检测中心　陕西 西安 710048）

摘　要：聚氨酯缓冲器性能优越，在工业领域得到了广泛应用，但在电梯行业使用效果不佳。本文从材质老化、安装质量，检验依据等方面分析了影响电梯聚氨酯缓冲器使用寿命的因素，并针对相关问题给出了改进建议。

关键词：电梯；聚氨酯缓冲器；老化；力学分析

0　引言

聚氨酯缓冲器是以聚氨酯为材质的非线性缓冲器，是利用聚氨酯材料的微孔气泡结构来吸能缓冲，在 20 世纪 70 年代，就已经开始在起重机上得到应用[1]。近年来，由于聚氨酯缓冲器体积小、重量轻、价格便宜、耐腐蚀，并具有弹性好、吸振容量大等优点，在工业领域的各个方面得到广泛应用。目前，聚氨酯缓冲器在额定速度不大于 1.0 m/s 的电梯上应用越来越广泛，但是使用效果并不尽如人意，并未像其他领域那样有效。近年来业内人士对此讨论也颇多，本文尝试从材质老化、安装质量、检验依据等方面对聚氨酯缓冲器在电梯应用中的相关问题进行探讨明确。

1　材质老化[2-3]

电梯缓冲器与起重机等其他工业设备所用缓冲器有所不同，电梯缓冲器工作频率很低，其疲劳损坏的可能性不大，因此聚氨酯材质的老化问题在聚氨酯缓冲器失效因素中所占比重较大。

聚氨酯的老化除了自身化学结构和合成工艺的影响外，还受到外界环境如热、氧、水和光辐射等因素的影响。在氧气存在下，聚氨酯分子链中的化学键会因为氧气的氧化而断裂，而且温度越高相对越容易，最终导致物理性能的降低。聚氨酯在光照射（自然光、紫外光）下，会发生分子链的断裂或基团的脱落。阳光中的紫外线波长短，破坏力大，是导致聚氨酯材料发生老化的一个重要因素。

空气中的水分会与聚氨酯中容易水解的酯基等发生反应，造成分子键断键，从而使聚氨酯材料起泡、变形、龟裂、变色，力学性能下降。另外，聚氨酯涂层在潮湿时吸收水分膨胀，干燥时失去水分收缩，膨胀与收缩均会在材料内部产生应力，长时间循环会造成涂层从基底上脱落。

当然，聚氨酯的水解是在水、氧气、热的共同作用下发生的。

电梯用聚氨酯缓冲器安装在电梯底坑，除了观光梯外，一般不受阳光或紫外线照射。相反，底坑积水的现象则较为普遍，并且空气流通不通畅，因此电梯用聚氨酯缓冲器的老化主要受到氧气、温度、湿度等的影响。

以上是对聚氨酯缓冲器老化影响因素的定性描述，工程上定量推算出聚氨酯缓冲器的使用寿命则更具有现实意义。将阿累尼乌斯公式运用到图线外推法是评价聚氨酯微孔弹性体的使用寿命的一种有效方法。由 GB/T 20028—2005 可知：当温度升高的时候，一般情况下聚氨酯化学反应速率会提高。温度和化学反应的关系可用阿累尼乌斯方程式表示为

$$K(T)=A\cdot e^{-E/RT} \tag{1}$$

式中

$K(T)$——反应速率的常数，(min^{-1})；

A——指数因数，单位：min^{-1}；

E——活化能，单位：J/mol；

R——摩尔气体常数，单位：8.314J/(mol·K)；

T——热力学温度，单位：K。

化学反应关系以式(2)表示：

$$F_x(t)=K(\tau)\cdot t \tag{2}$$

式中

$F_x(t)$——反应关系的函数；

t——反应时间，单位：min。

在不同的反应温度 T_i 下，不同的反应速率 K_i 以不同的反应时间 t_i 达到相同的临界值 F_a，则有

$$F_a(t_i)=K_i(T_i)\cdot t_i \tag{3}$$

将(1)式代入(3)式，两边取对数并合并常数项后，可得

$$\mathrm{In}(t_i)=E/RT_i+B \tag{4}$$

文献[3]采用聚氨酯微孔弹性体的压缩静刚度为指标，对公式(4)利用试验数据进行拟合得到了平均气温 15℃时的使用寿命为 3.85 年。

另外，美国化学学会 2012 年的研究表明医用聚氨酯会在 3～6 年内逐步水解老化[4]。聚氨酯缓冲器之所以在电梯领域和起重机等其他行业的应用效果截然不同，并非其性能不够优异，而在于没有对其报废年限和维护保养做出详细的规定。电梯聚氨酯缓冲器使用超过 10 年的情况随处可见，在这期间没有对其力学性能及老化情况做出评估，自然也就造成了真正使用时效果不佳的状况。

2　安装质量

电梯聚氨酯缓冲器安装在底坑混凝土基础上，安装条件较差，往往会造成轿厢或对重与缓冲器接触时，轿厢或对重撞板与缓冲器的工作面不平行。如图 1 所示，为轿厢或对重作用于缓冲器的力，F_1 为平行于缓冲器顶面的分力，H 为缓冲器高度，则缓冲器所受弯矩为 $M=F_1H$，在弯矩 M 作用下，缓冲器会从根部断裂。同时，F_1 还将在缓冲器根部产生剪切作用，更加速

了缓冲器的断裂。

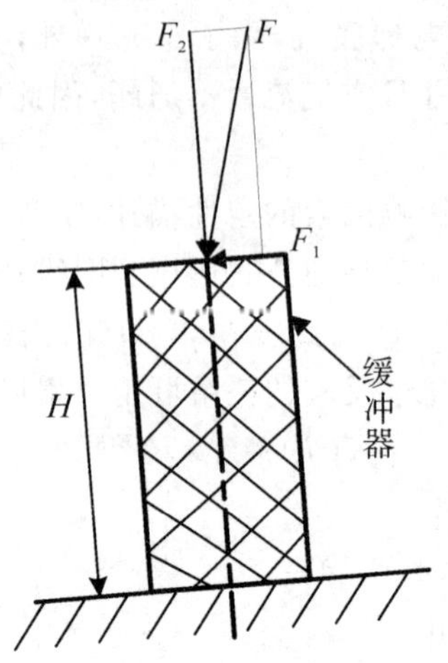

图 1 缓冲器受力分析图

本文采用 ANSYS 有限元分析软件对缓冲器工作面与轿厢或对重撞板平行和不平行两种情况进行分析对比。ANSYS 分析中聚氨酯材料泊松比取 $\mu=0.499$。聚氨酯缓冲器直径 150 mm,高度 220 mm;承受载荷 $P+Q=2\,900$ kg。聚氨酯为超弹性材料,本文采用近似不可压缩的 Mooney-Rivlin 模型来描述聚氨酯材料,应变能方程为

$$W=C_{10}(I_1-3)+C_{01}(I_2-3) \tag{5}$$

式中

W——应变能函数;

C_{10},C_{01}——Mooney-Rivlin 模型的力学参数;

I_1,I_2——第一和第二 Green 应变不变量。

本文取 $C_{10}=1.87$ MPa,$C_{01}=0.47$ MPa[5]。

当缓冲器工作面与撞板平行时,其所受 Von Mises 应力云图如图 2 所示。由应力云图可知,缓冲器底部边缘所受应力最大。另外,由于压缩后产生变形,而缓冲器底部是固定的,因此缓冲器底部存在切应力。图 3 和图 4 分别为平行和不平行时的切应力。平行时的最大切应力为 0.64 MPa;不平行时(夹角为 3°),最大切应力为 0.71 MPa,切应力增加了 11%。从有限元分析可知:聚氨酯缓冲器受力时底部边缘应力值最大,并且缓冲器工作面与撞板不平行时,由于分力产生的弯矩和变形部分对底部的切应力作用,缓冲器很容易在底部断裂。

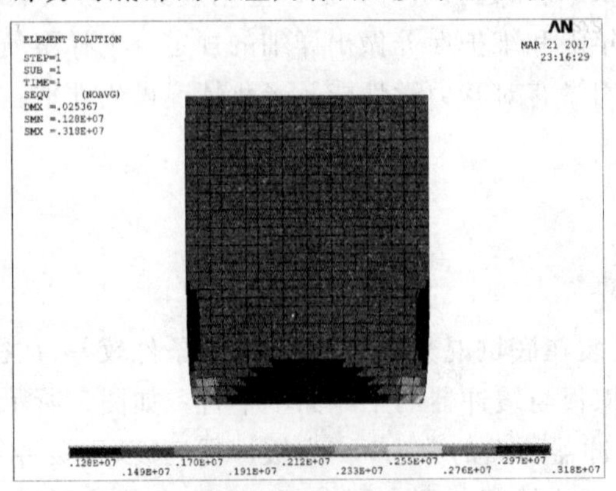

图 2 平行时 Von Mises 应力云图

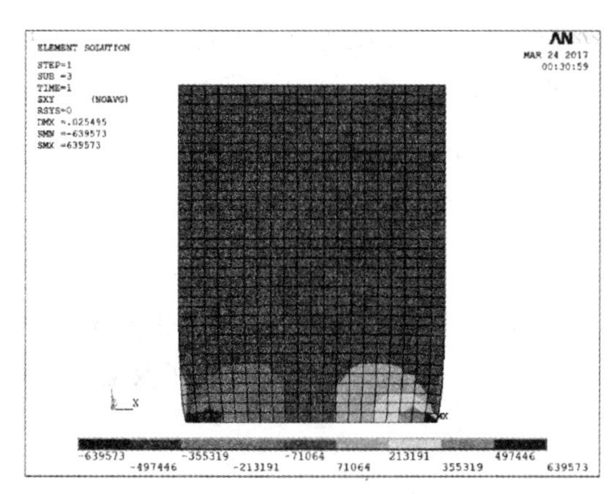

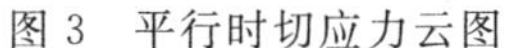
图 3　平行时切应力云图

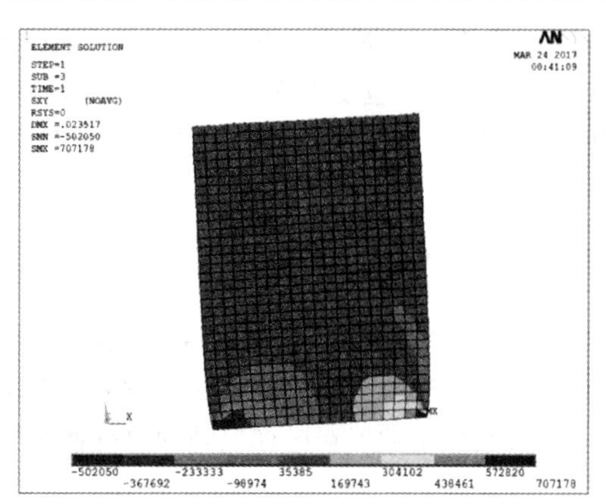

图 4　不平行时切应力云图

3　检验依据

目前《TSG T7001—2009 电梯监督检验和定期检验规则——曳引与强制驱动电梯》(以下简称“检规”)对有关聚氨酯缓冲器的检验规定不够明确和全面。

3.1　有关工作环境的规定

对电梯机房的空气温度作了保持在 5～40℃之间的规定，而对于底坑这一缓冲器安装空间仅规定：保持清洁，底部平整，不得渗水、漏水。从前述讨论可知：聚氨酯缓冲器的使用寿命和工作环境的关系比较密切，其材质老化现象受环境温度和相对湿度的影响较大，而检规在这方面的要求却比较欠缺，没有对底坑空气湿度和温度做出相应具体明晰的规定。

3.2 有关检验内容的规定

对于聚氨酯等蓄能型缓冲器，只规定了所适用的电梯速度，铭牌或标签的内容要求以及固定应可靠。监督检验时应检查轿厢或对重撞板与缓冲器工作面之间的平行度。考虑到聚氨酯缓冲器的使用寿命，应该强制要求在一定使用年限例如 5 年后报废，或者增加针对聚氨酯缓冲器的力学性能试验等方面的要求，在不满足要求时进行报废更换。

4　建议改进措施

为了保障聚氨酯缓冲器在电梯系统中可靠使用，建议从以下几方面进行考虑。

(1)电梯聚氨酯缓冲器的生产厂家应严控生产工艺，提高产品质量，从源头上提高聚氨酯缓冲器的产品质量。将产品铭牌或标签永久固定于缓冲器适当位置，便于相关人员随时核查。

(2)加强对聚氨酯缓冲器在电梯底坑这种特殊环境下的老化问题研究，为缓冲器的报废期限做出理论依据，例如强制要求 5 年后报废，或增加聚氨酯缓冲器的报废标准。聚氨酯缓冲器的优势就在于具备优异缓冲性能的同时，价格便宜易于更换，其本质上是一种易耗品。因此要树立在电梯全寿命期间内聚氨酯缓冲器需要及时更换的观念。

(3)监督检验中应重视对聚氨酯缓冲器安装质量的检查，检规应增加对底坑环境的要求，如对安装聚氨酯缓冲器的电梯底坑做出温度、相对湿度及光照强度等方面的要求。

(4)维保人员也要重视保持安装有聚氨酯缓冲器的电梯底坑环境的清洁干燥,经常检查聚氨酯缓冲器是否有裂纹、剥落和破损等现象。

5 结束语

聚氨酯缓冲器性能优越,在工业领域得到了广泛应用,但在电梯行业使用效果不佳。本文从材质老化、安装质量、检验依据等方面进行了分析讨论,并针对相关问题给出了改进建议,以期能为聚氨酯缓冲器在电梯领域的更好使用提供一些帮助。

参考文献

[1] 张佳亮. 聚氨酯缓冲器在铝电解多功能机组上的应用[J]. 有色设备,2011(4):48-49.

[2] 沈光来,孙世彧,陈宗良. 聚氨酯老化机理与研究方法进展[J]. 合成材料老化与应用,2014,43(1):57-64.

[3] 王鹏,段友智,刘波,等. 聚氨酯微孔弹性体加速老化评估及使用寿命研究[J]. 聚氨酯工业,2016,31(5):37-40.

[4] 郭智臣. 最新研究称医用聚氨酯可能会水解[J]. 黏接,2013 (1):28-28.

[5] 李海宁,李丹,辛新. 基于 ANSYS 的聚氨酯蕾形密封圈有限元分析[J]. 润滑与密封,2015,40(4):82-85.

(该论文发表于《中国电梯》2014 年第 11 期)

对某型限速器挡绳杆影响定期校验效率的分析

黄鹏辉　刘继征　贺杨

（陕西省特种设备质量安全监督检测中心　陕西 西安 710048）

摘　要：通过对某型限速器结构进行分析，得出了该型限速器的挡绳杆影响限速器现场定期校验效率的原因，并给出了改进建议。同时建议在设计电梯安全部件时，应考虑其后续检验的方便性，即应使部件具有可测量性。

关键词：限速器；挡绳杆；可测量性；检验效率

0　前言

限速器是电梯安全保护装置中的关键部件，其与安全钳共同作用，使超过一定速度的电梯得以制停，从而保护轿厢内乘客的安全。限速器是否能起到保护作用，关键在于动作是否灵活，动作速度是否满足要求，正因如此，检规中规定要对限速器的动作速度进行定期校验，以检查其是否满足要求。在实际校验中，限速器的具体结构对限速器的现场校验有较大影响，结构是否合理直接关系到现场校验的工作效率。因此，限速器结构设计应具有可测量性[1]，即应考虑安装后的监督检验和定期检验的要求。本文对某型限速器的挡绳杆对现场校验效率的影响进行了分析，并提出了改进意见。

1　某型限速器结构说明

图1所示为常用的甩块式单向限速器，其结构主要由电气开关、甩块、触杆、绳轮、棘爪、棘轮、压块、底板、侧板和挡绳杆等组成。当电梯速度超过允许值时，甩块在离心力作用下向外张开，触发电气开关以停止曳引机转动，若速度进一步增大，甩块进一步张开，通过连杆机构使棘爪进入棘轮，在摩擦力作用下，限速器钢丝绳提拉安全钳拉杆，使轿厢两侧安全钳同时动作，从而将轿厢制停。

该型限速器因其结构简单，动作可靠，在实际中得到了广泛应用。对于检验人员，该型限速器也是实际工作中接触较多的一种限速器，该型限速器的定期校验是检验人员日常工作的一项重要内容，其校验是否方便直接影响到检验工作效率的高低。

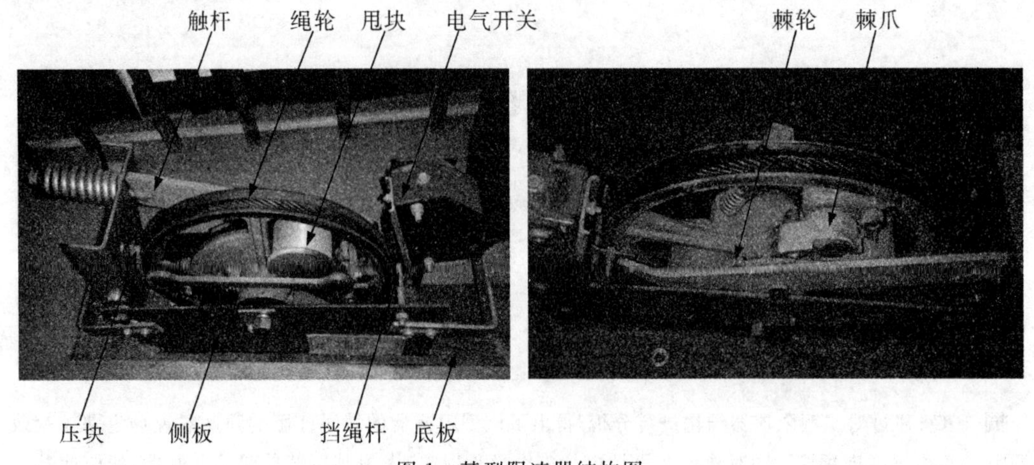

图1 某型限速器结构图

2 定期检验对限速器的要求[2]

使用周期达到2年的电梯，或者限速器动作出现异常、限速器各调节部位封记损坏的电梯，应当由经许可的电梯检验机构或者电梯生产单位对限速器进行动作速度校验，并由该单位出具校验报告。对于限速器动作的合理范围，国标《GB7588—2003 电梯制造与安装安全规范》中有如下规定：操纵轿厢安全钳的限速器的动作应发生在速度至少等于额定速度的115%，但应小于下列各值：

(1)对于除了不可脱落滚柱式以外的瞬时式安全钳为0.8 m/s；

(2)对于不可脱落滚柱式瞬时式安全钳为1 m/s；

(3)对于额定速度小于或等于1 m/s的渐进式安全钳为1.5 m/s；

(4)对于额定速度大于1 m/s的渐进式安全钳为$1.25v+0.25/v$(m/s)。

3 限速器现场校验脱绳方法

限速器的现场校验方法相关文献[4]均有介绍，此处不再赘述。现场校验最为耗时的关键步骤在于将限速器钢丝绳从绳轮上脱开，从而使绳轮能够自由转动。脱绳方法分两种：①在底坑垫高限速器绳张紧装置后，然后在机房将限速器钢丝绳从绳轮上脱离，此方法仅适用于低层站电梯，即限速器钢丝绳自重较轻时。②从电梯顶层厅门按规范上轿顶，将脱绳装置[3-4]V型夹绳器夹住限速器钢丝绳活动侧(即轿厢上行时限速器绳轮下降方向一侧)，将提拉绳系在轿顶护栏上，以检修速度点动上行，将限速器钢丝绳活动侧提起，然后在机房将限速器绳从绳轮上脱下。其中，使用脱绳装置脱绳对高层和低层电梯均适用，其应用最为广泛，但此方法受限速器结构本身的影响较大，限速器结构是否合理对校验效率影响较大。

4 挡绳杆对定期校验影响的分析

对于该型限速器，其挡绳杆的作用主要是防止运转过程中钢丝绳从绳轮脱落。在实际校验中，使用脱绳装置将钢丝绳从绳轮脱离时，必须将压块和挡绳杆均拆除，以便校验时钢丝绳不与绳轮接触。但此限速器在使用一段时间后，挡绳杆经常难以从限速器上拆卸，尤其是对于无机房电梯，空间狭小，更是难于操作。其原因如图 2 所示，其挡绳杆上一端为外螺纹，限速器侧板上设计有螺孔，安装时直接将挡绳杆拧紧在基座侧板上，另外再加防松螺母。但是，基座侧板较薄，一般为 3 mm 左右，挡绳杆与螺孔结合处丝扣较少，且在拧松挡绳杆时需要转动挡绳杆，从而对挡绳杆施加一径向力，当作业空间较小时，很容易就将丝扣损坏，从而难以将挡绳杆卸下。从实际校验经历来看，校验此类限速器时，挡绳杆的拆卸占据了整个校验时间的很大一部分，从而大大降低了限速器校验效率。

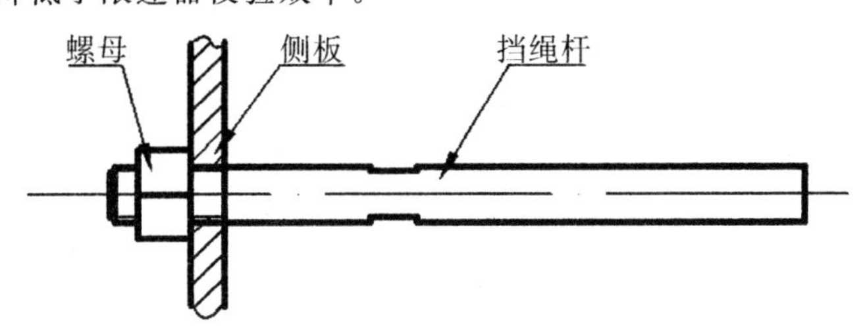

图 2　挡绳杆连接示意图

5　挡绳杆结构的改进建议

针对上述校验时挡绳杆难以拆除的情况，同时考虑到挡绳杆处于工作状态时主要受径向力作用，所受轴向力很小，笔者建议将挡绳杆和侧板的连接方式改成如图 3 所示的型式：即挡绳杆为光轴，挡绳杆与侧板之间采用间隙配合，轴向固定采用两侧开口销的方式。这样工作可靠，且拆卸时较为方便，可大大提高该型限速器的现场校验效率。

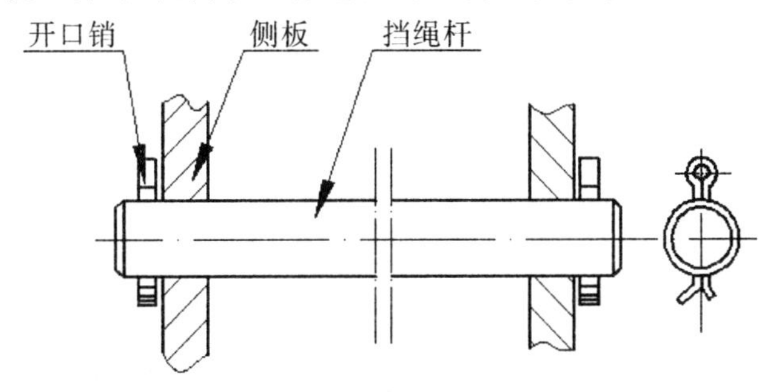

图 3　挡绳杆建议连接方式

6　结论

通过分析，得出了挡绳杆影响限速器现场校验效率的原因，并给出了改进建议。另外，也建议在设计电梯安全部件时，应考虑其后续检验的方便性，即应使部件具有可测量性。

参考文献

[1]　崔学功，秦建宝，李刚．限速器测试问题的分析[J]. 中国电梯，2007，18(7)：57－59.

[2] 中华人民共和国国家质量监督检验检疫总局．GB 7588—2003 电梯制造与安装安全规范[S]. 北京：中国标准出版社，2003.
[3] 李波，常国强．限速器校验脱绳实用技术[J]. 特种设备安全技术，2014(3)：42.
[4] 王祖生．现场校验电梯限速器使用的脱绳装置及操作方法[J]. 机电技术，2012，35(4)：133－135.

（该论文发表于《工业 c》2016 年第 5 期）

曳引电梯平衡系数检测方法初探

常振元

（陕西省特种设备质量安全监督检测中心　陕西 西安 710048）

摘　要：本文通过对曳引电梯平衡系数检测方法的分析，提出相应的改进方法。

关键字：曳引电梯；平衡系数；检测方法；改进

0　引言

平衡系数是曳引电梯设计和使用过程中的一个重要参数，平衡系数的检测一直是困扰检验人员的一项费时费力的工作。现行检规《电梯监督检验和定期检验规则——曳引与强制驱动电梯》中对曳引电梯的平衡系数检测方法有明确规定："轿厢分别装载额定载重量的30%，40%，45%，50%，60%WDT 做上下全程运行，当轿厢和对重运行到同一水平位置时，记录电动机的电流值，绘制电流-负荷曲线，以上、下运行曲线的交点确定平衡系数。"2002 版《电梯监督检验规程》对曳引电梯平衡系数测量方法的要求与现行检规类似，只不过是测量时加载有所不同（0%，25%，50%，75%，100%，110%）。可见，与 2002 版电梯检规相比，现行检规对平衡系数的检测方法有一定改进，舍弃 0%，100%和 110%载荷工况下的电流检测，将 2002 版检规中的 6 个工况检测点改为现行检规的 5 个检测点，且现行检规的 5 个工况检测点集中在 40%～50%之间，关于 45%对称分布。尽管现行检规在平衡系数加载工况检测点数量上没有减少，依然是 5 个（2002 版检规的 0%空载工况无需加载），但由于减少了 75%，100%，110%载荷工况检测点，在平衡系数检测中需要搬动砝码的工作量大为减少，检测人员工作量大为下降，同时检测时间也大为缩短。这是现行检规相对于 2002 版检规的改进之处。

那么，平衡系数检测中的加载工况点能不能再少一些呢？本文就来探讨这个问题。

1　加载检测工况选择

新老两版电梯检规设计的电梯平衡系数检测方法使用的都是传统的描图法，即分别在不同的空载和加载工况下测试电梯曳引机的电流值，用坐标纸或其他印有电流-负荷坐标线的表格描出经过一系列检测点的平滑曲线，上、下行电流-负荷曲线的交点即为所检测曳引电梯的平衡系数。对照两版检规，尽管平衡系数检测时加载工况点选择有所不同，但在加载工况点的选择上都是在 0.4～0.5 范围内外，且基本上加载工况点都是关于[0.4，0.5]区间对称分布的。这是因为《GB/T 10058—2009 电梯技术条件》3.3.8 项规定："曳引式电梯平衡系数应在 0.4

～0.5 范围内”。新老两版电梯检规关于平衡系数范围的要求也来源于此。从上述分析我们可以看出，由于《电梯技术条件》和检规对平衡系数的要求是一个范围，而不一定要求出具体的数值。我们只要能够设计出一种加载工况检测方法，证明电梯的平衡系数在或不在 0.4～0.5 范围内，就可以判定所检测电梯的平衡系数是否满足标准和检规的要求，也就完成了平衡系数的检测工作，而无需在平衡系数具体等于几的问题上纠缠。

2　平衡系数及其电流-载荷曲线的分析

我们知道，求平衡系数的实质就是求上、下行电流-载荷曲线的交点。显然，交点的位置可能在 0.4～0.5 之间，也可能在 0.4～0.5 之外，甚至在 0～1 之外。但无论这个交点在什么位置，它只能有一个，即平衡系数只能有一个。这从电梯曳引系统的平衡性上可以得出，上、下行电流-载荷曲线出现交点，即意味着电梯轿厢和对重两侧达到平衡，在任意一侧再加载，都会打破这个平衡，加载越多，打破平衡的程度就越大，系统离平衡点就越远。不可能出现继续加载，系统重新回到另一个平衡点的情况。

我们再回到上、下行电流-载荷曲线的交点，即电梯曳引系统的平衡点上来。处于平衡点时，电梯上、下行电流相等。在此基础上减少轿厢内的载荷，对重一侧重量大于轿厢一侧重量，系统移到平衡点左侧（根据上、下行电流载荷曲线图，下同），此时上行电流相对于平衡点减小，下行电流相对于平衡点增大；反之在平衡点基础上增加轿厢内的载荷，在对重一侧重量小于轿厢一侧重量，系统移到平衡点右侧，此时上行电流相对于平衡点增大，下行电流相对于平衡点减小。

因此，由电流-载荷曲线可以得出，交点左侧上行电流小于下行电流，交点右侧上行电流大于下行电流。也就是说，如果选取 40％和 50％两个加载工况进行平衡系数检测，测得上、下行电流同时满足 40％工况下上行电流小于下行电流和 50％加载工况下上行电流大于下行电流两个条件，那么就可以判断所检测电梯的平衡系数在 0.4～0.5 之间（见图 1），满足标准和检规的要求，此项应判合格；否则，不满足上述两个条件中的任一个条件，平衡系数不在 0.4～0.5 之间，不满足标准和检规要求，此项应判不合格。进一步讨论，如果 40％和 50％两个加载工况测得的上行电流值均小于下行电流值，则可以知道平衡系数＞0.5（见图 2），对重侧所加砝码过多；反之，如果 40％和 50％两个加载工况测得的上行电流值均大于下行电流值，则可以知道平衡系数＜0.4（见图 3），对重侧所加砝码过多。

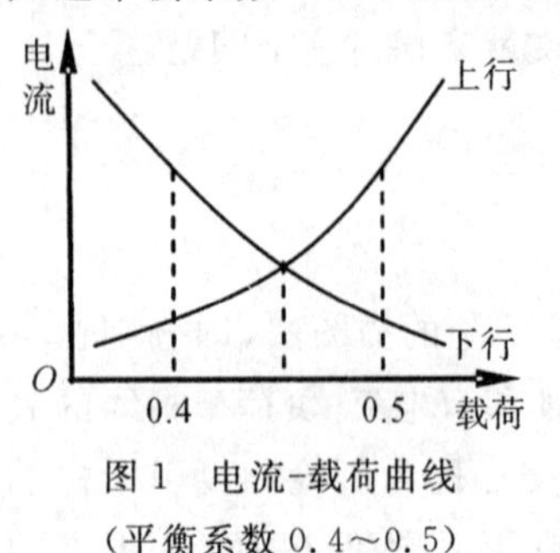

图 1　电流-载荷曲线
（平衡系数 0.4～0.5）

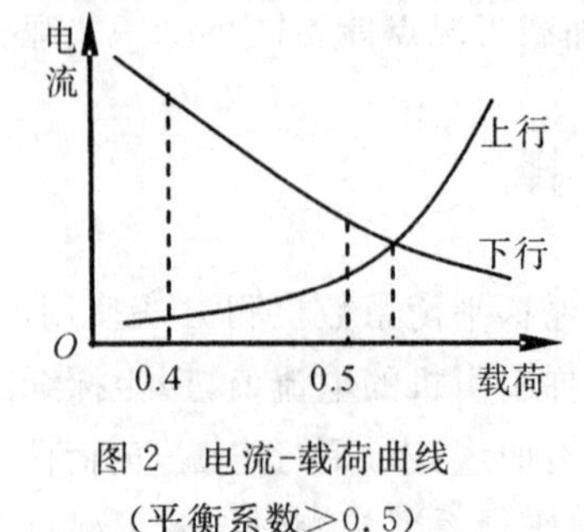

图 2　电流-载荷曲线
（平衡系数＞0.5）

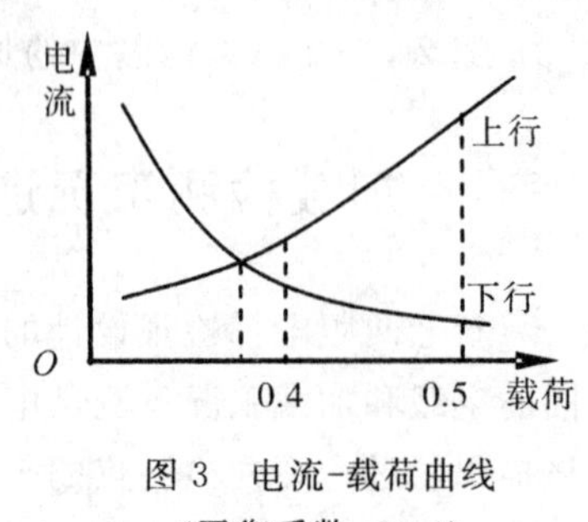

图 3　电流-载荷曲线
（平衡系数＜0.4）

3　检测方法的改进

由上分析可知，进行曳引电梯平衡系数检测，仅取40%和50%两个加载工况进行上、下行电流检测即可，而无需像新老两版检规规定的一样，测试5～6个点。这样，按照本文所述方法，曳引电梯平衡系数检测2个加载工况，检测过程中只需搬动砝码一次，对于额定载重量1 000 kg的电梯，搬动砝码的工作量只有(50%－40%)×1 000＝100 kg，即只需搬动4～5块砝码(按每块砝码20～25 kg计算)。相比之下新老两版检规规定的平衡系数检测方法需加载工况5个，上、下行电流检测10次，检测过程中需来回搬动砝码至少4次。两者相比，无疑按本文所述方法进行平衡系数检测将大大减轻工作量、节省工作时间、提高检测效率。

另外，《GB/T 10058—2009 电梯技术条件》规定了其曳引式电梯的适用范围为额定速度不大于6.0 m/s的电力驱动曳引式乘客电梯和载货电梯。对于超出标准范围的电梯，可参照该标准执行，不适用部分由制造商和客户协商确定。因此，新老两版电梯检规在平衡系数检测要求中除沿用0.4～0.5的范围要求外，还规定了"或符合制造(改造)单位设计值"的要求。那么此类电梯的平衡系数如何检测呢？显而易见，可以参照本文所述方法，根据平衡系数的设计值和检测用砝码最小重量，选取相应的2个加载工况检测点即可。如果某电梯的额定载重量为2 000 kg，平衡系数设计值为0.72，砝码最小重量为20 kg，则该电梯轿厢对重平衡重量为1 440 kg，可选择加载1 420 kg和1 460 kg，即71%和73%两个工况进行测试。如上、下行电流满足上述要求，则该电梯的平衡系数在0.71和0.73之间。分别连接上、下行电流曲线上的两个工况点，两条线段的交点可近似作为平衡点，其横坐标可近似作为平衡系数(见图4)。要想进一步提高检测精度，则可选取更小单位重量的砝码即可。

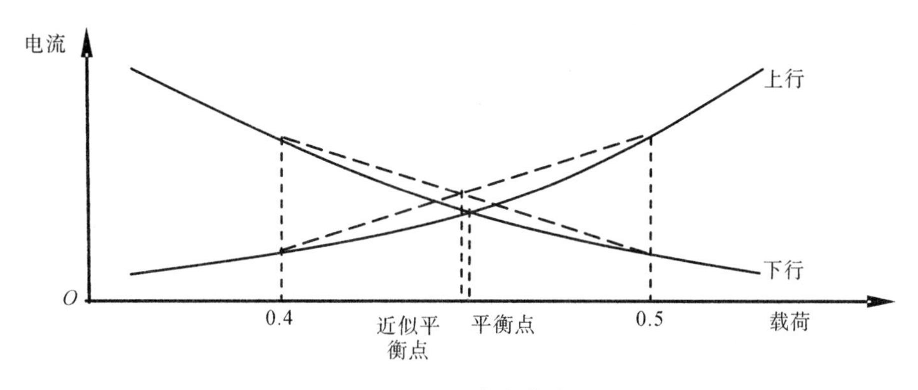

图4　电流-载荷曲线

4　总结

选择2个不同的加载工况即可得到电梯平衡系数的范围，并判定所检测电梯的平衡系数是否符合检规、标准的要求。根据不同电梯平衡系数的要求，考虑电梯的额定载重量等参数，合理选择最小单位重量的砝码，选择合适的加载工况，可以满足特殊要求的电梯平衡系数的检测，并保证检测精度。

本文所探讨的平衡系数检测方法仅讨论了加载检测点问题，未涉及平衡系数检测时的电源电压、频率、运行速度及检测时机等要求。实际检测中仍需遵守相关标准规范的要求。

参考文献

[1] 中华人民共和国国家质量监督检验检疫总局. TSG T7001—2009 电梯监督检验和定期检验规则——曳引与强制驱动电梯[S]. 北京：新华出版社，2010.

[2] 中华人民共和国国家质量监督检验检疫总局. GB/T 10058—2009 电梯技术条件[S]. 北京：中国标准出版社，2009.

（该论文发表于《中国电梯》2011 年第 23 期）

简述PLC可编程控制器在电梯控制系统中的应用

王兴昌

（陕西省特种设备质量安全监督检测中心　陕西 西安 710048）

摘　要：电梯的控制系统影响电梯各方面的性能，本文对PLC可编程控制器应用于电梯中的优越性展开讨论，并对未来电梯发展趋势做以阐述，未来电梯对控制系统的要求会非常高，因此PLC可编程控制会被广泛使用，本次阐述会对以后电梯的发展具有深远的指导意义。

关键词：PLC；电梯；应用

0　引言

随着现代化城市的快速发展，一座座高楼拔地而起，在这些高层建筑里都有大量的人流和物流需要电梯来运送，所以电梯在现代社会成为最普通的运输工具，在越高的建筑里，电梯的存在显示出极为重要的地位，当今电梯不仅仅是一种运输工具，它在一定程度上大大的提高了建筑物的整体美感，随着经济和技术的发展，电梯的使用越来越广泛，电梯已成为现代物质文明的一个标志。电梯是运输人员的主要运输工具，现代人们对生活品质的追求越来越高，人们对电梯的整体美感、安全性、舒适平稳性提出了更高的要求。随着先进技术的发展市场上出现了可编程控制器PLC，它自身编程灵活性高，抗干扰能力强，可靠性好，功能完善，适用性强，体积小，重量轻，能耗低等一系列的优点应用到电梯的控制系统当中，可以满足了当今人们对电梯提出的高要求。

1　可编程控制器(PLC)的简介

PLC(Programmable Logic Controller)可编程逻辑控制器，是一种小型可操作逻辑运算，顺序控制，计数，定时等程序，并通过数字或模拟量输入/输出控制各种预期要实现的过程或结果。可编程控制器(PLC)是继电器和计算机控制的结合体，有效的把自动化技术，计算机技术和通信技术融为一体的新型工业自动化控制装置。目前广泛的应用于各种场合中的检测，监控和控制的自动化过程中。也可以用于各种大型控制复杂的机电一体化的设备当中来。包括自动扶梯、电梯、机床、民用设施以及环境保护设施等。

2　PLC控制系统的优点

(1)PLC控制系统结构紧凑简单，减少了数学运算部分，加强了直接控制需要的逻辑运算功能和定时等功能，并将输入输出信号标准化，与各个控制器组合在一块，应用于各种现代化设备的控制当中。

(2)PLC 控制系统可靠性高、稳定性好、具有很强的抗干扰能力并具有多重保护功能，一旦发生故障能迅速使电梯停止。

(3)PLC 控制系统编程简单使用方便，可操作性强。PLC 可采用梯形图的方式进行编程，易于电梯操作技术人员所接受。编程器除了编程还可以进行监控，在编程软件中显示电路的运行情况可以方便找出实际当中出现的故障，具有写入和打印等功能。

(4)PLC 控制系统维修维护方便，PLC 具有完善的监视诊断功能，工作状态和通讯 I/O 状态和异常状态等都有明显的显示。现在的 PLC 采用智能型 I/O 模块后，还可以将机器故障诊断和检测出来，大大提高了设备的维修效率。

(5)采用模块化结构，扩展容易改造灵活。

3 PLC 控制电梯的优越性

(1) 在电梯控制系统中采用 PLC 控制，用软件控制电梯的运行，电梯的未定型大大提高。

(2) 去掉了大量的继电器，提高了控制系统的空间利用率，简化系统的接线。

(3) PLC 可用于复杂电梯系统的控制，简便的增加和改变系统的控制功能。

(4) PLC 可以进行故障自动检测和报警显示提高了电梯的安全性，同时也便于检修并提高了电梯的运行效率。

(5) 改变控制功能时只需要改变控制程序就可以，不需要改变硬件线路的接线。

4 PLC 应用于电梯的实况模拟

PLC 的结构和微机控制基本相同，用户可以用编程实现预期的控制要求，将编制的程序指令固化在 ROM 存储器中。进行周期性的循环扫描，由 PLC 的输出端传送至执行元件来完成整个过程。电梯的 PLC 输入指令信号如轿内选层，层站召呼，各类安全开关，平层位置信号等。输出执行元件如曳引机，轿厢照明，通讯设施，轿门门系统等。电梯使用 PLC 进行控制，使电梯具备完善的自动检测、自动诊断、自动保护功能，确保电梯投入运行的安全性大大提高。而且电梯是按照理想的运行曲线运行，通过矢量控制软件对电动机进行精确调节，使电梯运行平稳、舒适、安全可靠。电梯控制系统 I/O 分配图如图 1 所示。

5 电梯技术的发展趋势

近些年来，大陆电梯行业快速发展。大陆电梯产品在技术、性能、质量上和国外电梯发展基本一致，与进口电梯相比具有明显的优势。从国际情况来看，当电梯保有质量趋于饱和后，绿色环保电梯、智能化、信息化和高速电梯将成为电梯行业发展的新方向。

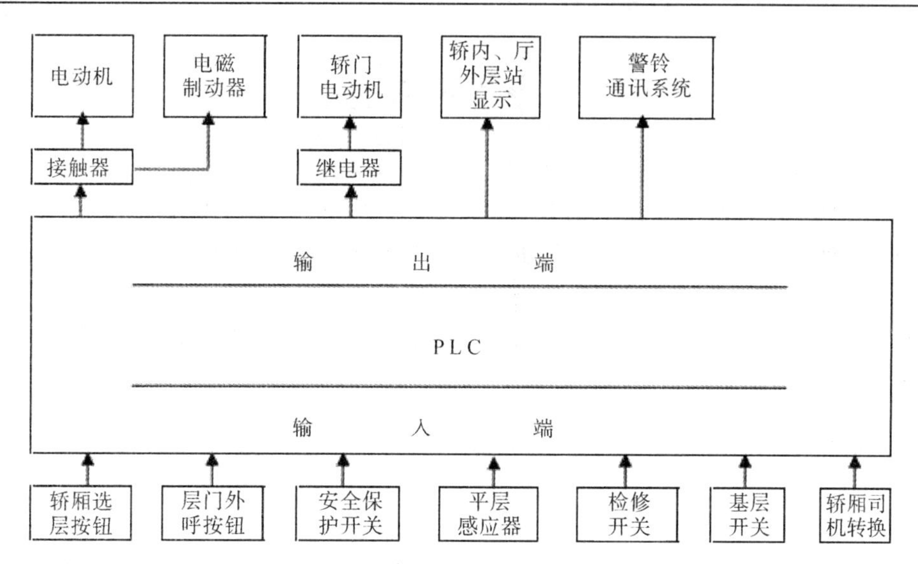

图1　电梯控制系统I/O分配图

(1)环保节能电梯。随着经济的快速发展,房地产市场快速发展,对电梯的需求进一步扩大大陆电梯在质量和技术等方面保证后,也在环保节能这方面进行深入的研究,当然在某些方面已经达到了国际领先水平,节能环保也是近年来电梯发展的一个大的方向,有专业人士说过"谁最先推出绿色产品并抢占市场,谁就掌握市场竞争主动权",以后新的产品推出都要向环保节能这方面靠拢。

(2)超高速电梯。电梯以后会向多用途、全功能、超高速电梯方面继续研究。超高速电梯的研究继续采用超大容量变频电动机、高性能控制器、减振措施、新型滚轮导靴和安全钳、超高速电动机、通讯救援设施和噪声消除系统等方面研究。将来超高速电梯舒适感、平稳性、安全性会有显著的提高。

(3)蓝牙技术。蓝牙技术是一种全球开放的、短距无线通讯技术规范,它可通过短距离无线通讯,把电梯各种电子设备连接起来,无需纵横交错的电缆线,可实现无线组网。这种技术如果应用于电梯中可以大大减少电梯的安装周期,提高电梯的安装精度和控制精度,更好地解决了电梯安装中的布线问题。

(4)绿色电梯。2008年北京奥运会和2010年上海世博会的成功举办,将促进了电梯向环保节能方向迈了一大步,电梯行业新的发展方向也向这方面靠拢。市场上对绿色电梯、节能电梯和智能电梯的需求越来越高。所以也加大了国内外行内人士对这方面的技术深入研究,绿色电梯要求电梯节能环保、减少油污染、噪声低、长寿命、采用绿色材料与建筑物协调等。

6　结论

本文对PLC进行了简述,并对未来电梯的发展趋势进行了预测,重点对PLC在电梯控制系统中应用的优越性进行了分析,和传统的电梯控制系统相比,PLC具有故障率低,检修方便,接线简单,安全可靠等优点。PLC将在未来实际的电梯工程中得到应用和推广,必定能够取得更好的经济效益和社会效益。

参考文献

[1] 毛怀新.电梯与自动扶梯技术检验[M]. 北京:学苑出版社,2001.
[2] 王永华.现代电气及可编程技术[M].北京:北京航空航天大学出版社,2002.
[3] 栾玮.电梯检验技术发展趋势研究[J]. 科技创新导报,2010(3):115.

(该论文发表于《机械工程与自动化》2013 年第 4 期)

蓄能器在液压电梯中的应用研究

韩向青

（陕西省特种设备质量安全监督检测中心　陕西 西安 710048）

摘　要：本文介绍了蓄能器的结构特点，举例说明蓄能器在液压电梯中的应用，可以减少能耗，取得明显的节能效果。

关键词：蓄能器；液压电梯

0　引言

液压电梯的历史比较悠久。早在20世纪50年代，欧美国家已经开始使用液压电梯。经过此后三四十年的发展，液压电梯产品逐渐成熟，并且已经标准化系列化。液压电梯由于机房布置灵活方便、建筑物井道结构不承受负载力，井道占用面积小，并且利用了液压传动承载能力大、无级调速和运动平稳等优点，使其与相同规格的曳引电梯相比，价格便宜，调试维修方便。在欧美等发达国家，10层以下建筑物所用到的电梯70%为液压电梯。在我国，液压电梯的数量相对比较少，但最近几年液压电梯的数量逐渐增多，发展突飞猛进，特别是在汽车电梯和病床电梯中，应用越来越广泛。

目前在用的液压电梯基本上都不带配重。轿厢的上升过程，利用液压泵给油缸打压，将活塞逐渐顶升；轿厢的下降过程，利用轿厢的自重将活塞压下。在轿厢下降过程中，液压系统只起到阻尼和调控作用，这样就造成液压电梯能耗较大，装机功率低的问题。在强调节能环保的现代社会中，降低能耗是我们必须考虑的问题。蓄能器就很好地解决了这个问题。液压电梯中使用蓄能器的原理是在轿厢下降过程中，将一部分油压存入蓄能器中，而在轿厢上升过程中，蓄能器会释放油压，从而顶升活塞，为轿厢的上升提供一部分动力。

1　蓄能器结构及原理

1.1　蓄能器的结构类型

目前蓄能器主要有活塞式、囊式和隔膜式3种，如图1(a)(b)(c)所示。

3种蓄能器的特点见表1。

(a)

(b)

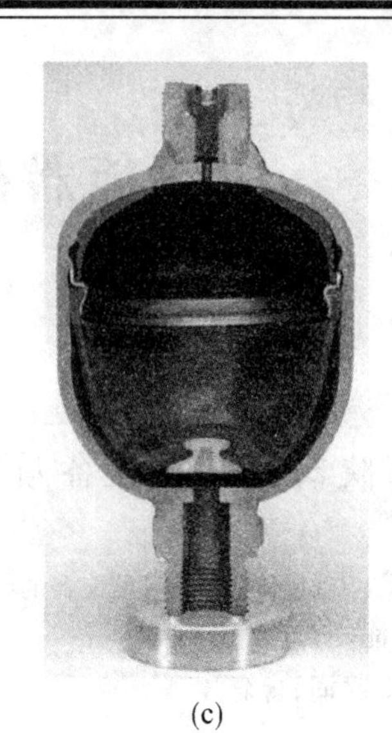
(c)

图1　蓄能器结构示意图

(a)活塞式蓄能器;(b)囊式蓄能器;(c)隔膜式蓄能器

表1　三种蓄能器的特点

型 式	活塞式	胶囊式	隔膜式
重量	较重	较轻	较轻
压缩比	无限制	不高于4∶1	不高于8∶1
响应时间	较慢	较快	较快
流量	大于1 200 L/min	小于1 200 L/min	小于120 L/min
位置控制	容易	难	难
产品成本	较高	较低	较低
容积范围	1～1 500 L	0.2～50 L 0.13～575 L	0.075～3.5 L
应用领域	广泛	广泛	车辆

1.2　蓄能器的工作原理

蓄能器是液压系统中很重要的安全辅件。它的工作原理是:正常情况下将液压油储存在蓄能器内,在必要的时候蓄能器将储存的液压油释放出来。利用这个原理蓄能器可以应用在很多场合:在间隙工作的设备中,储存能量,节省泵的驱动功率;应急动力源,例如在液压泵失效的情况下;泄露损失的补偿;当它们是周期状态时,减少冲击和振动;在温度和压力变化情况下进行体积补偿;在机械撞击情况下吸收冲击;在车辆中作为悬挂元件等。

囊式蓄能器外部壳体一般为合金钢,内部为胶囊,胶囊内部填充惰性气体,一般为氮气。由于气体的可压缩性,囊式蓄能器可以储存或放出压力油。囊式蓄能器的工作原理如图2所示。

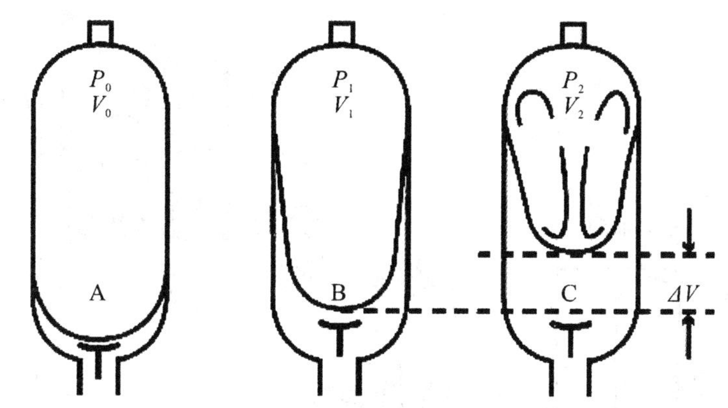

V_0—蓄能器的气体容积；V_1—系统最低压力时的气体容积；V_2—系统最高压力时的气体容积；ΔV—气体在 P_1 和 P_2 之间变化的容积；P_0—预充压力；P_1—系统最低压力时的气体压力；P_2—系统最高压力时的气体压力

图 2 囊式蓄能器工作原理

状态 A：蓄能器处于预充压力下，不承受液压系统的压力，此时蓄能器的油阀处于关闭状态，切断蓄能器和液压系统的连接，同时也保护胶囊不受损坏。

状态 B：蓄能器处于最低工作压力下，这时会有少量的油液处于胶囊和油阀之间，使得油阀处于打开状态，因此，P_1 必须是大于 P_0 的。

状态 C：蓄能器处于最高工作压力下，变化的容积 ΔV 代表了蓄能器在最低工作压力和最高工作压力之间能够储存的油液的容积。

2 蓄能器在液压电梯中的可行性研究

采用蓄能器为压力油源的液压电梯节能系统原理如图 3 所示。电梯上行：电动机 7 带动主油泵 8 输出液压油，这些液压油同时由蓄能器 6 排出。一部分液压油经过单向阀 9、比例节流阀 10 返回泵的吸油口。另一大部分则通过方向阀 11 进入柱塞缸 13，推动柱塞杆向上移动，通过钢丝绳 14、滑轮组 15 带动轿厢 16 向上移动。电梯下行：主油泵不工作，轿厢在自重作用下通过滑轮组 15、钢丝绳 14 向下压缩柱塞杆，柱塞缸内排出的液压油经过方向阀 11、比例节流阀 10 被压入蓄能器 6 内。比例节流阀的流量由电子控制器控制，速度传感器 17 将电梯轿厢的运行速度信号传回电子控制器内构成闭环反馈。

该设计方案的节能原理是：电梯上行时，主油泵完全从蓄能器内吸油，蓄能器此时也在主动的向外排油，这样蓄能器就提供了一定的附加功率，减少了驱动主油泵的电动机所需的功率；电梯下行时，柱塞缸输出的液压油在压力作用下被压入蓄能器内，部分电梯的势能转化为压力能储存在蓄能器内，等待电梯下次上行时再排出。该方案就是利用了蓄能器储存压力油的特点，将电梯下行的势能转化为压力能，在电梯上行时予以释放。该方案可以大大减少电动机的功率，具有很好的应用前景。

3 结束语

本文主要介绍了蓄能器在液压电梯中的一种应用，只是从工作原理方面进行说明，并未进

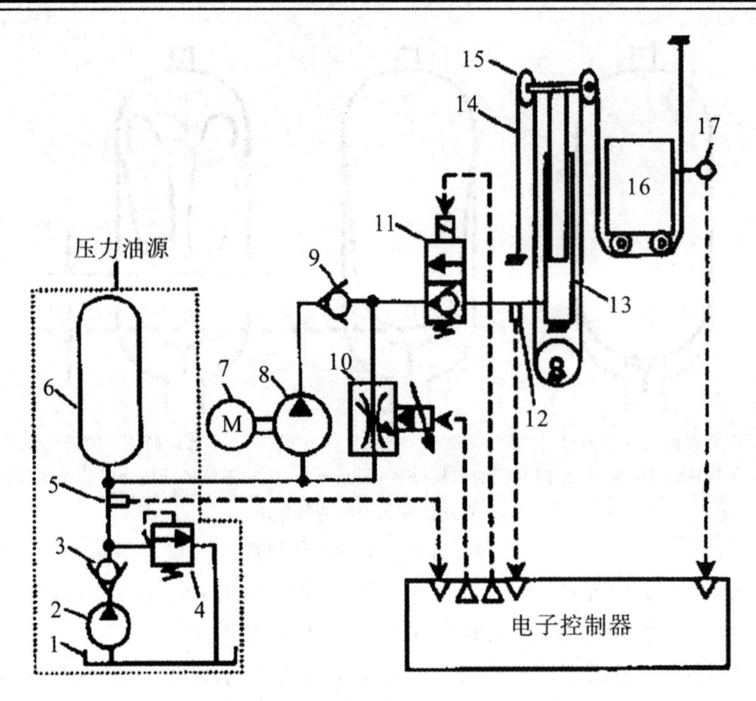

图 3 采用蓄能器为压力油源的液压电梯节能原理图

1—油箱;2—补油泵;3—单向阀;4—溢流阀;5—压力传感器;6—蓄能器;7—电动机;8—主油泵;9—单向阀;10—比例节流阀;11—方向阀;12—压力传感器;13—柱塞缸;14—钢丝绳;15—滑轮组;16—电梯轿厢;17—速度传感器

行定量的研究。此外还介绍了蓄能器的主要结构特点。带有蓄能器的液压电梯可以极大的提高电梯的工作效率,减少能耗。有研究表明,使用有蓄能器的液压电梯的有效率为 60%左右,不使用蓄能器的液压电梯的有效率为 36%左右,蓄能器可以使液压电梯的效率提高很多,并减少较大能耗。研究表明,通过合理的设计压力油源及蓄能器内充气压力,基本上不会影响到电梯的运行速度。电梯运行平稳,舒适度高,平层准确度高,并且在提升高度较低的液压电梯中可以取得明显的节能效果。

参考文献

[1] 林建杰,徐兵,杨华勇.蓄能器作为压力油源的液压电梯节能系统研究[J].中国机械工程,2003,14(24):2081-2084.

[2] 杜阳坚.蓄能器在液压电梯中应用[J].江西科学,2006,24(5):343-346.

(该论文发表于《机械工程与自动化》2013 年第 2 期)

电梯定期检验与安全评估的区别

王治江　符敢为

（陕西省特种设备质量安全监督检测中心　陕西 西安 710048）

摘　要：通过对 TSG T7001—2009《电梯监督检验和定期检验规则》与《在用电梯安全评估导则——曳引驱动电梯（试行）》的分析与对比，提出电梯定期检验与安全评估之间的区别，从而消除电梯使用单位对电梯定期检验与安全评估认识上的不足。

关键词：电梯；定期检验；安全评估

0　引言

在电梯安全评估的过程中，使用单位会经常提出疑问，我们使用的电梯定期检验合格，为什么安全评估结论是改造、大修或者更新呢？笔者通过对《TSG T7001－2009 电梯监督检验和定期检验规则》与《在用电梯安全评估导则——曳引驱动电梯（试行）》的分析与对比，提出电梯定期检验与安全评估之间的区别。

1　定义不同

定期检验是以检测验证的方式进行的一种查证、验证性的技术监督行为，是对电梯维保和使用单位执行相关法规标准规定、落实安全责任，开展为保证和自主确认电梯安全的相关工作质量情况的查证性检验。主要是对电梯维保和使用单位落实相关责任、自主确定设备安全等工作质量的判定。

电梯安全评估是以实现电梯安全为目的，用定性或定量的安全系统工程原理和方法，通过查找设备本体、运行环境、使用管理、日常维护保养等一个或多个环节中存在的风险隐患，对电梯安全相关的各个方面存在的危险和有害因素进行识别、分析，在此基础上判断电梯发生事故和职业危害的可能性及其严重程度，提出相关建议和合理可行的安全对策措施，从而为制定防范措施和管理决策提供科学依据的过程。

电梯定期检验与安全评估定义不同，定期检验是对电梯当前安全性能进行的判断；安全评估则是对电梯存在的安全隐患进行识别。

2　内容不同

在《TSG T7001—2009 电梯监督检验和定期检验规则》中，对定期检验的检验项目有详细的规定。定期检验的项目主要针对影响电梯安全运行的项目，对于电梯的安全运行情况，只反映当前状况，并不深入分析电梯存在的安全隐患，故其预防电梯事故和潜在故障的作用有限。

在《在用电梯安全评估导则——曳引驱动电梯》中，安全评估的项目主要对在用电梯运行系统中存在的危险因素进行辨识、检测和分析，通过对潜在的影响电梯系统运行安全的危险因素进行定性、定量分析，预测电梯存在的危险源、分布位置、数量、故障概率以及严重程度等影响电梯系统或部件寿命周期的安全状况，从而提出降低风险的对策和措施，故其能有效预防电梯事故和潜在故障。

电梯定期检验与安全评估检验内容不同，主要体现在两者的则重点不同，定期检验侧重于当前使用的安全性能；安全评估则侧重于将来使用的安全可靠性。

3 结论不同

《TSG T7001—2009 电梯监督检验和定期检验规则》规定检验报告只允许使用“合格”“不合格”“复检合格”“复检不合格”四种检验结论，这四种检验结论只是对电梯使用单位当前落实相关责任、自主确定设备安全等工作质量的判定，以便于执法部门对此特种设备及时进行监督。

《在用电梯安全评估导则——曳引驱动电梯》规定评估报告中的评估结论按安全状况等级分为四级，使用单位可以根据安全评估的结论的安全状况等级和改善措施，判断电梯是否存在安全隐患，并针对隐患问题采取大修、改造或者更新设备。

电梯定期检验与安全评估结论不同，其应用也不相同，定期检验是对电梯安全性能进行的判断，最终提出电梯合格、不合格，以便于执法部门对此特种设备及时进行监督；安全评估则提出消除或者减少电梯安全隐患的相关建议和合理可行的安全对策措施，供电梯使用单位参考与决策。

综合上述《TSG T7001—2009 电梯监督检验和定期检验规则》与《在用电梯安全评估导则——曳引驱动电梯(试行)》从不同三方面的分析与对比，笔者认为电梯安全，既需要做好定期检验，为当前的维护管理和监管工作提供技术支撑，也需要做好安全评估，防范风险，消除或减少安全事故隐患，为使用单位制定防范措施和管理决策提供科学依据。安全风险评估是对定期检验的一种有效补充，二者的共同作用将给电梯安全运行带来更多、更全面的保障。

参考文献

[1] 中华人民共和国国家质量监督检验检疫总局特种设备安全监督局．TSG T7001—2009 电梯监督检验和定期检验规则[S]. 北京：新华出版社出版，2010.

[2] 中华人民共和国国家质量监督检验检疫总局特种设备安全监督局．在用电梯安全评估导则——曳引驱动电梯(试行)[S]. 北京：质检总局特种设备局，2015.

（该论文发表于《特种设备安全技术》2017 年第 4 期》）

电梯起重机械钢丝绳的检测与维护探讨

李　晗

（陕西省特种设备质量安全监督监测中心　陕西 西安 710048）

摘　要：高层建筑已成为城市建筑的重要标志，电梯也成为人们生产生活应用最为广泛的设备，电梯运行的安全性也直接关系到人们的生命安全，引起社会各界的广泛关注。本文对电梯起重机械钢丝绳的安全性进行了分析，并详细分析其钢丝绳的检测技术以及维护手段，提高电梯运行的安全性，切实保证人们的生命安全。

关键词：电梯；钢丝绳；检测技术；维护

0　引言

一般电梯选用的钢丝绳都具备自重轻、弹性好、强度高、承载性能好等优势，但是在使用的过程中，长期处于负载过程，必然会发生严重的腐蚀、磨损以及断裂等现象，破坏钢丝绳的结构性能，损耗其承载能力，严重威胁到乘客的人身安全。并且钢丝绳的很多问题都是存在于内部结构中，其检测技术要求较高，目前应用最为广泛的就是无损检测技术，这不仅提高了检测效率，还能及时的消除钢丝绳的隐患，有效地保证了电梯运行的安全性、稳定性以及可靠性。

1　电梯钢丝绳在使用过程中存在的问题

电梯是由多种机械设备联合组建而成，其中钢丝绳就是电梯运用过程的重要牵引工具，是电梯升降的重要工具，同时其在运行的过程中还承受了多种应力，使钢丝绳在使用的过程中产生了多种病害，其中最常见的就有以下几种。

（1）钢丝绳的绳径变小。这种现象出现的主要原因是在使用的过程中，由于承载力度大，弹性形变无法恢复，致使钢丝绳的局部突然变细，或是内部断丝；同时，局部腐蚀也是造成钢丝绳变细的重要原因。钢丝绳直径变小，致使钢丝绳结构不均匀，其承载力大打折扣，破坏电梯运行的安全性以及可靠性。

（2）钢丝绳的腐蚀问题。电梯使用的钢丝绳长期暴露在空气中，与空气中的水分结合产生氧化反应，严重侵蚀钢丝绳的强度，致使钢丝绳的受力面积减小，破坏了钢丝绳的整体性能，也大大缩短了钢丝绳的使用寿命。

（3）钢丝绳的断丝问题。钢丝绳也是由多个钢丝构成的，钢丝的多少对钢丝绳的性能也是有重要影响的。目前，钢丝绳的断丝也可分为磨损断丝、锈蚀断丝、疲劳断丝、拉断断丝、扭拉断丝五种情况。在钢丝绳的检修过程中，一定要注意断丝问题，避免其引发更大的损害。

(4)钢丝绳伸长问题。钢丝绳在使用之初电梯会重新排列，在使用的前三周左右，电梯会出现不稳定的升降，使用一段时间后，钢丝绳的弹性也趋于稳定，电梯的运行也稳定下来。钢丝绳的长度也受一定的限定。

2 电梯钢丝绳检测技术

电梯钢丝绳是电梯运行的重要组成构件，加大对钢丝绳的检测也是具有重要作用的。目前，市面上最常见的检测方法包括两种，一是目视检测法，二是无损检测法。

2.1 目视检测

目视检测法是最为传统的检测方法，主要是通过检修人员的直接感官，通过观察、触摸或是简单的测量，发现钢丝绳中存在问题。这种方法只能检测钢丝中的断丝、磨损、腐蚀以后直径变化等问题，无法对钢丝绳的内部病害进行检查，无法内视钢丝绳的断丝、磨损情况。不过在实际的检测过程中，也是可通过钢丝绳夹钳，打开钢丝绳，直接观察钢丝绳的内部问题，但是这种方法操作极为不便捷、工作强度较大，应用范围也十分的受限，不易推广使用。

2.2 无损检测法——电磁检测

电磁检测法是重要的无损检测方式，是在不破坏钢丝绳外部结构的条件下，对钢丝绳进行全方位的检查，使检查效率得到极大的提升，操作也十分的便捷。目前，电磁检测法也可分为局部缺陷检测法(LF 法)和金属截面积损失检测法(LMA 法)。下文将对这两种电磁检测方法的优缺点展开论述。

LF 法可检测钢丝绳中的不连续缺陷，如断丝、钢丝的蚀坑、深入钢丝的磨损槽口或其他使钢丝绳的完整性退化的局部性物理状态。漏磁类仪器能够测定局部缺陷，但不能明确给出有关损伤的确切性质和数量方面的信息，只能给出钢丝绳中断丝、内腐蚀和磨损等是否存在的提示性结论。

LF 法局限性：①不大可能辨别出带有蚀坑的断丝、较小直径的断丝、小断口断丝或接近十多断丝处的单根断丝；②断丝的性质不能够判断，比如疲劳断丝、缩颈断丝等。

LMA 法可用于钢丝绳特定区域中材料(质量)缺损的相对度量，它是用仪器进行检测，并通过比较检测点与钢丝绳上象征最大金属横截面的基准点来测定的。电磁和磁通方法能检测出钢丝中金属损失和腐蚀的存在、位置和数量。

LMA 法局限性：①仪器所测得的金属横截面变化，只能表示相对于仪器校准基准点处的变化；②灵敏度随损伤离钢丝绳表面的深度增大和断丝处断口的减小而降低。

随着科学技术的不断进步，终于研制出了融合局部缺陷检测法(LF 法)和金属截面积损失检测法(LMA 法)的检测器具，提高了检测效率。

2.3 电梯钢丝绳检测技术的发展

目前国内市场上应用比较广泛的电梯钢丝绳探伤仪是上海且华 MTCC 和洛阳 TCKC 在线检测系统。这些系统都可以对电梯钢丝绳进行定性和定量的检测，但应用于电梯维护的实际检测工作中，还需要对这些检测设备通过电磁无损检测技术原理分析，对传感器改造，以适应狭小空间，解决抗干扰性差的缺点，才可以对电梯钢丝绳缺陷进行较准确的定性、定量和定位的正确判断，降低误差率。决定钢丝绳是否需要更换或者报废，在各种检测系统中都要进行参数设定，而如何选择并设定参数往往依赖于实际操作人员的经验，无法保证检测结果的同一性，并且每次检测都得进行设定，检测周期较长。

2.4　在役钢丝绳状态的评估

在对使用中的钢丝绳进行评估的时候，一定要综合应用目视检测法以及电磁检测法，全面考察钢丝绳的使用情况，具体步骤：一是利用目视检测法，全面观察钢丝绳的表面构造，记录检测结果；二是利用电磁检测的仪器检测，分析其内部情况，进行记录；三是对比使用中的钢丝绳与前一根钢丝绳的损害情况；四是根据钢丝绳的使用情况，与钢丝绳的损坏标准对比，确定钢丝绳的使用状态。

在钢丝绳状态评估过程中，利用目视检测法及时地发现较大的安全缺陷，有效地消除安全事故的发生。并且目视检测方法应该与电磁检测法相互配合使用，通过电磁检测法及时地发现钢丝绳的细小缺陷，可快速定位缺陷位置，然后结合目视检测法，确认缺陷形式以及对这些缺陷的形成原因进行分析。利用电磁法进行检测只是通过波形的异常来确定的，具体地分析还是要依据目视检测完成。

通过上述钢丝绳评估方法，可全面、科学地掌握钢丝绳的运行状态，并根据前一根报废的钢丝绳，判断目前使用的钢丝绳的使用寿命，这既能有效保证钢丝绳的使用安全，又能有效掌握钢丝绳的使用寿命，节省企业的成本。

3　电梯钢丝绳的维护措施

一般在电梯安装的过程中就会对电梯的起重机进行检测，主要是利用射线对其钢结构进行检测。电梯的起重机械大多是利用钢材料做成的，而且相比较其他机械产品，钢材所用的厚度小，可以直接通过X射线进行检测。射线要检测的主要内容包括钢板厚度均匀与否、钢结构焊缝的质量。我们一定要充分保证起重机的质量，只有保障它的正常运行，才能更加有效保护钢丝绳的性能，延长其使用寿命。

同时，在日常的使用过程中，也要定期或不定期的养护钢丝绳，既能保证钢丝绳的使用性能，实现电梯的平稳运行，还有利于延长钢丝绳的使用寿命，减少更换成本。在电梯运行的过程中，要注意给钢丝绳表面涂油，隔绝钢丝绳与空气的接触，防止钢丝绳氧化、腐蚀。如果电梯运行的条件较差，更要保证钢丝绳内芯的油量。同时，在给钢丝绳涂抹润滑油的过程中还要加热润滑油到60℃，保证润滑油真正的渗透到钢丝绳内部。但是涂抹在钢丝绳上的油，也会聚集大量的异物，产生油垢，不仅会加剧钢丝绳的腐蚀速度，也会阻碍新的润滑油的渗透，严重时会产生断丝的问题，对钢丝绳的安全性、稳定性具有重要的影响。因此在检测的过程中，要及时的清理钢丝绳上的油垢，利用专门的工具或是火油，清理干净，保证钢丝绳的使用性能。

4　结束语

综上所述，目前，电梯在我们的生产生活中发挥着越来越重要的作用，其中钢丝绳的质量更是关系到电梯的整体安全性、可靠性。在电梯日常的使用过程中，一定要加强养护措施，并利用先进的检测技术，提升对钢丝绳的掌控能力，既有利于提高较少物业的成本支出，增加其经济效益，还有助于提升电梯的安全性、可靠性、稳定性，更好地保证人们的生命安全。

参考文献

[1] 于海立，康世广，吴鲲鹏，等．电梯起重机械钢丝绳的检测及维护[J]．中国机械，2014(24)：122-123.

[2] 陈玉娥．电梯起重机械钢丝绳的检测及其维护措施的探讨[J]．中国电子商务，2013(13)：232.

[3] 孙晓云．电梯起重机械钢丝绳的检测与维护探讨[J]．科技与企业，2016(4)：241.

（该论文发表于《中小企业管理与科技》2016年第7期）

关于电梯曳引轮轮槽磨损检验方法的探讨

贺杨　符敢为　王治江　高宝华

（陕西省特种设备质量安全监督检测中心　陕西 西安 710048）

摘　要：在用曳引驱动电梯的曳引轮轮槽磨损后，依据现行的电梯监督检验和定期检验规则中的试验方法，不能完全证明曳引轮轮槽已经存在严重磨损。本文结合曳引能力验证试验和测量曳引轮各轮槽节圆半径相对误差来综合判定，可为电梯实际检验中曳引轮轮槽是否因严重磨损而更换提供一种可行的参考。

关键词：曳引轮轮槽磨损；曳引能力验证试验；轮槽节径相对允差

1　曳引轮轮槽磨损的概述

曳引式驱动电梯的曳引力是通过曳引轮和曳引绳之间的摩擦力来提供的。曳引轮与钢丝绳之间的接触属于刚性-弹性接触，曳引系统中的磨损主要是曳引轮和曳引绳之间的摩擦磨损。曳引轮轮槽磨损的一般表现：①均匀磨损；②不均匀磨损；③凹坑表面局部剥落。第一种属于正常磨损，后两种属于非正常磨损[1]。当曳引轮出现非正常磨损时，应对曳引轮绳槽进行维修，若磨损达到一定程度时，应当更换曳引轮。

2　通过曳引能力验证试验判断轮槽的磨损不足

通常新装的电梯曳引绳在曳引轮上一般会比轮缘高出绳径的一半，电梯使用较长时间后，曳引轮的轮槽出现磨损，曳引绳在轮槽比原来发生明显的下陷，此时曳引轮各槽的节圆直径减小，电梯的实际运行速度也比原来有所降低。曳引轮轮槽过度磨损后会导致电梯的曳引力下降，当轿厢轻载上行和满载下行时突然停电或其他故障发生时，可能会导致电梯冲顶或蹲底事故发生，对轿厢内乘客造成伤害。

按照《TSG T7001—2009 电梯监督检验和定期检验规则——曳引与强制驱动电梯》附件A中2.8项规定：曳引轮轮槽不得有严重磨损，在电梯改造、维修监督检验和定期检验时，如果轮槽的磨损可能影响曳引能力时，应当进行下行制动试验、对于轿厢面积超过规定的载货电梯还需进行静态曳引试验，综合空载曳引力试验、上行制动试验、下行制动试验、静态曳引试验的结曳引轮果，判断轮槽的磨损是否影响曳引能力[2]。由于上行制动试验和下行制动试验中关于钢丝绳在曳引轮上的滑移量没有明确的定量要求，而且在实际的检验中，常常出现空载曳引力试验和静态曳引试验结果合格，上行制动试验和下行制动试验中钢丝绳在曳引轮上的滑移量比较小，即曳引能力验证试验结果全部合格，但轮槽目测已经有非常明显的磨损，这种情况下检验人员很可能认为曳引轮轮槽没有发生严重磨损，做出不需要更换曳引轮的判断。因此，笔者认为当曳引轮轮槽严重磨损时，只进行曳引能力验证试验是不够的。

3 通过比较法测量曳引轮各槽节径相对允差

《GB/T 24478—2009 电梯曳引机》中 4.2.3.5 中规定电梯曳引轮各槽节圆直径的差值不应大于 0.10 mm[3]，曳引轮的各槽节圆直径存在于和绳宽相等处，当曳引轮的各轮槽磨损不均后，各轮槽的节径就不相等，由于钢丝绳在轮槽中受挤压变形后绳径截面并非圆形，直接测量各轮槽的节圆直径并不容易。

《TSG T7017—2004 电梯曳引机型式试验细则》中采用比较法来测量电梯曳引轮各轮槽节圆半径相对误差，规定各绳槽节径半径方向的相对允差值为 0.10 mm[4]。

测量方法为：用与钢丝绳相同直径，且相对误差不超过 5 μm 的标准滚柱，放入轮槽，用宽座角尺紧靠曳引轮基准面与滚柱，再用塞尺测量，最大间隙即为半径相对误差。在整个圆周上取绳槽磨损严重的 3 处测量，取最大误差值，基准面应与曳引轮基准内圆中心线垂直度允差不超过 0.03[1]。考虑到曳引轮各绳槽节径半径方向的相对允差值大于 0.10 mm 时，曳引轮各绳槽节圆直径的差值必定大于 0.10mm，而且用比较法测量的该方法测量曳引轮节圆半径相对误差具有可操作性，方法简单实用。但测量前必须先卸掉全部钢丝绳，清洁曳引轮轮槽的油污才能进行。

4 结束语

综上所述，当认为当曳引轮轮槽严重磨损时，在实际的电梯改造、维修监督检验和定期检验过程中，可结合曳引能力验证试验和测量曳引轮各轮槽节圆半径相对误差来综合判定，当上述二者任何一个检验不合格时，即可判定曳引轮轮槽存在严重磨损，出具不合格报告，并在《特种设备检验意见通知书》中如实填写曳引轮轮槽磨损情况，建议使用单位更换曳引轮[5]。

参考文献

[1] 林吉曙．电梯曳引系统摩擦磨损的分析[J]. 成都：成都纺织高等专科学校学报，2007，24(4)：12 - 14.

[2] 中华人民共和国国家质量监督检验检疫总局．TSG T7001—2009 电梯监督检验和定期检验规则——曳引与强制驱动电梯[S]. 北京：新华出版社，2010.

[3] 中华人民共和国国家质量监督检验检疫总局．GB/T 24478—2009 电梯曳引机[S]. 北京：中国标准出版社，2010.

[4] 中华人民共和国国家质量监督检验检疫总局．TSG T7017—2004 电梯曳引机型式试验细则[S]. 北京：中国标准出版社，2010.

[5] 何若泉. 电梯检验工艺手册[M]. 北京：中国质检出版社，2015.

（该论文发表于《特种设备安全技术》2016 年第 6 期）

电梯下行制动试验理解与分析

王治江　梁述超　孙战强　李锦忠　田甜

（陕西省特种设备质量安全监督检测中心　陕西 西安 710048）

摘　要：通过对GB7588—2003中关于制动试验和曳引要求的分析和讨论，提出对《TSG T7001—2009电梯监督检验和定期检验规则》中电梯下行制动试验检验内容与要求中“轿厢应当完全停止”理解上的定量要求，从而使检验人员在实际检验中易操作和好判定。

关键词：电梯；曳引力；制动试验；制停距离

0　引言

《TSG T7001—2009电梯监督检验和定期检验规则》中电梯下行制动试验检验内容与要求，只有定性要求没有定量要求，检验人员在实际检验中很难判定，操作性差。笔者通过对GB7588－2003中关于制动试验和曳引要求的分析和讨论，提出定量要求的一些看法。

1　GB 7588—2003 中关于制动试验和曳引的要求

1.1　GB 7588—2003 中关于制动试验的要求

当轿厢载有125％额定载荷并以额定速度向下运行时，操作制动器应能使曳引机停止运转。在上述情况下，轿厢的减速度不应超过安全钳动作或轿厢撞击缓冲器所产生的减速度。

1.2　GB 7588—2003 关于曳引的要求

钢丝绳曳引应满足以下3个条件。

（1）轿厢装载至125％电梯额定载荷的情况下应保持平层状态不打滑。

（2）必须保证在任何紧急制动的状态下，不管轿厢内是空载还是满载，其减速度的值不能超过缓冲器（包括减行程的缓冲器）作用时减速度的值。

（3）当对重压在缓冲器上，而曳引机按电梯上行方向旋转时，应不可能提升空载轿厢。

2　电梯下行制动试验检验内容与要求的理解和分析

（1）《TSG T7001—2009电梯监督检验和定期检验规则》中电梯下行制动试验检验内容和

要求中规定“轿厢装载1.25倍额定载重量，以正常运行速度下行至行程下部，切断电动机与制动器供电，曳引机应当停止运转，轿厢应当完全停止，并且无明显变形和损坏”。

(2)根据GB 7588—2003中关于制动试验和曳引要求，TSG T7001—2009《电梯监督检验和定期检验规则》中电梯下行制动试验检验内容与要求应理解为对制动器制动能力和曳引力检验的结合，既有对制动器制动能力的检验，又有对电梯下行紧急制动工况下曳引能力的检验，但对于试验结果的要求只有定性要求“轿厢应当完全停止”，没有定量要求。因此在实际检验中，检验人员很难判定什么情况下算“轿厢应当完全停止”，凭检验经验判定，仁者见仁，智者见智，很难有统一的看法，而定量要求则很容易操作和判定。

3 电梯下行制动试验结果要求的判定

(1)根据GB 7588—2003中关于制动试验和曳引要求，在进行下行制动试验时，既要满足曳引机停止运转，还要满足轿厢的减速度是不应超过安全钳动作或轿厢撞击缓冲器所产生的减速度。

(2)根据GB 7588—2003规定，渐进式安全钳制动时的平均减速度应为0.2～1.0gn，轿厢撞击非线性蓄能型缓冲器或耗能型缓冲器时，缓冲器作用期间的平均减速度不应大于1gn。

(3)通过对以上GB 7588—2003规定的分析，可以对下行制动试验结果要求做出定量要求。在下行制动试验时，如果轿厢的减速度在0.2～1.0gn范围内，则试验结果符合要求，但在现场试验的实践中，用轿厢的减速度判定试验结果同样不易操作，需将其换算成轿厢制停距离，只要制停距离S_2—S_1(见表1和表2)之间，则试验结果符合要求，这样就更容易操作和判定试验结果。

(4)根据动能定理：

$$S=\frac{v^2}{2a}$$

可计算出电梯常用额定速度，轿厢减速度在0.2 gn和1.0 gn时的轿厢制停距离。

式中

S——轿厢制停距离，单位：m；

v——电梯额定速度，单位：m/s；

a——轿厢减速度，单位：m/s^2；

gn——重力加速度，单位：m/s^2。

电梯常用额定速度，减速度为0.2gn，1.0gn时的轿厢制停距离。

电梯常用额定速度v：0.5 m/s，0.63 m/s，1.0 m/s，1.5 m/s，1.6 m/s，1.75 m/s，2.0 m/s，2.5 m/s。

减速度$a=0.2\ gn$，$gn=9.8\ \text{m/s}^2$时，则制停距离$S_1=\frac{v^2}{2a}=\frac{v^2}{3.92}$。

表1 制停距离S_1

v/m·s^{-1}	0.5	0.63	1.0	1.5	1.6	1.75	2.0	2.5
S_1/m	0.063	0.101	0.255	0.573	0.653	0.781	1.020	1.594

减速度 $a=1.0\ gn$，$gn=9.8\ m/s^2$ 时，则制停距离 $S_2=\frac{v^2}{2a}=\frac{v^2}{19.6}$。

表 2　制停距离 S_2

$v/m \cdot s^{-1}$	0.5	0.63	1.0	1.5	1.6	1.75	2.0	2.5
S_2/m	0.013	0.021	0.052	0.115	0.131	0.157	0.205	0.319

4　结束语

电梯下行制动试验是《TSG T7001—2009 电梯监督检验和定期检验规则》中的重要试验项目，通过对检验要求与内容的理解和分析，根据 GB7588—2003 的相关规定和运用动能定理，计算出了电梯下行制动试验时的轿厢制动距离，使试验结果要求既有了定性要求也有了定量要求，从而对试验结果要求更容易操作与判定。以上的理解和分析及计算方法以供检验人员在电梯检验中有所借鉴。

参考文献

[1]　中国建筑科学研究建筑机械化研究分院．GB 7588—2003 电梯制造与安装安全规范[S]．北京：中国标准出版社出版，2003.

[2]　国家质量监督检验检疫总局特种设备安全监察局．TSG T7001—2009 电梯监督检验和定期检验规则[S]. 北京：新华出版社出版，2010.

[3]　秦平彦，李宁. 电梯检验员手册[M]. 北京：中国标准出版社出版，2009.

（该论文发表于《机械工程与自动化》2012 年第 5 期）

电梯安全风险评价研究进展

辛宏彬　牛犇　李亚伟　王兴昌

（陕西省特种设备质量安全监督检测中心　陕西 西安 710048）

摘　要：电梯作为与人们生活和生产关系密切同时又存在安全隐患的交通和运输工具，其管理不善会给人民群众的生命财产造成重大损失。随着社会对电梯安全需求的不断提高、新技术的发展和应用、国际贸易日益扩大，电梯的安全问题呈现出新的特点。本文介绍了电梯安全风险的国内外研究现状，通过对电梯安全风险评价程序和评价数据库建立的论述，指出了当前电梯风险评价的问题和发展趋势，为开展电梯的安全评价方法深入研究提供一定借鉴。

关键词：电梯安全；风险评价；发展趋势

0　引言

电梯是现代城市发展的必然产物，随着城市规模的快速扩大和高层建筑物的不断增多，电梯成为与人生活紧密关联的必不可少的公用交通垂直运输工具[1]。近年来，随着中国经济持续增长、城镇化建设的加速和房地产行业的进一步发展，城镇居民小区、城市轨道交通、机场、大型商场等城市建设投入的增加，电梯市场需求量因多方面需求得到迅速增长。据统计，2012年我国电梯产量超过45万台，年增幅超过23%，产量超过了全世界电梯年产量的60%。然而由于设计、生产制造、安装技术不完善以及电控、机械故障等原因，使得老旧电梯安全事故频发，电梯的质量及安全运行关系到人们的生活质量和生命安全[2]。

系统工程安全评价简称安全评价或者风险评价，是以实现工程、系统安全为目的，应用系统安全工程原理和方法，对工程、系统中存在的危险有害因素进行识别与分析，判断工程、系统发生事故和职业危害的可能性及其严重程度，从而为工程和系统的设计、施工、生产经营活动制定防范对策措施，安全管理决策提供科学依据[3]。电梯安全的风险评价则是风险评价技术在电梯行业的具体应用，它是应用安全系统工程的原理和先进检测仪器设备，对电梯运行系统中存在的危险因素进行辨识、检测和分析，通过对潜在的影响电梯系统运行安全的危险因素进行定性、定量分析，预测电梯系统中存在的危险源、分布部位、数量、故障概率以及严重程度等影响电梯系统寿命周期内的安全状况，从而提出采取降低风险的对策和措施。

通过电梯安全风险评价，及时采取措施，不仅可预防和减少老旧电梯安全事故，而且也弥补现行电梯法规与技术标准对老旧电梯安全监管的不足，推动老旧电梯的节能降耗。通过建立电梯风险评价方法和评价准则，采取可控措施和方法提高电梯的安全运行，根据评价结果来对电梯安全进行监管[4]。因此，电梯的安全风险评价，无论从技术层面还是节能减排方面，都极具可操作性和良好的社会和经济效益。

1 国内外电梯安全评价研究状况

1.1 国外研究现状

20世纪初,电梯安全问题就已经备受社会各界的关注,欧美一些政治团体提出通过立法监管这类设备的安全,一些司法管辖区颁发了电梯监督管理法规。美国机械工程师学会(ASME)的一个产业工人保护委员会于20世纪20年代初颁发了《ASME A17 电梯安全标准》,成为全国通用的电梯标准。如何评价电梯的安全性能,但目前国际上还没有形成一套统一的方法,国际标准化组织及欧洲目前正致力于制定电梯的基本安全要求,为安全评价提供基础的准则。英国于1974年颁布了《劳动健康与安全法1974》(the health and safety at work etc. act1974),并制定了有关电梯安全的各种法规如《电梯条例1997》《升降操作与升降设备条例1998》。世界上电梯安全评价工作开展比较早的国家地区主要是欧盟,欧盟已经将电梯安全状况综合评价的方法贯彻到各电梯标准的制定和修改过程中,如最新修订的EN115《自动扶梯和自动人行道的制造与安装安全规范》全面贯彻了安全评价的理念和方法。欧盟在2003年起着手起草"已有乘客电梯和载货电梯安全性能改进的规范",试图采用安全评价技术评价已有的电梯,提高已有电梯的安全性能。在欧洲,《95/16/EC 电梯安全指令》作为电梯生产企业必须遵守的法律,企业的电梯产品不仅要满足基本安全要求还必须通过安全评价。为了减少老旧电梯的安全问题,大多数欧盟成员国已经在本国的法规中采用EN 81－80电梯标准[5]。美国电梯的安全管理主要依靠各州的法律和规章,有些州通过立法机关授权职业安全管理部门一起管理,有些则是政府部门直接进行监督管理,并配备了专门的官方电梯技术人员。加拿大安大略省TSSA技术机构在2003年之前开展了电梯风险评价方法应用方面的研究和实践。

从2000年开始,ISO/TC178工作组就制定了适用于全球的电梯基本安全要求,以及适用于电梯、自动扶梯的降低风险的方法的国际标准,目前已出版了《ISO/TS2 2559－1 电梯的安全要求第1部分——全球基本安全要求》和《ISO/TS 14798 电梯、自动扶梯和自动人行道——风险评价和降低的方法》两份ISO的技术报告。国际标准化组织(ISO)于2006年发布了《ISO/TS14798—2006 电梯、自动扶梯和自动人行道——风险评价和降低的方法》,以指导各成员国开展电梯风险评价工作。中国据此也颁布了《GB/T 20900－2007 电梯、自动扶梯和自动人行道——风险评价和降低的方法》,并于2007年9月正式开始实施。

1.2 国内研究现状

我国在电梯安全评价技术方面的研究尚处于起步阶段,受技术和方法所限,多数评价都以定性评价为主,定量评价很少,电梯的安全标准也多数参照欧盟国家的标准制定。《GB 7588—1987 电梯制造与安装安全规范》[6]自1987年颁布以来历经1995年和2003年两次修订,增加了许多新的安全要求,但老旧电梯仍不能满足现行标准的有些规定。我国的电梯标准GB 7588等效采用了欧洲的EN81电梯标准,虽然电梯目前安全状况能满足《TSG T7001—2009 电梯监督检验和定期检验规则》[7]的要求,但电梯因故障频率高导致乘客抱怨与投诉时有发生。近年来,国家总局特种设备安全委员会电梯分委会正致力于转化、消化《ISO/TS22559—1 电梯的安全要求第 1 部分——全球基本安全要求》,对使用电梯或与电梯相关的人员,确定全球统一的安全水平。

随着电梯安全评价技术中的“等效安全性评价”理念不断深入,对于突破现行电梯标准规定的新产品,成功地进行了多次安全性评价。郑祥盘[8]等基于电梯多层综合评价模型的综合评估,提出以数据库的方式集合电梯系统的参数、安全要求、缺陷严重程度和风险降低措施等信息,针对老旧电梯故障率与使用风险较高的问题,提出了基于物联网技术的故障实时监测与报警的安全监管对策。张广明[9]等使用了模糊层次分析法(F－AHP)和 EBP 神经网络相结合的评估方法对电梯安全风险进行评估,结果表明采用 F－AHP 和 EBP 神经网络相结合的评估方法对电梯系统进行评估,提高了评估的速度和结果的精度,实现了预期的目标。夏文杰[10]等将 3 层 BP 神经网络方法应用到电梯动态智能检测系统中,实现检测系统的智能化急停诊断,结果表明该算法优于弹性 BP 算法。

2 电梯安全评价程序及评价数据库的建立

2.1 电梯安全评价程序

电梯安全风险评估过程主要包括确定风险评价目的、风险评价组选取及评价主题确定、风险源识别、定性或定量评估、安全对策措施与应急预案的制定以及形成评估建议及结论,如图 1 所示。

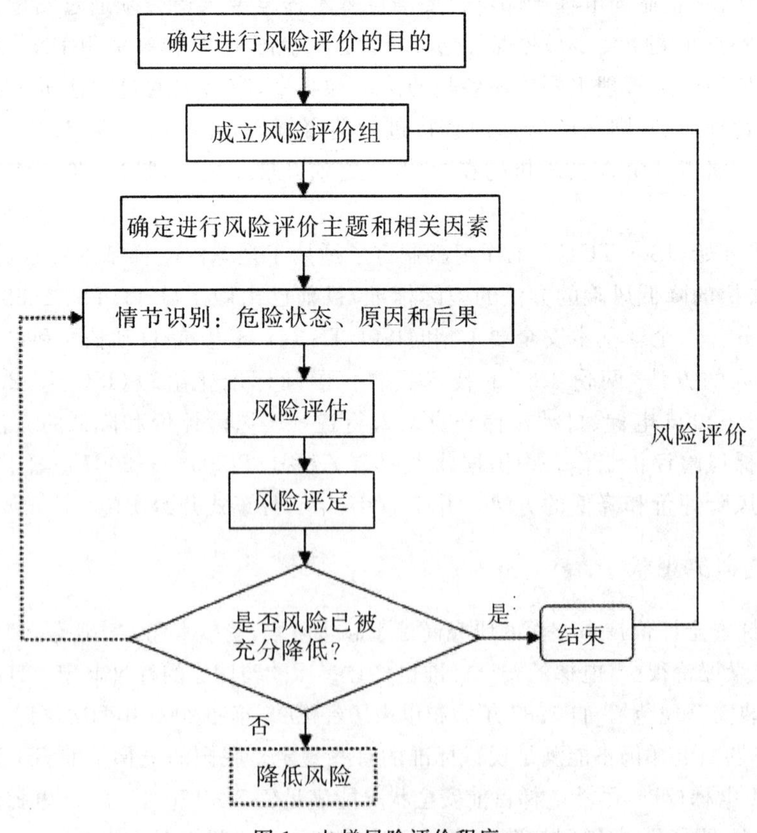

图 1 电梯风险评价程序

(1)确定风险评价目的：明确将电梯易损、易疲劳、老化等零部件与电梯系统安全作为评估对象，确定安全风险评估目的，收集查阅电梯运行故障记录、维修保养记录等相关资料。

(2)风险评价组选取及评价主题的确定：风险评价组作为评价过程的主要仲裁者，主要包括制造、安装、检测和维修保养方面具有工作经验的人员，以及安全方面的专家和电梯系统、子系统等设计方面的专家；评价主题不仅仅一个，它主要包括电梯系统及其子系统，与电梯有关的过程。

(3) 电梯风险源识别：通过划分电梯的评估单元，明确电梯风险源，着重分析电梯易损、易疲劳、老化等零部件缺陷，同时借助先进仪器与专家经验确定风险源存在部位及存在方式，故障发生途径及其变化规律。

(4) 定性、定量评估：在对电梯系统危害因素全面识别和分析的基础上，选择合理评估方法，对电梯零部件和相关环节发生事故的可能性和严重程度进行定性、定量评估。

(5)提出安全对策措施：根据定性、定量评估的结果，提出消除或降低危险、有害因素的技术和管理措施及建议，制定应急预案。

(6)形成评估结论及建议：列出电梯主要危险、有害因素，指出电梯零部件和相关环节应重点防范的重大危险因素，向使用和管理者明确应重视的主要安全措施。

2.2　电梯安全评估数据系统的建立

电梯安全评估数据系统的建立集合了电梯设计、制造、使用、安装和维保等各个过程中故障的知识经验，以数据库方式集合各项风险识别、整合各种风险降低措施，达到了电梯系统安全评价的综合性、系统性、可行性、结构化模式。

最基本的电梯风险评价系统如图 2 所示，该系统通过建立电梯系统国家标准规范和系统参数数据库，录入电梯故障概率采集原始记录，根据系统设定的安全评估方法和评估准则自动生成每一个因素的风险等级，再由专家评估系统对电梯综合因素做出安全风险评估确认，最后根据系统数据查询、统计、安全风险报告得出电梯该部件或区域的风险等级，以及所有部件或区域的风险等级。

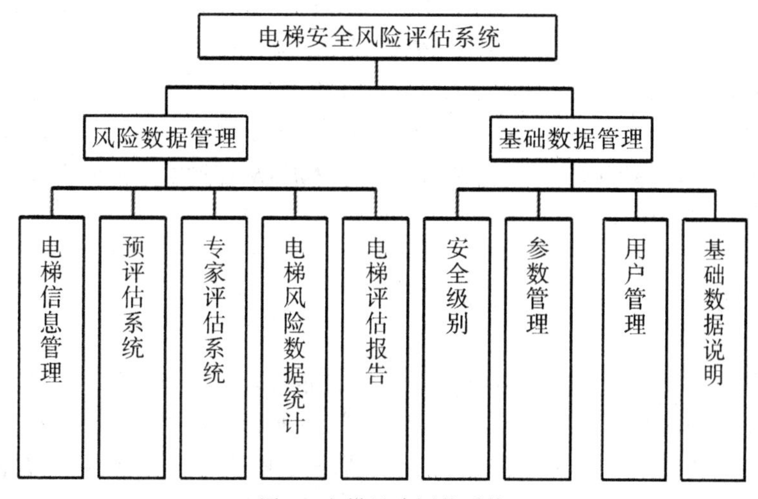

图 2　电梯风险评价系统

3 当前电梯安全评价出现的问题及发展趋势

由于电梯是一个复杂的机电系统,对于不同的评价目的、电梯类型、电梯部件和评价人员,加之环境和人为因素的扰动使得安全评价方法和安全评价体系很难建立。具体表现在以下几方面:①电梯检验标准制定较之于电梯检验技术发展产生迟滞现象。随着电梯节能技术,控制技术、安全技术以及新技术材料的快速发展,现行试验和检验的安全技术规范与强制性国家标准规定要求的电梯(含自动扶梯和自动人行道)或者部件已明显滞后于电梯技术的发展和进步,并且阻碍着电梯产业的技术革新和发展。②电梯安全风险认定的整体性和系统性不强。现有的电梯试验方法和检测技术标准可以通过新造电梯的现场检查,直接发现电梯存在的风险和缺陷,但是由于电梯是一个复杂的机电一体化设备,电梯安全与否,单凭检查规定的项目还是不够的,需要对发现的问题做组合风险分析,提出减少危险的措施,才能科学地做出判定。同时,安全性不但与设备本身有关,还与设备的使用者、操作者以及维修检验人员有关。电梯的安全问题应以一个系统来评价,即对电梯、电梯部件和任何相关过程(如:操作、使用、检查、测试或维保)的安全等级做出评断。③电梯安全评价方法灵活性不够,评价体系缺失。随着变频变压(VVVF)调速技术、群控电梯的派梯技术、复合钢带曳引技术、变频门机技术等电梯的主要结构和核心技术发展和应用,常用的电梯安全评价方法如:安全检查表、故障树分析、概率危险评价、风险评价等评价方法相互独立,可操作性不强,已不能满足评价所需。目前国内还没有统一和完整的电梯安全评价准则和程序,电梯的安全评价体系亟待制定和研究。

随着专家学者对电梯安全评价不断重视,电梯安全评价正呈现出以下几方面的趋势[11]。

(1)智能化。传统安全评价主观性较大,具有很大的局限性,通常主要靠有经验的现场操作人员和专家意见的基础上进行打分评判。随着人工神经网络等人工智能领域的发展及其在工程技术行业的应用,其为安全评价的智能化提供了重要基础,避免了传统方法的主观性,能有效提高评价的可信度。

(2)方法复合化。由于电梯安全评价方法种类较多,每种评价方法都有其适用范围、制约条件和优缺点,单一评价方法已经不能适应当前电梯行业发展趋势,基于风险的电梯安全评价方法应该将对这些方法进行复合化和集成化,鼓励新的评价方法应用于风险评价当中。

(3)数据库化。由于数据库具有可不断修改、补充、完善的特点,因此以数据库方式集合各项风险识别、整合各种安全措施,是实现电梯安全评价综合性、系统性的有效方法。

(4)评价范围不断拓宽。电梯安全评价范围不断向纵横两个方向扩展。从设备分析为主,逐步趋向包括人、机、环内容的安全性综合评价方面拓展,从在役电梯的安全评价为主,逐步趋向设计、制造、报废等各阶段评价的方面拓展。

4 结束语

电梯设备的安全评价与人民生命财产安全息息相关,与社会和经济的健康发展紧密相连。电梯的安全管理涉及到很多方面,如设计、制造、安装、维修、改造、使用、检验等,每个环节的管理都是非常重要的。尽管电梯管理部门逐步加强了电梯安全管理,各地方也在制定安全管理的相关条例,用法律来约束电梯相关部门的职责和行为,但是电梯安全事故仍时有发生,表明实际管理和安全评价方面仍需进行深入研究，提出更加完善的电梯安全管理和评价对策。虽然国内对电梯安全风险评价的研究处于起步阶段，但随着专家学者及社会对电梯安全的不断重视，电梯安全评价技术方法及评价模式已经逐步增加，电梯安全评价系统软件正在不断进行试验和改进，必将会应用于实践中。

参考文献

[1] Aníbal De Almeida, Simon Hirzel, Carlos Patro, etc. Energy－efficient elevators and escalators in Europe: An analysis of energy efficiency potentials and policy measures [J]. Energy and Buildings, 2013, 59: 93－103.

[2] 张国安，屠雪勇，王坚．老旧电梯安全风险评价及方法[J]. 中国质量技术监督，2011 (6):62 - 63.

[3] 陈云荣，元海荣，许林涛．特种设备安全评价研究进展[J]. 机电产品开发与创新，2012, 25(4): 22－24.

[4] 王坚．电梯安全风险评估系统的设计与应用[D]. 杭州：浙江工业大学，2012.

[5] European Standard EN 81－80: Safety rules for the construction and installation of lifts — Existing lifts — Part 80: Rules for the improvement of safety of existing passenger and goods passenger lifts [S]. Brussels: CEN - CENELEC Mangaement Centre, 2013.

[6] 中华人民共和国国家质量监督检验检疫总局. GB7588—2003 电梯制造与安装安全规范[S]. 北京：中国标准出版社，2015.

[7] 中华人民共和国国家质量监督检验检疫总局. TSG T7001—2009 电梯监督检验和定期检验规则－曳引与强制驱动电梯[S]. 北京：新华出版社，2001.

[8] 郑祥盘．老旧电梯安全风险评估与在线监测技术研究[J]. 机电技术，2012(4): 129 -132.

[9] 张广明，邱春玲，钱夏夷，等．模糊层次分析法和人工神经网络模型在电梯风险评估中的应用[J]. 控制理论与应用，2009, 26(8): 931 - 933.

[10] 夏文杰，杨建武，李屹，等．Quasi—NewtonBP 神经网络算法在电梯急停故障诊断中的应用[J]. 计算机测量与控制，2011, 19(1): 23 - 25.

[11] 顾徐毅．基于风险的电梯安全评价方法研究[D]. 上海：上海交通大学，2009.

（该论文发表于《现代制造技术与装备》2014 年第 2 期）

电梯检验检测技术的应用及发展

王兴昌

（陕西省特种设备质量安全监督检测中心　陕西 西安 710048）

摘　要：随着城市发展的需要，电梯已经广泛的被应用于人们生活与商业领域中，人民生命安全与财产与之安全紧密相关。近年来国家不断出台相关电梯安全检验措施及检验评定标准及制度，以确保人民生命及财产安全。而电梯事故在近几年频繁发生，给人们的生命安全带来了严重的威胁，为了保障电梯的稳定性和安全性，利用电梯检验检测技术对电梯的安全性能进行检测，从而减少电梯安全事故的发生。

关键词：电梯检验检测技术；应用；发展

0　引言

电梯是日常生活中高层建筑升降的常用设备，它除了用于人及货物的上下运输，还为人们带来了很大的便利。而随着科技的进步和时代的发展，电梯的检验技术也越来越先进，除了能够检测出电梯的各种故障和问题外，还有效提升了电梯系统的其他性能，从而确保了电梯运行的安全性和可靠性。

1　电梯检验检测现状

1.1　电梯检验检测现场复杂程度高

电梯供电的电源不正规、私自搭接电线等问题出现的几率较高，并且很多接线位置也不科学合理，例如，无接地线、输送电压的数值不在规定的范围之内等。在安全通道中放置的杂物数量非常多，通向控制电梯机房的道路畅通性不是十分充足，并且也有一定数量的电梯没有护栏的保护，自从安装以来就没有放置照明设备，等等。在电梯检验现场中各种类型的施工相关工作交互开展，噪声问题十分严重，并且施工现场中临时性工作人员的数量也比较多，难以形成有效的配合；机房中的设置较为简陋，必备工具甚至都不齐全，放置杂物这一个问题就显得更加严重。

1.2　安装维修单位自检工作力度不足

现阶段我国施行的规章制度，电梯隶属于特种设备包含的范围之内，除去在电梯安装工作完成之后需要检验验收之外，在电梯运行的过程中也是需要定期开展检验工作的，与此同时在电梯年检工作记性的过程中需要向检验机构提供相应的定期自检报告。但是现阶段仍然有一定数量的安装单位在电梯运行的过程中没有定期检修，从而也就会对我国电梯运行安全性造成极为严重的负面影响。虽然有一些单位是可以针对处于运行状态的电梯定期开展自检工作的，但是检验工作一般情况下仅仅是流于形式而已，并没有得到充分的重视，存入档案库的自检报告也是十分简陋的，难以将电梯运行的实际情况呈现在人们的眼前，各项数据准确性难以得到保证，和真实数据的差距比较大。

2　电梯检验检测技术的应用

2.1　目视检测技术

通过目视来对电梯的整体外观和运行状况进行检测，这样的检测技术能够快速的对电梯的直观性能进行了解，同时也能够从表面发现许多电梯运行中所存在的问题，比如轿厢与平衡是否失常、悬挂装置的配合度及其磨损状况、各旋转部件的可靠性、轿门与层门的对应程度及契合程度等，通过对这些问题的了解，能够采取相应的措施来快速有效地解决问题。

2.2　无损检测技术

2.2.1　射线探伤

使用射线的方式在各异构成或者介质当中，依照不同的衰减程度对检测物质存在问题的方面进行检测，通常对于射线的使用，主要分为X射线和酌射线以及中子射线等，让需要进行探测的部位让射线进行穿透，而后使用相应的检测器来对射线的强弱程度进行检测，同时还要对探测的位置实施不断的变换，以此来有效的查找出射线的强弱程度和不同位置的差异性，因此也就能对电梯各机械部件产生缺陷的位置进行精准的确定。

2.2.2　超声波探伤

对电梯增加相应的超声探头，超声会使用传递的方式从电梯的表面传输到其内部，在碰到电梯内的内壁以后会产生相应的反射，而后使用能够有效对反射波进行收集的仪器进行全面的收集，与此同时，在收集反射波仪器的屏幕中可以将脉冲波形进行全面地展现。对缺陷位置进行判定的标准为依照反射波的特征来进行。

2.2.3　红外线探伤

相应的物体在不同程度下都会有温度的存在，而且会向外界散发相应的温度，且红外辐射的强度与温度成正比。被动式检测是在对电梯进行检验的期间，对于可自发热的工件可直接利用其本身的温度进行检测，而对于工件本身温度较低的可对其进行人工加热，通过热量在工件内部传输，由于工件完好部位与缺陷部位的热导率不同导致其红外线辐射强度也不同，此时利用红外线热成像仪就可记录下工件表面的热成像图，即温度场分布图，从而找出缺陷或损伤部位。

2.3　曳引钢丝绳漏磁检测技术

这种技术主要是对电梯内部的磨损情况和设备运行的准确程度进行检测，其主要原理是借助磁铁所产生的磁场变化，在与电梯中容易发生故障部分进行磁场比较，以此来得出发生故障的位置。在实际检测的过程中，电梯检测人员将相应的磁场传感装置放在电梯的各个部分，在与其中的常规磁场进行比较之后，可以将磁场变化产生的信号传输到计算机当中，结合电梯的实际运行参数，来对这些磁场变化数据进行计算分析，这样就能够准确的得出电梯内部的实际情况，根据这些内容，可以进行下一步的安排和分析。

2.4 噪声检测技术

噪声检测技术能够对电梯的综合情况进行检测，在实际检测的过程中，可以设置一定数量的检测点，并且将测声压级传感装置放置地面上方一定距离的位置，在对这些检测点噪声进行检测和收集的过程中，选取其中的最大值，这样就能够对电梯的实际运行数据进行准确获取，同时也能够得到电梯的实际运行状况。

3 电梯检验检测技术的发展

3.1 绿色化

需要重视低碳性与环保性，实现对电力资源的有效节约，将电梯检验技术与应用技术相结合，发挥两种技术的优势。电梯检验技术的绿色化主要是实现检验手段环保和重复性，应用环保型检验材料进行磁力线锤的制作，保证监测工作的顺利进行，防止电梯问题的出现，另外，有效减少资源的浪费，降低对环境的污染。

3.2 智能化

智能化电梯检验设备能够实现对人工技术的替代，提升数据的精准性，有效降低人工检测的成本，规避人工检测过程中的风险，切实保证检测过程的安全性。同时，智能化检测获取的数据更具准确性，能够实现对故障的更好处理。

3.3 远程化

借助远程化技术，实现电梯部门与物业部门的内部连接，发挥远程监控设备的作用，了解电梯内部突发情况，以便在遇到电梯故障的时候，及时进行故障排查。远程技术综合了故障排查与维修功能，借助计算机，实现对电梯运行的分析和研究，及时传达电梯内部情况，提升电梯维修的效率。

4 结束语

随着技术的不断发展，要注重技术创新，以更好地满足电梯安全性能的需要。要结合电梯检验设备的特征，全面了解检测技术，采取更加科学与有效的电梯检验方式。同时，加快智能化和信息化建设，促进检验技术的顺利应用，切实保障电梯设备运行安全性。

参考文献

[1]　周毅,马天慧．电梯检验检测技术的应用和未来发展[J]．科技展望,2017,(11):124.
[2]　吴小兰．浅析无损检验在电梯检验中的应用[J]．化工管理,2017(5):99.
[3]　苏布塔沙娜．概述影响到电梯检验工作的相关因素[J]．城市建设理论研究(电子版),2017(2):219.

(该论文发表于《建筑工程技术与设计》2017 年第 8 期)

电梯安全钳动作受力分析及失效探究

吕少华

（陕西省特种设备质量安全监督检测中心　陕西 西安 710048）

摘　要：通过对电梯安全钳动作受力的相关原理及运行情况的分析，探究了电梯安全钳工作性能丧失的原因。

关键词：电梯安全钳；动作受力；失效

0　引言

近年来，我国城市中高层建筑数量不断增多，这加大了电梯的需求量，也为电梯的质量问题提出了一定的考验。在保护电梯安全方面，电梯安全钳发挥着重要作用，在电梯安全保护系统中发挥这重要的作用。

1　安全钳运行原理

在保证电梯安全运行方面，电梯安全钳发挥着重要作用，依据制停减速度的不同，可以将安全钳划分为渐进式和瞬时式两种，在速度高于 0.63 m/s 的电梯中需要使用渐进式的安全钳，在速度低于 0.63 m/s 的电梯中可以使用瞬时式的安全钳。按照制动元件结构的不同，电梯安全钳可以划分为楔块型、偏心型和滚柱型 3 种。

由安全钳、张紧轮、限速器和其他组件一同构成了电梯的安全钳系统，其基本结构图如图 1 所示。

基本的工作原理是：在电梯运行期间，一旦电梯发生意外，导致电梯下行过快，或者快速下降，这样，限速器卡进结构就会导致限速轮暂停运动，在摩擦力的作用下，限速绳带动安全钳运行。这样，就会继续下行电梯轿厢，相对于轿厢，安全钳钳块做向上的运动，这时，就会提起钳块，并和导轨并紧，在摩擦力的影响下，就会制停电梯轿厢，进而防止电梯下坠而出现安全问题。

2　分析电梯安全钳受力情况

2.1　正常状态下，安全钳受力情况

在正常运行状态下，电梯安全钳内有一个可以把其卡住的阻力。此阻力是六个电梯安全

钳合力的结果。详细来讲，在暂停电梯时，有一个正压力存在于安全钳块和轿厢之间。而在正压力影响下，安全钳块会出现一个摩擦力，在运行电梯以后，此摩擦力就会对其生成相应的阻力。此种情况下，就会增大电梯轿厢的接触面积。

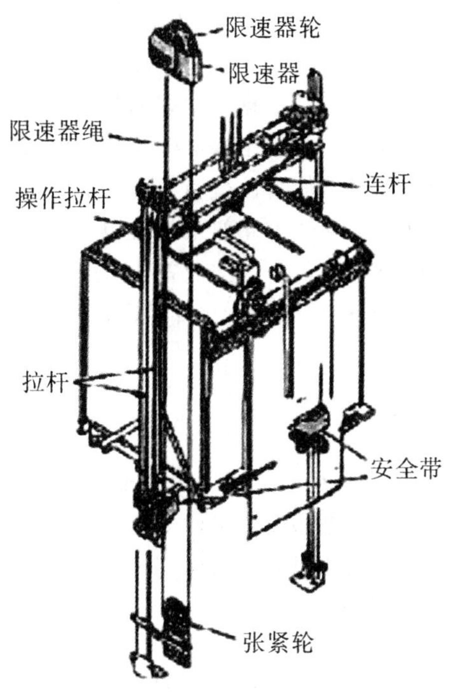

图1　电梯安全钳系统

2.2　分析电梯导轨接触状态下的受力情况

在导轨和电梯的安全钳钳块紧密接触时，就会在一定程度上影响到钳块。这样就会增多其所受到的阻力，因此，就需要增大对电梯弹簧力的调节，进而对安全钳钳块在多种力一同作用下的对抗需求给于满足。这是电梯安全钳能够承受相关能力的关键，不然，就会降低安全钳瞬间阻抗能力。

2.3　分析电梯无导轨接触受力情况

为了能够正常运行电梯安全钳，这样就需要确保有足够的压力存在于其钳块中。而电梯导轨与限速器影响着安全钳钳块的拉力。就是说，若在制动状态下控制限速器，就表明有异常情况存在于电梯的运行中。而问题会使导轨和限速器之间相接触，从而带动安全钳工作。

3　分析电梯安全钳失效的原因

3.1　安全钳带来的影响

如果有杂物存在于电梯安全钳的钳口处，这样就会有阻力出现在安全钳楔块处。此种情况会引起安全钳系统失效，这样电梯就容易持续下滑。电梯导轨可以和安全钳楔块相接触。

一旦有较大的间隙存在于安全钳的安装中，就会造成导轨和安全钳难以有效接触，如果问题严重，会造成有脱轨问题出现在电梯中。而安全钳设备下落就与脱轨有着非常密切的联系，严重的威胁到电梯乘客的安全。

3.2 限速器带来的影响

在缺乏电梯限速器夹绳力的情况下，一旦电梯超速运行，或者有其他异常情况出现，就会有打滑情况出现在限速器的钢丝绳中，安全钳根本就难以被提动。有关部门要求，在电梯限速器运行时，这样同安全钳装置起动所需的力比较，钢丝绳的张力要高出其两倍。然而，在电梯的具体运行中，如果电梯失效难以运行，对此要求就难以给予满足。而在磨损了限速器轮槽后，也是造成限速器失效的一个重要因素。详细而言，在增加了电梯设备的应用年限后，这样就会在不同程度上磨损限速器的轮槽，因此，就会降低限速器设备的钢丝绳位置。

4 结束语

电梯安全系统在保证电梯安全运行与乘客生命安全方面发挥着重要作用。因此，就需要从实际情况入手，认真地分析与探讨电梯安全钳的受力情况与失效原因。文章在分析了安全钳的受力情况后，同检验期间所遇到的问题相结合，对电梯安全钳的失效原因进行探究，为确保我国电梯系统能够有效运行而提供帮助。

参考文献

[1] 林永光．电梯安全钳动作原因分析及检验注意点[J]．机电技术．2009(1)：398－399.
[2] 张萌．电梯安全钳夹紧机构与自锁问题研究[J]．科技致富向导，2011(19)：298－299.
[3] 徐鑫鑫．电梯安全钳动作受力分析及失效探究[J]．科技与质量．2016(7)：741－742.

（该论文发表于《中国标准化》2017年第2期）

电梯的曳引轮槽磨损及其影响安全性能的讨论

姬翔　高佳

（陕西省特种设备质量安全监督检测中心　陕西 西安 710048）

摘　要：电梯与建筑行业的发展息息相关，通过总结近年来电梯轮槽检验结果发现，曳引式电梯轮槽如果出现磨损，会严重影响电梯使用质量以及电梯的安全性。本文主要对曳引式电梯结构，轮槽磨损原因以及检验检测进行探讨。

关键词：电梯；曳引轮槽磨损；安全性；检测方法；预防措施

0　引言

1889 年出现了世界上第一台简易电梯，1903 年出现了第一台曳引式电梯，其适用于长行程运载的特点使之成为了现代电梯的基础。改革开放初期，电梯作为现代化设备引入我国，经过了数十年的发展，现状我国已成为世界上第一大电梯生产国，同时也是世界上最大的电梯使用过。截止到 2014 年底，我国在用电梯已达 300 万台，并以较高的增长率逐年增长。在电梯数量激增的同时，不可避免的会带来电梯事故的多发。2014 年，全国共发生电梯事故 70 起，造成 57 人死亡，电梯安全形势不容乐观。现阶段我国将电梯定义为特种设备，采用安全监察与法定检验相结合的管理制度，由具有相关资质的特种设备检验机构按照一定的周期对在用电梯进行强制检验。检验工作由具有相关检验资格的人员按照检验规则进行检验，并判定检验结果，出具检验报告。在曳引式电梯的检验过程中，最常见的安全隐患为曳引轮的磨损缺陷，因此需要我们对这个现象讲行深入地研究。

1　电梯曳引轮结构

曳引轮是比较常见的一种电梯构件，在曳引式的电梯中有着至关重要的作用，和减速器、制动器等共同组成曳引机。曳引轮位于绳轮上，也被工作人员称之为驱动绳轮。曳引轮在电梯工作中起到引动装置的作用，可以通过曳引钢丝绳或者曳引轮周围位置摩擦、传递力等，将装置安装到减速器中。因为曳引轮需要承受来自于各个方面的动静载荷，所以曳引轮强度必须满足条件，韧性也要好，只有选择耐磨损且耐冲击的材料，才能保证其实际使用质量。通常情况下曳引轮直径都必须要超过钢丝绳 40 倍左右，情况特殊时，可以超过 60 倍。曳引轮主要由两个部分构成，其中间的轮筒，外部一般都是制成轮圈绳槽并切削到轮圈位置。曳引轮的轮槽包含了 U 形槽，V 形槽这两种模式，对比两种形状槽的情况不难发现，U 型槽摩擦系数比较大，但曳引绳的磨损程度却比较小，这也是U型槽使用频率比较高的关键点之一。

2 电梯的曳引轮槽磨损的安全影响及原因分析

随着电梯使用年限的增加，组成电梯的零部件会损坏失效，有些零部件较易损坏且成本较低便于更换，属于易损件；有些零部件成本较高且不便更换，因此需要具有与电梯相适应的寿命，曳引轮就是其中之一。然而在检验的过程中，经常发现由于曳引轮的缺陷带来的安全隐患，很多时候都需要更换曳引轮，这不仅会增加电梯的维护保养成本，还会增加电梯的安全隐患，威胁电梯的安全运行。

曳引轮的失效模式主要表现为曳引轮绳槽的过量磨损。一般分为3种状态：①均匀磨损，这是曳引轮绳槽的正常磨损；②不均匀磨损；③凹坑、表面局部剥落。不均匀磨损和凹坑、表面局部剥落是曳引轮绳槽的非正常磨损。当绳槽呈严重的凹凸不平的形状或麻花状时，曳引轮失效。这时，应将曳引绳摘下，维修曳引轮绳槽，如果磨损不能修复，则应更换曳引轮。

造成曳引轮绳槽磨损的主要原因是曳引绳与曳引轮绳槽间的相对运动产生的滑移，滑移量越大磨损程度也越大。从滑移量的角度来看，滑移磨损可分为两个部分。一是由曳引绳的弹性变形引起的滑移。由于曳引轮两边钢丝绳的张力大小不同，当电梯运行时，一侧的钢丝绳伸长增大，当转到另一侧时，由于张力减小，弹性伸长随之减小，从而导致钢丝绳在槽内产生滑移，这是钢丝绳和曳引轮绳槽不断磨损的主要原因之一。二是由曳引绳对绳槽的压力引起的滑移。曳引式电梯安全运行的条件是曳引轮与曳引绳之间有足够的摩擦力，在轿厢下行的过程中，当轿厢突然以减速度紧急制动时，曳引轮两侧张力差超过防滑极限，从而引起绳在槽中的滑移。随着电梯的频繁启动、制动，绳槽磨损使其直径越小，滑移越严重，磨损也越趋于恶化。

3 曳引轮轮槽检验检测工作方式

想要保证电梯正常运行，就必须要不断地定期地对电梯进行检查，根据检查的结果来选择机电设备保养方式。经过长时间的运行，部分零件不仅会磨损，还会失效，这些情况都严重影响了电梯的安全性。

国家出台的电梯监督检验以及定期检验规定当中有着明确的规定，所有电梯的曳引轮的磨损程度，都不可以超过最大承受值。一旦电梯经过长时间的运转之后，轮槽磨损比较严重，可能会影响到曳引的性能以及工作能力，所以可以对其曳引能力进行验证。

《TSG T7001—2009 曳引式电梯监督检验与定期检验规则》对电梯曳引轮做了如下规定：①曳引轮外侧面应当涂成黄色；②曳引轮轮槽不得有严重磨损（适用于改造、维修监督检验和定期检验），如果轮槽的磨损可能影响曳引能力时，应当进行曳引能力验证试验。判断曳引轮轮槽严重磨损的依据有：①任何一根钢丝绳磨损至接触槽底；②钢丝绳在绳槽上的工作面高度差明显（大于4 mm）。由曳引式电梯检验规则可知，检规电梯曳引轮的磨损程度有严格的规定，检验时需遵守检验规则，按照检规的要求逐项检验曳引轮的磨损情况，并根据情况进行曳引能力验证试验。

4　避免轮槽不正常磨损的措施

根据对曳引轮轮槽磨损的分析，笔者结合多年电梯检验经验，提出了以下几个避免轮槽不正常磨损的措施：①严格控制曳引轮的各项性能指标，比如绳槽的耐磨性、硬度及节圆直径，确保其符合电梯使用要求。②合理调整各曳引绳的张紧力，使各绳张紧力差值不大于500。③严格执行电梯定期检验制度，在检验中发现轮槽磨损超差时，必须更换或修复曳引轮，使其达到合格标准。④合理使用聚氨酯轮槽衬垫，可以在不降低钢奷绳摩擦系数的情况下，提高轮槽的耐磨性，从而大大延长曳引轮及钢丝绳的使用寿命。

5　结束语

曳引式电梯运行的过程中，轮槽的磨损情况是影响电梯稳定性和安全性的重要因素。针对引起曳引式电梯轮槽的非正常磨损的原因进行分析，并科学的展开曳引式电梯轮槽的检验检测，为电梯的维护提供参考，提高电梯的安全系数，规避安全隐患的发生。

参考文献

[1]　李翔．曳引式电梯轮槽磨损及其检验检测探析[J]．中国高新技术企业，2015(11)：74 -75.

[2]　胡建荣，项科忠．曳引式电梯轮槽磨损及其检验检测探析[J]．机电信息，2015(12)：69 -70.

（该论文发表于《工程技术：文摘版》2016年第8期）

电梯起重机械钢丝绳的检测及维护

李俊刚

(陕西省特种设备质量安全监督检测中心　陕西 西安 710048)

摘　要:随着经济的发展,生活水平的提高,人们对生活的品质要求越来越高,电梯的需求量渐渐加大。电梯使用频率逐渐加大、使用人群渐渐变多,所以,电梯起重机械的安全性受到广大居民的重视,钢丝绳检测及维护工作也变得越来越重要。本文从多个角度对电梯起重机械钢丝绳的检测及维护进行论述,对检测的技术进行深入的探讨,从而让工作人员工作更加有据可依,让广大居民的安全性得到了重要的保证,让电梯的使用者用的放心,上、下感觉舒心。

关键词:电梯;钢丝绳;起重机械;检测;维护

0　引言

如今,电梯的使用范围越来越广,使用概率越来越大。在超市,商场,公司,高层楼房等地方都可以看到电梯。电梯的安全检测关乎使用者的人身安全,因此,做好电梯起重机械钢丝绳的检测及维护直接影响电梯的完好率、使用率、故障率;做好电梯起重机械钢丝绳的检测及维护是电梯维护人员的重要使命;做好电梯起重机械钢丝绳的检测及维护是对广大电梯使用者的安全保证。维修保养一般可按每日、周、季、年周期进行。特种设备安全条例规定:电梯应当至少每 15 日进行一次清洁、润滑、调整和检查保养。对于钢丝绳,应当执行周期性的常规检查制度,一旦发现异常情况,应当做好记录并存档,而且要进行维护。

1　钢丝绳的介绍

钢丝绳是电梯起重机械中的重要组成。因此,本文首先对钢丝绳进行介绍。电梯曳引钢丝绳用于悬挂轿厢和对重,并且利用曳引轮与曳引钢丝绳之间的摩擦力驱动轿厢和对重运行。曳引钢丝绳是重要的电梯部件,也是易损件之一。

1.1　钢丝绳的结构

钢丝绳由钢丝、绳股和绳芯组成。下面是对其组成的简单介绍:①钢丝:钢丝是钢丝绳的基本强度单元,要求有很高的强度和韧性。②绳股:绳股是由钢丝捻成的每一小绳股。相同直径与结构的钢丝绳,股数多的抗疲劳强度就高。电梯用钢丝绳的股数多是 8 股或者 6 股这 2 种。③绳芯:即被绳股所缠绕的挠性芯棒,起到撑固绳股的作用。绳芯分为纤维绳芯和金属绳芯 2 种,电梯用的钢丝绳是纤维绳芯,这种绳芯不仅能够增加绳的柔韧性,还能起到存储润滑油的作用。

1.2　钢丝间的接触状态

根据钢丝绳股内各层钢丝相互之间的接触状态可以分为点接触、线接触和面接触3种。对于线接触钢丝绳，按照股中钢丝的配置方式又可以分为西鲁式、瓦林顿式和填充式3种。一般来说，钢丝直径越粗，耐腐蚀性能和耐磨损性能越强，钢丝直径越细，柔软性能越好。

西鲁式：电梯钢丝绳中最常用的股结构。外层钢丝较粗，耐磨损能力较强。西鲁式亦称外粗式。瓦林吞式：外层钢丝粗细相间，挠性较好，股中的钢丝较细。瓦林吞式也称为粗细型。电梯绳除考虑磨损外，还应该考虑弯曲疲劳寿命，与西鲁式相比，瓦林吞式绕过绳轮的弯曲疲劳寿命比西鲁式高20%。填充式：在两层钢丝之间的间隙处填充有较细的钢丝。弯曲和耐磨性能都比较好的结构。填充式也称密集式。

2　电梯起重机械钢丝绳的检测

2.1　钢丝绳检测工作原理

传统的钢丝绳检查方法是人工目视检查，采用游标卡尺测量绳径，手摸或肉眼寻找缺陷，只能发现钢丝绳中露在外部的缺陷(如断丝)，对于人眼看不到的内部缺陷则无能为力，且受人为因素的影响较大，检查可靠性差。因此，很多钢丝绳使用单位采用定期更换钢丝绳的方法，依据钢丝绳的额定使用寿命确定其更换周期，到期不论钢丝绳的实际状况如何，均实行更换。因此，采用仪器对钢丝绳的状况进行检测，特别是定量的无损检测，是非常重要的。

2.2　检测方法的介绍

磁性检测方法检测钢丝绳缺陷(断丝、磨损和锈蚀等)的基本原理：用一磁场沿钢丝绳轴向磁化钢丝绳段，当钢丝绳通过这一磁化磁场时，一旦钢丝绳中存在缺陷，则会在钢丝绳表面产生漏磁场，或者引起磁化钢丝绳磁路内的磁通变化，采用磁敏感元件检测这些磁场的畸变即可获得有关钢丝绳缺陷的信息。

根据钢丝绳结构和缺陷的特征，人们研究出两种类型的磁检测方法：局部缺陷检测法(Localized Fault Method)，简称LF法；截面积损耗型检测法。前者通过测量钢丝绳表面局部区域中的漏磁场获取信息，主要检测断丝、锈蚀、斑点等引起局部突变磁场的缺陷；后者通过测量磁化回路中主磁通的变化获得信息，主要检测像磨损、锈蚀等引起钢丝绳横截面中金属截面积总和变化的缺陷。

磁检测法主要由两大部分组成：磁化钢丝绳的励磁装置和检测磁场的磁检测装置。励磁装置对钢丝绳磁化的程度直接关系着缺陷能否被检出以及探伤传感器的体积和重量，国外现均采用将钢丝绳磁化至深度磁化的方法。磁检测装置是探伤传感器的关键部分，关系着缺陷检测的空间位置分辨、程度分辨力、信噪比、灵敏度等。在LF法中，采用了感应线圈、霍尔元件、基于多元件组合的检测、基于整磁板技术的检测、基于聚磁技术的检测等漏磁检测方法来克服因钢丝绳结构给检测信号带来的干扰，提高缺陷漏磁检测灵敏度、防止漏检；LMA法中，通过选择检测元件的布置位置，来提高检测信号的灵敏度和定性、定量分辨力。

2.3 检测方法的应用

弱磁检测方法引入调制给定弱电磁场，与经弱磁规划的钢丝绳弱磁场形成物理场关联。使传感器具有弱磁状态无基噪工作、提离效应自抑式宽距感应、高灵敏、高分辨率、高速率空域等突出的技术特点。

采用弱磁检测方法连续采样后，再通过数学分析模型，对钢丝绳各体积元磁能势差异样本值进行图表化处理、统计学计算和曲线波形分析，就能把影响钢丝绳机械承载性能的所有细部缺陷清晰地反映出来，同时给出描述这些退变特征危险程度的等效映射量值，提供准确、客观并完整的安全评估基础信息。

2.4 检测的过程

在检测之前要先用弱磁加载仪对钢丝绳进行弱磁加载，然后用探伤仪来检测。对钢丝绳进行弱磁加载，使钢丝绳上不规则的磁场变成有序的磁场。这是进行正常检测的前提。

在正确安装加载仪(检测仪)于钢丝绳上，推动弱磁加载仪，使其从确定的起点到确定的终点与被测钢丝绳完成连续相对的运动。在这一过程中要注意以下几点：一是磁化的过程中保持连续，中途不得停顿，不得取下仪器。二是记录磁化方向。

3 电梯起重机械钢丝绳的维护

电梯起重机械钢丝绳的维护要注意以下几点：一是钢丝绳外表不需要加黄油润滑，因为会使表面摩擦力降低。没有钢丝绳专用油时，可以使用黏度中性的机油(三十或四十)的油来代替，但是要注意，不能过多。二是每根钢丝绳的张力与平均值偏差不大于百分之5，应当保持均匀。三是钢丝绳的表面一旦有过多的油污、沙粒时，应该及时用煤油擦干净，保持其表面的干净。四是绳端部件应不可缺少、固定应该可靠。五是磨损、断丝量达到报废标准时，必须立即更换。

4 结束语

人们生活品质的提高意味着电梯的使用将会更加频繁，本文从电梯起重机机械钢丝绳的介绍、检测及维护进行描述。对于电梯起重机械钢丝绳，可以采用互联网对钢丝绳进行监控，利用先进的技术、有效的管理方式进行检测及维护，并对检测的结果进行有条理记录、归纳、总结。这样不仅为以后的检测及维护提供了工作经验，而且为预防故障的产生也提供了合理的理论依据。同时，还提高了经济效益和社会效益，让电梯更好地服务人民，让人们在坐电梯的时候更加舒心、放心，出行的效率也会大大提高！

参考文献

[1] 聂林．面向载荷变化的钢丝绳缺陷声发射检测特性分析与研究[D]．北京：中国计量学院，2014.

[2]　窦柏林,杨旭,缪康．我国钢丝绳安全现状及钢丝绳检测技术的创新[J]．中国特种设备安全,2008(7):14－19.

[3]　杨辉．机电类特种设备钢丝绳安全检验技术的发展与创新[J]．科技创新导报,2010(13):234,236.

（该论文发表于《建筑工程技术与设计》2013 年 9 月上）

电梯门锁装置的常见故障分析

吕少华　刘冰　张永康

（陕西省特种设备质量安全监督检测中心　陕西 西安 710048）

摘　要：电梯作为现代人类生活中不可缺少的一种运输工具，在为人类提供方便快捷的同时也带来了各种隐患，近几年电梯事故时有发生，其中很多电梯事故都是由于电梯门锁装置发生故障而产生的，电梯检验工作的目的就是降低事故的发生率，本文结合实际检验总结了几种常见的电梯门锁装置故障并进行分析，最后针对门锁的啮合尺寸提出了一种全新的检验方法——区域标记法。

关键词：电梯；电梯事故；门锁装置；故障；啮合尺寸

0　引言

我国现在不但是电梯生产大国，同时也成为了世界上最大的电梯市场。随着电梯的普及和广泛应用，电梯在给人们带来方便的同时也给人们带来了各种隐患，电梯和人们的生活息息相关，但是由于电梯使用单位的管理、电梯维保单位的整体素质、电梯检验单位的检验技术等种种不足的原因，电梯事故时有发生。经过对近几年电梯事故的分析，发现因为电梯门锁装置故障而产生的人员剪切和坠落事故较多，所以对电梯门锁装置的研究意义重大。

1　门锁装置的安全要求

电梯要正常运行，就要依靠门锁装置来确保轿门与厅门的可靠闭合，电梯门锁装置作为安全部件，在检验过程中如何准确可靠的判断出门锁装置是否符合安全要求，至关重要。《GB 7588—2003 电梯制造与安装安全规范》中对电梯门锁装置做出了一系列的规定。

其中在门锁的啮合尺寸方面做出了明确的规定，即电梯轿厢应在锁紧元件啮合深度大于等于 7 mm 时才能启动[1]，如图 1 所示。

每个层门都应设置一个符合要求的电气安全装置，用来证实它的闭合位置，此电气安全装置应能通过锁紧元件进行强制操作，这样就可以避免发生触点黏连[2]，并且其连接中不得有任何中间机构，其次还要能够防止误动作，必要的时候可以进行调节，在一些特殊环境中，比如潮湿或者易爆环境，其连接还必须是刚性的。当轿门也安装了门锁装置时，那么该装置也应符合上面所述的要求。

对门锁的强度规定为门锁应能承受一个沿开门方向的力，此力施加在门锁高度处，力的大小为下述规定值，在此力的作用下门锁无永久变形[1]。

1)滑动门时最小为 1 000 N。

2)铰链门时,在锁销上最小为 3 000 N。

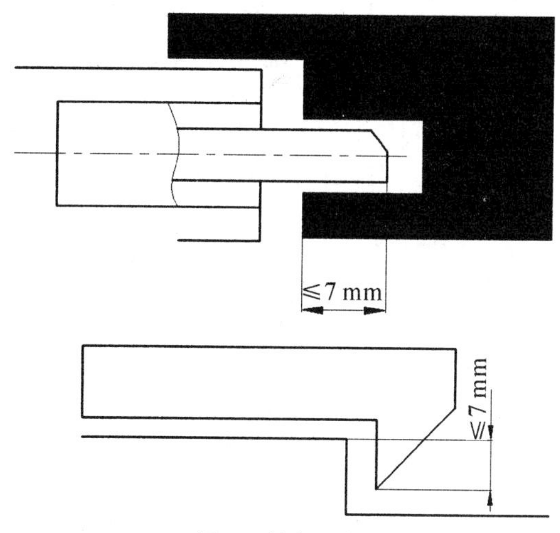

图 1　锁紧元件

门锁的锁紧力应当由重力、弹簧或者永久磁铁来产生和保持。弹簧应该有导向,并且在作用时处于压缩状态,同时在开锁时弹簧的结构设计能够使得其不会被压并圈。即使弹簧或永久磁铁失效,重力也不应使其开锁。如果锁紧元件的锁紧位置是通过永久磁铁作用和保持的,那么通过一种简单的方法,比如冲击或者加热,锁紧元件不应当失效[1]。

对紧急开锁规定为每个层门均应能从外面通过于一个规定的钥匙将门开启[1],此钥匙要与层门上的三角孔相配并且应交给专人负责和管理。钥匙应带有书面说明,详述必须采取的预防措施,用来防止开锁后因未能有效的重新锁上而可能引发的事故[1]。

在一次紧急开锁后,层门闭合状态下,门锁装置不应保持在开锁位置。

2　电梯门锁故障分析及预防措施

由于电梯门锁故障而引发的事故主要可以分为以下几种情况[3]:①层门未完全关闭,乘客还未完全进入轿厢,电梯突然启动而造成的剪切事故;②层门开启,轿厢却没到该层,乘客由于惯性或者疏忽进入井道而造成坠落事故;③乘客在候梯时,依靠或者撞击层门,层门突然打开,造成坠落事故;④电梯在两层门之间的非开锁区域停止,轿门被打开而造成的坠落事故。

笔者根据自己的实际检验,总结了几种种常见的门锁故障,并进行分析。

图 2(a)(b)(c)中门锁结构为常见的层门门锁装置在紧急开锁时的三种卡阻情况。

如图 2(a)所示,对于一些使用年限较久或者电梯门锁安装精度不高的电梯,由于层门反复闭合产生的震动,使得开锁拨块和开锁摆杆产生变形,容易出现图中 A 点所示的开锁拨块和开锁摆杆交叉错位,这种交叉错位产生的摩擦阻力使其发生黏连,在这种情况下锁钩不能通过复位机件复位,因此出现了卡阻现象。

如图 2(b)所示,对于一些使用环境不佳或者管理不善的电梯,常常可以发现层门门锁装置上会黏附较多的灰尘和水渍,进而导致门锁装置产生锈蚀,特别是固定开锁拨块的螺栓锈蚀更加明显。如果在这种情况下进行紧急开锁,由于固定开锁拨块的螺栓锈蚀严重,那么开锁拨块和开锁摆杆就很容易出现图 2(b)中 B 点所示的卡阻而不能复位的现象。

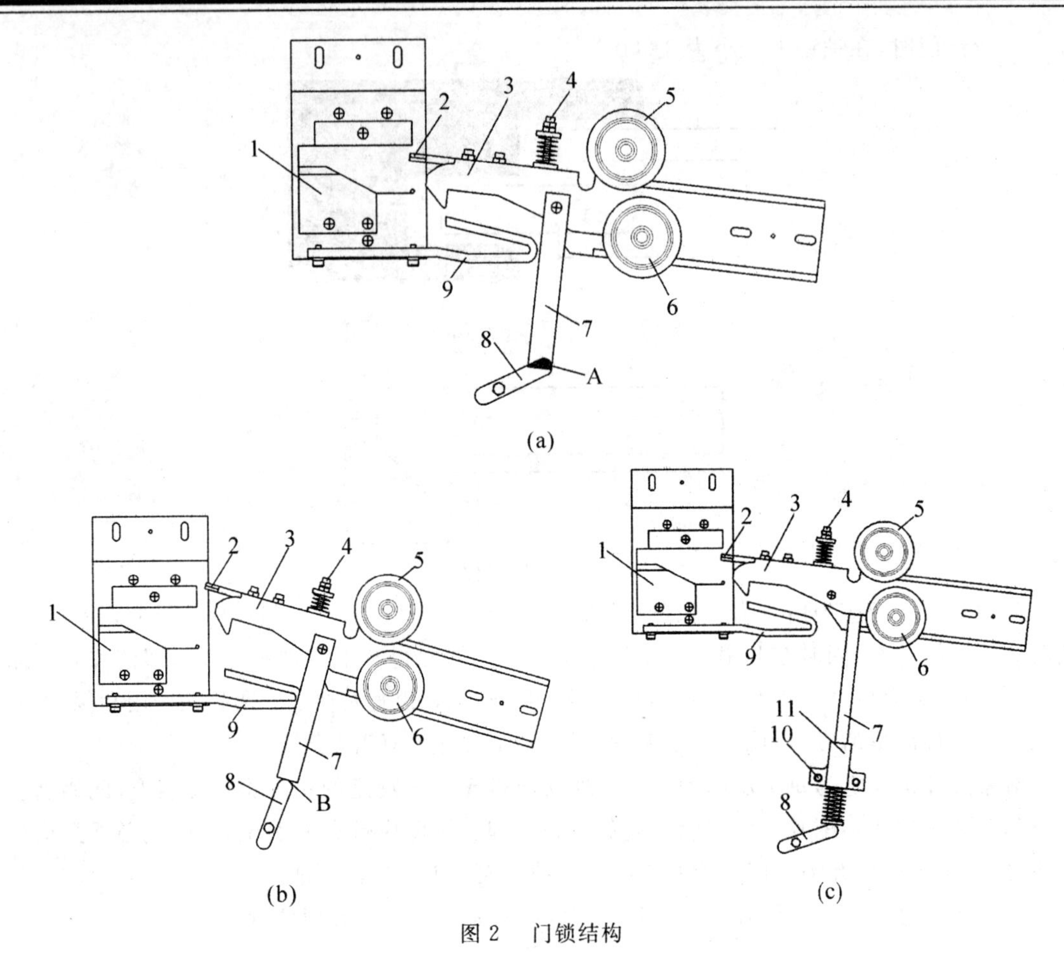

图 2　门锁结构

1—门锁电接点；2—门锁导电片；3—锁钩与锁杆；4—复位机件；5—滚轮；6—滚轮；7—开锁摆杆；8—开锁拨块；9—锁闩及支架；10—紧固螺钉；11—开锁杆套

如图 2(c)所示，紧急开锁是通过开锁拨块转动顶起开锁摆杆，进而推动锁钩脱离锁闩，开锁杆套一般是由聚乙烯材料制成，通过紧固螺钉固定在层门上。笔者在平时的实际检验中常常发现这种门锁装置出现故障，由于紧固螺钉是通过人力调节紧固力，很大程度上会受到主观因素的影响，而且开锁杆套是聚乙烯材料，容易在调节紧固力的同时产生变形，当开锁套杆变形量达到一定程度的时候就会将开锁摆杆卡阻，进而导致在完成紧急开锁后锁钩不能够复位的现象。

一旦出现如图 2(a)(b)(c)所示的 3 种卡阻显现，将会导致该层层门门锁装置失效，该层层门就很容易被打开，特别是在一些井道中风特别大的情况下，层门通过重块或者弹簧而确保其自动关闭的装置将会由于风的阻力而失效，层门被打开的几率就大大增加。如果轿厢没有停在该层，有可能会出现层门打开，轿厢不在该层，乘客由于习惯或者疏忽踏入井道而产生坠落事故。

在进入井道进行检验时，除了检查门锁装置，验证其闭合位置的电气安全装置元件也同样是我们检验的重点项目。

当门锁电气安全装置元件采用弹簧式时，触点弹簧的压缩量应大于等于 3～4 mm。当采用插入式时，触点的插入深度应大于等于 7 mm[4]。门锁电气安全装置元件都应采用分离式

(动离)开关,严禁采用一体式开关,以防止误动作。

如图3所示为常见的两种门锁电气安全装置元件:

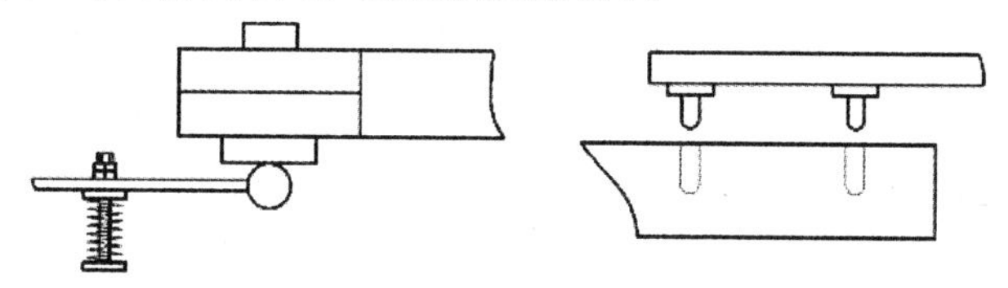

图3 门锁电气安全装置元件

笔者在检验时发现这两种门锁电气安全装置经常出现故障,并且其故障率很高,有的甚至可以达到50%,也就是说一部电梯其门锁电气安全装置发生故障的层门数占其总层门数的50%。对于这种故障率很高的电梯,需要频繁对其门锁电气安全装置元件进行调节,以确保电梯的安全运行,大幅度增加了维保人员的工作量。

由于门锁装置闭合时产生的震动和灰尘的附着使得电气安全装置的触点会出现不同程度的变形或者接触不良是发生故障的根本原因,在这种情况下将会导致扒门停车或者电梯正常运行时突然停止,容易对轿厢中的乘客产生不可预知的危害。

分析和总结电梯门锁故障是为了预防和降低电梯事故发生率,鉴于以上几种电梯门锁故障形式,笔者总结了以下几点预防措施。

(1)电梯检验员在检验电梯门锁装置时,如果遇到如图2(a)(b)(c)所示3种门锁或者是相似门锁,首先检查其外观、分析其使用环境,是否出现变形或者腐蚀;其次人为动作电梯门锁的紧急开锁装置,检查其是否通畅,有无卡阻现象,人为动作电梯门锁,电梯检修运行,检查其电路是否通路;再次电梯检修运行,人为施加大于等于300 N的力于门的开启方向,检查其是否扒门停车;最后汇总问题,现场向电梯维保单位和电梯使用单位提出所存在的不合格检验项目,开据特种设备检验意见通知书,要求电梯维保单位和电梯使用单位限时整改,并且告知电梯使用单位立即停止使用该电梯。虽然《TSG T7001—2009特种设备安全技术规范》中对电梯门锁的检验方法要求抽取基站、端站以及20%其他层站层门,但是笔者认为当遇到怀疑的门锁装置时,检验员应该加大检查力度,对每一个门锁都应该仔细检查,彻底排查隐患。

(2)电梯维保人员在电梯维保时应当把门锁装置作为检查的重点,对检验机构提出的问题应当及时整改,整改完成后在规定的时限内反馈给检验机构并且通知检验机构进行复检。

(3)电梯使用单位应当妥善保存好电梯使用资料,做好电梯运行故障和事故记录,全力配合电梯检验机构和电梯维保单位对电梯进行检验,对于电梯检验机构所提出的问题,电梯使用单位应当全力配合电梯维保单位解决问题。

3 电梯门锁啮合深度的检验方法

根据《TSG T7001—2009特种设备安全技术规范》中对自动关闭层门装置、紧急开锁装置、门的锁紧、门的闭合的安全要求和检验方法进行了详细地说明,其中在门的锁紧这一项中有以下规定。

(1)每一个层门都应该设置门锁装置,门锁的锁紧力应当由重力、弹簧或永久磁铁来产生和保持,即使弹簧或永久磁铁失效,重力也不应使其开锁[5]。

(2)轿厢应当在锁紧元件的啮合尺寸大于等于7mm时才能启动[5]。

(3)应当设置一个电气安全装置用来验证门的锁紧，此电气安全装置应当通过锁紧元件进行强制操作，使其动作可靠，并且没有任何中间机构，能防止触点的黏连和误动作[5]。

(4)如果轿门也使用了门锁装置，该装置也应当符合上述有关要求[5]。

其中对门锁啮合尺寸的检验方法规定为先通过目测，目测锁紧元件的啮合情况，如果怀疑啮合长度不足时，再通过测量的方法，测量电气安全装置元件的电气触点闭合瞬间时锁紧元件的啮合长度。

但是在平时的检验工作中，因为在轿顶进行检验时，由于轿顶灯光、轿厢的震动、门锁装置的形式多样、测量工具的精度、检验人员自身的测量方法和水准等种种原因，很难准确地把握和测量电气触点闭合瞬间时锁紧元件的啮合长度，大多都是依靠目测。因此本文提出区域标记法，原理是在门锁装置设计生产阶段，在锁钩或者锁闩上标记出安全的啮合区域，此安全啮合区域深度必须大于等于 7 mm，如图 4 所示。

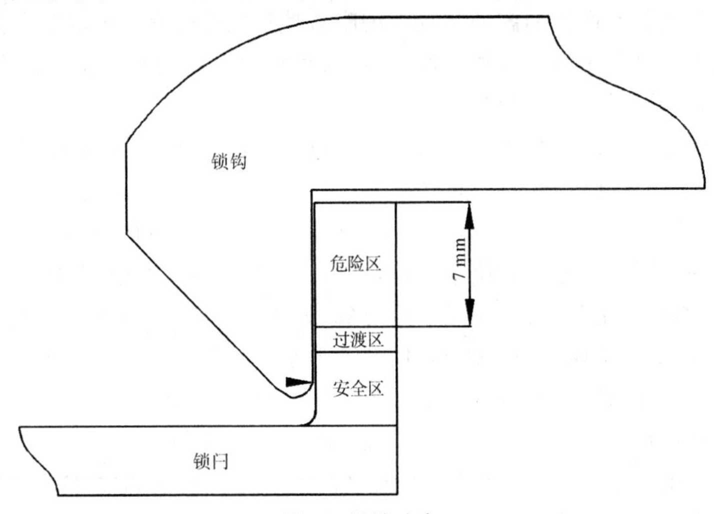

图 4　门锁啮合

图 4 中的锁闩上的标记将啮合深度分为 3 个区域，分别为安全区、过渡区和危险区。当锁钩上的箭头指向危险区内时，就表示啮合深度小于 7 mm，啮合深度不够；当锁钩上的箭头指向过渡区时，就表示此时的啮合深度大于等于 7 mm，处于一个过渡阶段，因为电梯门锁装置在运行的时候会产生振动，所以过渡区的设置是很有必要的，建议过渡区的长度可以设为 1～3 mm；当锁钩上的箭头指向安全区时，就表示此时的啮合深度已经足够。

如图 4 所示的只是其中一种区域标记法，门锁装置的形式很多，所以区域标记的形式也有多种，但是锁钩或锁闩上的区域标记应当能够防止由于电梯层门的震动和井道环境而产生的磨损和腐蚀，并且此区域标记应当醒目以便检验人员能够方便快捷地判别出锁紧元件的啮合深度是否符合要求。这样就能够提高检验人员在检验井道时的检验效率和门锁检验精度，进而降低门锁故障率保证电梯的安全运行。

4　总结

本文只对门锁装置的故障进行了分析，电梯事故的产生来自多方面原因，为了预防和减少电梯事故，我们应该从电梯的设计制造、安装、管理、维护保养、监督检验和定期检验着手，提高电梯的设计制造标准，规范电梯的安装程序，加强电梯管理和电梯安全知识的宣传，提高电梯的维护保养质量，加大电梯检验力度等措施，只有这样才能够消除电梯的安全隐患，为人们带来安全舒适的乘梯环境。

参考文献

[1]　中华人民共和国国家质量监督检验检疫总局．GB 7588—2003 电梯制造与安装安全规范[S]．北京：中国标准出版，2003.

[2]　朱亮．门锁失效形式分析[J]．中国机械，2014(12)：184－185.

[3]　敬东．电梯门锁安全浅析[J]．中国科技博览，2010(13)：234.

[4]　顾德仁．电梯电气原理与设计[M]．苏州：苏州大学出版社，2013.

[5]　中华人民共和国国家质量监督检验检疫总局．TSG T7001—2009 电梯监督检验和定期检验规则——曳引与强制驱动电梯[S]．北京：新华出版社，2009.

（该论文发表于《中国电梯》2017 年第 5 期）

电梯安全检测技术与维护

刘龙

(陕西省特种设备质量安全监督检测中心　陕西 西安 710048)

摘　要:为有效遏制电梯事故频繁发生,应加强对电梯运行的日常巡视,强化电梯钥匙等管理制度的落实。为此,必须在充分了解电梯安全检测技术现状的基础上,对其实施安全检测技术与维护,并采取安全管理措施有效提升电梯的安全性能。

关键词:电梯安全;检测技术;维护;现状;安全管理

0　引言

随着经济社会的快速发展,电梯使用量急剧上升,目前,其使用量还在每年15%的不断递增。近年来,电梯安全管理水平不断提高,电梯安全状况总体良好,但也存在部分电梯管理责任主体不落实、维护保养不到位、老旧电梯维修不及时以及部分电梯维修更新资金难以落实等问题,电梯事故风险较大,电梯困人等故障频繁发生。

根据省质监局电梯安全监管工作方案,结合电梯使用情况,必须制订安全检测相关技术规范,统一部署开展电梯安全监管工作。

1　电梯安全检测技术发展现状

最近几年,随着世界上各发达国家对网络、计算机技术、通信技术使用的日益成熟,人们已逐渐开始将其渗透于电梯安全检测技术当中。电梯安全检测技术水平高低直接影响着电梯管理、电梯结构设计、设备检测等工作。然而,由于我国经济水平、技术水平、电梯建设规模较之国外存在较大一段差距,加之信息沟通不及时、不顺畅,电梯设备、部件生产企业规模普遍较小,对社会需求与技术研发趋势认识不足,使我国现行电梯安全检测技术水平上升空间广阔。另外,改进检测技术,并将技术转变为工程所需实用价值,需要投入大量的资金与资源,尤其是电梯这类技术性、专业性较强的检测技术。整体看来,我国电梯安全检测技术大多停留在传统的射线、涡流、磁粉等层面上,电梯导轨自动检测、大轴完整检测等许多技术难题都需要在今后的研究中逐一解决。

2　电梯安全检测关键技术

2.1　安全部件检测技术

电梯安全部件检测主要包括对安全钳、限速器、缓冲器和门锁等的检测。安全钳的检测:

首先，需要根据不同类型安全钳（如瞬时式安全钳、渐进式安全钳等）有区别地进行检测；其次，对安全钳导靴磨损程度、安装、轿厢偏载等各相关因素进行综合考虑。限速器的检测需要对机械动作速度与电气设备进行逐一复验，并对机械动作后的夹绳装置或钢丝绳装置进行附着力检测。缓冲器的检测，还需要在液压缓冲器与弹簧类蓄能型缓冲器对比试验与实际应用的不断研究中进行进一步验证；门锁的检测必须在能够满足电梯安全触点要求的前提下进行。另外，电气控制系统的检测需要各电梯负责部门严格按照国家相关标准对电梯电气控制系统进行验收，只有控制系统安全性能符合国家标准才能够投入使用。

2.2　机械振动检测技术

在电梯日常运行过程中，由于受导向轮偏差、曳引机运转误差、钢丝绳直径偏差、曳引轮绳槽误差、部件安装误差、导轨质量等诸多因素影响，使电梯极易产生机械振动，这种机械振动对电梯安全有着极大的负面影响。一旦电梯产生较大机械振动，就很可能引发安全事故。有关试验数据表明，当电梯振动强度和振动频率增加时，人们对由此而带来的身心感受也随之加强。因此，为向人们提供一个安全舒适的电梯环境，保证人们生命安全，减少事故损失，就需要利用先进检测技术对电梯机械振动及其强度与频率进行准确检测。例如，目前采用最多的专业振动测试分析仪，该仪器可以对电梯运行过程中的机械振动情况进行有效地检测与控制。一般情况下，电梯正常运行时轿厢内振动范围应控制在 15 cm/s 以内，电梯运行方向振动范围应控制在 25 cm/s 以内。当电梯发生故障时，要及时将故障发生的具体位置与类型及时准确检测出来，并及时找到电梯机械振动产生的根本原因，从而采取有效的解决措施，将故障及时排除，将机械振动控制在安全范围内。

3　电梯安全检测技术的日常维护

（1）电梯系统的日常维护主要是指对机械传动系统构件（如制动器、限速器、曳引机、安全钳、缓冲器和钢丝绳等）的维护。对于制动器的日常维护，除了需要切实履行好日常巡检工作之外，还必须确保制动器动作可靠、制动力足够满足电梯正常运行需求。此外，在检查过程中，对于磨损较严重的制动衬应及时更换，保证制动衬磨损厚度低于原厚度的 1/3。在启动制动器闸瓦时，应严禁其与制动轮之间发生碰触，同时定期向制动器各轴销涂抹适量的润滑剂，以保证其均处于良好的润滑状态之下。

（2）限速器的日常维护，需要定期检验，并定期对限速器轮槽进行清洁处理，将油污灰尘清除，为限速器提供良好的工作环境，并保持限速器轴销润滑，夹绳器无磨损并具有足够的夹持力。曳引机作为整套运动系统的核心构件，在工作时必须消除振动、杂音等因素的干扰，并且还要保证其与电动机之间连接紧密可靠。安全钳的维护内容主要是保持钳座固定与传动机构拥有足够的灵活性，安全钳楔块与电梯导轨动作一致、间隙均匀。

（3）缓冲器的日常维护，对于液压式缓冲器应防止柱塞发生锈蚀，保证油量适中，缓冲器下落可顺利触及开关，复位为手动式复位。当液压式缓冲器完全动作并且承压力全部消失后，应在 120 s 内将其完全释放，使其恢复至初始位置。对于弹簧类缓冲器，应防止其表面出现锈蚀和裂缝，且动作一段时间后能够恢复至原始形态。钢丝绳的日常维护需要定期对其张力进行调整，以保证其受力系数均匀，同时还要对钢丝绳表面进行清洁处理，去除油污。

4　结束语

电梯与人们日常生活息息相关，是人们日常生活中重要基础设施之一。本文从电梯安全检测技术发展现状、关键技术与维护3方面进行了详细探讨，并总结出要想真正提高电梯运行安全性，提高电梯安全检测效率与准确性，就必须将检测技术与维护措施有效结合起来，在改进电梯安全检测技术、做好各项检测工作的同时，切实做好电梯传动系统各个构件的维护工作。电梯安全检测单位严格执行相关法规和安全技术规范的要求，切实做好电梯安全检测与维护保养工作，重点监护和调试电梯制动器、门锁等重点部件，密切跟踪设备运行情况，确保电梯处于安全运行状态。对违法违规的行为要依法严肃处理，保障人民群众生活安全与便利，维护社会的和谐稳定。

参考文献

[1] 杜阳．电梯安全检测技术与维护[J]．技术与市场，2015(9)：174.
[2] 黄磊．电梯安全检测技术与维护[J]．工程技术，2016(7)：268.
[3] 陈理．浅谈电梯安全检测技术与维护[J]．工程技术，2016(7)：273.

（该论文发表于《工程技术》2017年第3期）

电梯日常检验检测中存在的问题及对策

奚军泽

（陕西省特种设备质量安全监督检测中心　陕西 西安 710048）

摘　要：随着城市化建设不断加快，城市内高层建筑越来越多，电梯成为高层建筑的重要组成部分，通过电梯能够让人们出入更快捷便利。但是近些年来，电梯运行过程出现各种各样的问题，让人们感到非常不安。对此，文章首先分析了电梯检验检测的重要性，接着分析了电梯日常检验检测中存在的问题，并提出具体的解决对策。

关键词：电梯检验检测；存在问题；对策

0　引言

随着改革开放进程的深入发展，我国社会经济以及科学技术得到迅猛发展进步，城市建设过程中出现了越来越多的高层建筑物，为满足人们日常的工作、生活需求，从而加大了电梯的使用程度。电梯的稳定、安全运行，是关系到人们生命、财产安全的焦点问题之一。因此，对电梯的安全性检验检测尤为重要。电梯的安全检验检测工作较为复杂、系统，其专业技术要求也较高，这就对电梯的相关设计、制造、运输与安装等过程提出了更高的要求。

1　电梯日常安全检验检测的重要性

事实上，电梯检验检测主要目的就是电梯运行时，避免电梯零件或者局部设备发生故障，从而影响电梯正常运行，引发安全事故。从这个论点可以推论，电梯检验检测工作就是检测电梯的零件及设备的性能与质量，及时发现零件故障并处理，确保电梯运行安全。国家建设部也出台电梯规范标准，标准中明确指出，当电梯运行使用前检验检测工作是必须执行的工作，并介绍了电梯检验中极易忽视的一些问题，并且强调这些极易忽视的问题是检验的重点内容，尽量避免发生电梯安全事故，确保电梯质量及电梯运行安全。

2　电梯日常检验检测中存在的问题

2.1　电梯现场检验检测不合乎规定

国内电梯检验检测工作中，存在着很多条件不达标的情况。有部分检验检测人员在进行电梯的检验检测时，不配戴安全防护用具，不采用辅助工具，仅依靠传统的人工经验，易出现较大的安全隐患。例如在工程竣工之前，某些电梯供电条件和国家的规定不符合，多为临时电，没有采用国标规定的三相五线制或者三相四线制供电。此外电梯电力线路排列较为混乱，多处接地线路不合理、不完善、不安全，存在漏电导致人员触电的危险。同时电力输送中出现的电压也未达到国家标准，电压波动范围过大，稳定性极差，会导致检验检测结果失真，令电梯日常检验失去其应有的作用和意义。

2.2 电梯安装自检工作不全面

按照相关的法律法规，安装单位自检是电梯监督检验的基础性依据，检验人员需要对安装自检报告进行详细的阅读。但往往使用单位、维保单位对自检报告重视程度并不高，使得自检报告中检验结果出现了描述不清、判断不准、测量不对等诸多问题，阻碍检验工作，给检验人员造成一定的影响。例如，某些单位在检验中并未进行检验就上报检验报告，这在一定程度上增加检验工作难度；有些电梯安装单位虽然进行了自检，也出具了相应的检验报告，但是由于自检报告上内容简单，填写数据和实际数据存在着较大的误差，远远超过国家标准允许的误差，从而为检验工作人员提供了错误的引导方向，增加了检验的难度和工作量。

2.3 安全防护措施不健全

当前，国内电梯检测工作中，往往对人员的管理都不是十分重视。一旦出现了紧急情况，人员得不到及时的疏散；在疏散过程中也没有完善的安全保障措施，例如，安全防护栏设置不合理或者是照明装置缺失等；在检测过程中，如果出现较大的噪声干扰、电磁干扰，会导致检测的真实性以及检测的准确性大打折扣；此外，电梯控制中枢中一般都是比较简陋的，安全等级、防护等级相对较低，装修、装饰材料防水防火性能不达标，易引发安全事故。

3 应对电梯检验检测中问题的策略

3.1 加强电梯的定期检验

按照国家相关法律、条例的规定，需要对电梯的安全性能进行定期检查，知悉安全隐患。做好定期检验也是为维保单位更好的维护奠定基础，为管理电梯提供技术保障，从而有效避免安全事故的发生。定期检验的主要内容：①对电梯电气系统进行检测。目前为止，电梯安全事故，一般都是由于电气控制系统故障导致的，门区是电梯事故中最常出现安全隐患的位置；②做好安全部件检测。进行安全部件检测需要对限速器、制动器以及安全钳这三个关键部件进行检测，尤其是限速器需要进行定期的安全检测。保证这三个安全部件全部安全，才能在最大程度上保证电梯的安全运行。

3.2 加强电梯的监督检验

按照我国的相关条例，电梯进行安装、改造、重大维修过程中，需要按照相关的监督规定进行检验：①电梯安装需要经过监督检验合格后，方可出厂以及交接；②需要对电梯的出厂资料进行监督审核，保证其资料的完整性。机房应严格监督其是否按照规定进行设计，井道设计是否合理，电梯各个系统、部件能否按照相关的规定正常运行。整机检测，要进行运行试验、载荷试验、联动试验、消防试验、缓冲器试验,保证实验合格后才能出厂;③监督检验需要建立电梯技术档案、管理档案以及电梯运行管理制度。

3.3 电梯检验检测现场的安全管理

(1)现场检验员的安全要求。在进行现场检验时,需要检验检测人员佩戴安全帽,登高作业时佩戴安全带,穿戴统一的工作服,并持有相关的上岗资格证。相关负责人员需要根据实际情况进行检验检测方案的确定,保证检验步骤正确,确定检验流程科学合理,同时需要多名检验人员进行相互监督,在检验过程中要及时沟通联系,及时了解工程进度。在进行电梯检验过程中,如果出现有损于检验人员心理、生理性危险,应当立即停止检验工作,防止安全事故的发生。对于危险区域的检验工作,需要保证至少有两名检验人员;同时检验人员要有良好的自我控制能力,严禁酒后作业。

(2)受检单位及维保单位需要满足电梯检验的现场安全。电梯安装单位,在进行电梯检验中,对待工作不容疏忽,要在检验工作开始之前,对自检发现的问题进行及时地纠正,保障检验人员的安全。

(3)电梯使用单位需要进行检验工作的配合。电梯使用单位,需要对电梯检验进行全力配合,在井道口进行防护措施的安置,保证施工和检验的安全。同时,还应当及时做好消防安全工作,在检验现场不能出现易燃易爆等物品。此外,应当注意电源的安全使用,在总电源处应当进行保护开关装置的设置,保证现场的用电安全。

4 结束语

在当前的电梯日常检验检测中,存在着一些问题,危害了电梯运行的安全,使使用者的人身安全受到了侵犯。因此,在电梯检测过程中,应注重对存在问题的分析和解决,提高检测工作的真实性和可靠性,保障电梯运行的安全与稳定。

参考文献

[1] 刘晓冀,谭剑.电梯定期检验常见问题的分析与解决对策[J].山东工业技术,2016(11):289.
[2] 陈洪国.电梯检验中存在的问题及对策[J].技术与市场,2016(5):126-127.
[3] 刘银忠.关于电梯检验中存在问题的研究[J].现代国企研究,2015(14):192-194.
[4] 杨晓哲.电梯检验检测质量对照性评估方法研究[J].科技资讯,2015(15):66.
[5] 徐文君.关于电梯日常检测中存在的问题及其对策[J].科技创新导报,2011(35):70.

(该论文发表于《建筑工程技术与设计》2017年第7期)

电梯检验检测工作及检测现场的安全管理

王海平

(陕西省特种设备质量安全监督检测中心　陕西 西安 710048)

摘　要:电梯检验检测工作事关电梯的安全运行,而一旦电梯故障,不仅会影响到人们正常的工作和生活,同时也会威胁到乘梯人员的人身安全。在电梯事故偶发的社会背景之下,文章结合具体的工作经验,浅析电梯检验检测工作及检测现场的安全管理。

关键词:电梯检验检测工作;检测现场;安全管理

0　引言

随着我国国民经济的不断发展和房地产要求的不断提高,电梯作为高层建筑主要的交通工具,与我们的生活密切相关。在我们的生活当中,很多人都不重视对电梯的检验检测保护以及维修,忽视了电梯安全在我们生活中的重要性。希望可以通过本文的介绍,提高大家对于电梯安全的重视度。

1　电梯检测技术概述

1.1　目视检测

这种检测方法是生活中使用最普遍的一种检测方式,通过观察电梯的外观,甚至可以通过手动相关的功能开关来检测有关功能的具体使用情况。另外还可以用具体的测量工具游标卡尺、卷尺、钢直尺来进行精密的测量并且通过相关的计算来检查电梯运行当中,各部件设置的有效性。另外,值得注意的是,各种功能开关是否存在短路或者断路的情况,各部件是否超出了安全尺寸的范围。

1.2　仪器检测

1.2.1　电梯曳引钢丝绳的漏磁检测技术

这种检测的方法就是通过具体的钢丝绳的探头采用了永久性磁铁,在具体的检测过程中将钢丝绳穿过磁铁。并根据相关电磁学原理,利用霍尔元件或者感应线圈,跟传感器来收集漏磁场的变化信号。再将具体的检测信号,经过放大滤波等处理后,输入计算机中,根据计算机中显示的脉冲信号,来判断电梯运行是否存在安全隐患问题。

1.2.2　电梯的噪声测试技术

这种技术主要采用声级计，具体的工作原理是根据电梯运行时发出的噪声进行科学地计算，判断噪声的最大值是否在合理值的范围内，还要采用多次测量取平均值的方法避免误差的存在。在检测过程中，检测人员主要使用万用表、数字兆欧表、温湿度计、照度计、游标卡尺、塞尺等工具开展检验工作。

2　电梯检验检测工作

电梯检验检测工作的重点应为电梯控制系统检测、安全部件检测，其中电梯的安全部件主要包括以下三种：缓冲器、安全钳和限速器，尤其是限速器，国家明文规定需定期对其进行校验。关于安全部件的检测，常用的检测手段为试验，即分别开展以下试验。

轿厢上行超速保护装置试验，即轿厢上行超速保护装置在电梯上行超速的条件下动作，以制停轿厢或使之速度下降到对重缓冲器允许的范围以内；耗能缓冲器试验，即缓冲器在电梯失控下行且限速器安全钳不动作的条件下动作，进而通过与轿厢接触使之制停；轿厢限速器与安全钳联动试验，即在电梯超速运行的条件下，通过限速器动作来启动安全钳，以使轿厢停在导轨上，而不至发生高速坠落事故；上行制动试验，即按额定速度向上运行空载轿厢至1/2行程时，切断主电源，以确保拽引轮制动器可靠制停轿厢，且制动距离处在设定范围以内。

电梯定期检验是及时了解电梯安全性能和排除电气安全隐患的重要手段，因此也应重视电梯的定期检测。除上述内容以外，在电梯检验检测工作中，还应注意对各种潜在危险源的识别，比如挤压、撞击等机械伤害事故危险源；电磁伤害、触电事故等电气伤害事故危险源。

3　电梯检验检测的安全管理

3.1　**提高安全意识**

提高安全意识，适应社会的发展，也是特检工作的需要。检验检测人员的安全意识与人的素质有着直接的关系，人的素质是以人的生理和心理实际作基础，以其自然属性为基本前提的，有些人的素质先天就高，而有些人的素质先天低，而通过学习、培训和社会实践得到很大的提高，但有些个别的人先天素质低通过后天努力也无法提高，因此提高安全意识的主要方法就是进行专业学习和专业知识的培训，那些天生素质高的人也需要后天不断的学习才能使素质得到不断地提高，如果后天不努力也会不适应社会的需要，因此，提高特检人员的素质最佳的方法就是采用安全培训的方法提高他们的各方面的素质，使他们适应工作的需要。因此作为特检部门每年要制定严格的安全培训计划，向他们讲述相关的安全方面的知识、国家相关的法律法规和案例，结合对一些案例的剖析让他们了解安全的重要性，了解安全事故发生经过及发生的原因，总结出避免安全事故发生的手段和科学的方法，并且举一反三，使他们在今后的工作中杜绝“违章作业、违章指挥、违反劳动纪律”事件的发生。

3.2　**提高安全制度的执行力度**

安全制度的执行力度要提高，安全制度不能停留在嘴上，要落实在实际行动上，如进入工作环境一定要带安全帽、劳动保护；高空作业必须佩带安全带；进入电梯内部检查时一定要由专人进行监护等，这些安全规定都是用鲜血换来的，因此一定要严格执行。同时对于检验部门的相关领导要时刻对检验检测人员进行监督检查，对违反制度的检验检测人员一经发现立即处理，提高他们的执行力。同时在对电梯检验前，一定要做好前期的安全检查工作，在检查前要停止一切生产活动，如电机是否还在运行、电焊工是否还在作业、搅拌是否还在转动等，在进入检查环境前，要检查检验环境是否适合检查，温度、压力及粉尘等是否符合检查人员的工作，如果不适合应立即停止，待到符合要求后再进入检验现场继续工作。环境要求十分关键，有些环境要求在法律法规及安全制度上没有规定，但在检查时一定勤于总结，始终保持“预防为主、安全第一”的思想进行检验工作。

3.3 加大资金投入，提高检测设备的先进性

检测设备的先进性关系到检验检测人员的人身安全，如果检验检测仪器先进，就可以避免特检人员进入到危险的环境中去，同时检测的速度就快，置身于危险环境之中的检验人员也能够快速地离开检验现场，目前在国外，一些危险性大的检验环境已经采用机器人进入到危险的环境进行特检，如在核工业中对核设备的各种特殊检验等。同时采用先进的检验设备能够更加准确的检验处被捡设备上的一些缺陷，避免安全事故的发生。因此电梯检验检测机构要加大对检验检测设备上面的投入，增加检验检测的准确性，在减少安全事故发生同时保证安全检测人员的人身安全。同时要按时对检测仪器进行效验、维护和保养，使检验仪器安全、正常和稳定的运行。如在检验电梯的过程中是要求携带的仪器仪表有常用钳工、电工工具；必备的劳动防护用品及安全装备；水平仪；经纬仪；摇表；万用表；秒表；钳型电流表；数字温度计；声级计；接地电阻测量仪；电筒；钢直尺；钢卷尺；内外卡尺，专用手提携带箱。

4 结束语

电梯检验检测工作的开展是保障电梯安全、稳定运行的重要条件，而检验现场安全管理又是保障检验人员安全和检验工作正常开展的重要手段，因此要重视电梯检验检测工作及检测现场安全管理工作。

参考文献

[1] 马建蔚．电梯检验检测工作及检测现场的安全管理[J]．化工管理，2016(6)：143.

[2] 朱宗标．电梯的检验检测工作与检测现场安全管理的探讨[J]．建材与装饰，2015(50)：168－169.

[3] 陈勇鑫．浅析电梯的检验检测工作及检测现场安全管理[J]．价值工程，2011(12)：255.

（该论文发表于《建筑工程技术与设计》2017 年第 7 期）

电梯的安全隐患及对策

汪琳娜

（陕西省特种设备质量安全监督检测中心　陕西 西安 710048）

摘　要：电梯设备在实际中的应用虽然具有较大作用及价值，然而在电梯运行过程中存在的安全隐患也会对人们生命安全造成一定威胁。因此，在当前电梯设备实际运行过程中，十分重要的一项任务就是应当分析电梯设备所存在安全隐患，并且要在此基础上选择有效安全保护措施，防止安全隐患出现，从而更好保证电梯能够得以正常安全运行，使其作用能够得以更好发挥。

关键词：电梯；安全；隐患；对策

1　电梯设备安全隐患分析

1.1　电梯门系统安全隐患分析

在电梯设备实际运用过程中，由于电梯门系统所存在的安全隐患而导致安全事故发生率比较高，这主要是由于电梯设备自身结构特点而决定的。对于电梯设备而言，其在实际运行过程中电梯门开闭发生率比较高，其相关装置在实际应用过程中很容易有老化情况出现，最终造成其性能可靠性有所降低，这种情况的存在会在很大情况下造成电梯安全隐患有所增加。对于电梯门而言，其故障发生因素主要就是由于电梯门锁未能够及时接通。在电梯实际维护过程中，有些工作人员为能够使门锁路故障率得以降低，使原门锁开关与永磁感应器进行并联，使感应器位置和电梯门开关方向保持平行，在关门到位情况下，在电梯门上连接的隔磁板便会向永磁感应器中插入，由于永磁感应器并联原门锁，导致门锁电气安全触电开关不再具备验证功能，无法对电梯门闭合状态进行验证，最终所导致结果就是即便锁紧装置失效，电梯仍旧能够正常运行，这种情况很容易导致发生剪切及坠落事故。

1.2　电梯制动器安全隐患分析

在电梯制动器有故障发生情况下，会导致电梯在实际运行过程中有突然下降或者突然上升的情况出现，导致出现安全事故。该故障主要表现就是在电梯停止情况下，制动器无法对下闸进行准确制动，因此电梯会有突然下降或者上升情况出现，乘客在进出电梯时可能会受到剪切。在电梯实际运行及停止方面，制动器属于重要控制装置，该装置性能与电梯使用安全具有直接关系。电梯制动器故障主要包括两种，即机械故障与电气故障，两种故障的出现均会电梯使用安全造成严重影响，无论有哪种故障出现，均应当使电梯停止运行，从而保证人员安全。

1.3 电梯安装维修不到位

电梯安装质量在一定程度取决于电梯未来是否能安全运行。然而在现实中大部分电梯安装质量都普遍较差,多因安装单位没有根据自身实际情况就盲目接手电梯安装工程,以至于电梯安装工作人员无法满足设计图纸要求。部分电梯安装单位在上述情况下就选择将项目转包给电梯安装队并收取高额的委托费用,但被转包单位人员数量较少以及没有获取电梯安装许可证,再加上技术水平不达标,安装工具简陋,导致电梯安装质量较低。此外电梯制造商和维保单位因近年来大力增加的电梯数量都意识到维保市场中的利润,大部分企业为了在此领域分羹就开始以相互压价的策略展开竞争。毫无疑问,维保费用过低必然会降低维保质量,还有可能出现存在故障无人修理情况,长期以往形成巨大安全隐患。

2 电梯运行安全保护对策分析

2.1 建立健全的安全管理机制

建立质监安全监查、行业监督管理、企业全面负责、政府统一领导、社会监督支持的健全的安全管理体制,这样才能够为电梯的安全管理和运行提供强有力的保障。第一,要清楚电梯安全管理部门以及使用单位的相应责任,各个部门对实际当中存在的一些问题要进行协调和团结协作,将安全管理的工作做好,保障电梯的正常运行。第二,要清楚安全管理主体的责任,电梯产权人、电梯承租人等,一些物业服务企业以及电梯的实际使用者都可以是电梯的使用单位,尤其是住宅小区的电梯,要清楚电梯的管理主体,一般管理主体是物业,假如不能够落实电梯管理的主体,那么就应该停止使用电梯。物业公司在设置管理部门和管理人员的时候,要依照规定来,将完善的安全管理体制建立起来,督促维保对电梯进行日常维护和管理,在排查和检查中做好记录。最后,要将电梯安全风险信息通报制度建立起来。相关责任人应经常性地召开一些安全检查的会议,争取在第一时间发现电梯安全管理中存在的问题,这样才能够针对这些问题采取相应的措施从而解决问题,同时,各个部门也应加强信息共享。这样才能够保证电梯得以安全运行,使人们生命安全得以更好保证。

2.2 加强电梯设备检测

对于电梯设备,检验人员应当客观公正地对其进行检测,并且要提供相关检测报告。在电梯运行过程中,系统控制与电梯安全性能之间具有密切关系,若有问题出现,则很可能会导致严重安全事故发生。对电梯安全运行具有影响的主要部件就是应急电气安全开关、缓冲器以及限速器与安全钳,因此对于每个部位应急开关均应当保证其处于有效工作状态,对于每个开关动作,均应当保证可有效制停电梯。在电梯系统中安全钳属于重要部件,在电梯实际运行过程中若悬挂装置出现断开或者失控状态,其能够制止轿厢,使其处于导轨之上,从而降低安全事故发生。在电梯超速运行状态下,限速器能够对其进行保护。因此,在电梯调试过程中,对于这些安全装置均应当进行试验,从而保证其均能够对有效运行,保证电梯运行安全。

2.3 建立电梯应急体系，提高人员素质

针对目前电梯管理和使用情况有必要建立电梯应急体系，根据可能发生的危急情况编制安全事故应急预案。同时建立电梯事故应急救援联动机制，组织电梯指挥人员、公安消防部门及维保单位等对电梯使用单位进行技能培训。加强研究重点场所发生的电梯安全事故原因，制定应急处理方案，减少因事故造成的损失。除此之外应提高电梯工作人员业务能力，相关部门应根据特种设备人员管理制度开展理论和实践测试，推进实际操作考试合理化和仿真化，增强电梯工作人员应急处理和安全操作能力。

3 结束语

在电梯设备实际运行过程中，安全隐患的存在对其正常使用及使用安全性均会造成严重不良影响，所以尽可能消除安全隐患十分重要。在电梯设备实际运行过程中，相关工作人员应当对所存在安全隐患进行分析，并且要通过严格监管电梯设备，进一步完善电梯运行系统，使电梯安全运行得以更好保证，避免出现安全隐患，保证人们生命安全。

参考文献

[1] 钟云峰．谈电梯安全隐患及安全保护措施[J]．山东工业技术，2017(2)：296.
[2] 谢光峰．探讨电梯安全管理中存在的问题及对策[J]．化工管理，2017(6)：165.
[3] 王若蒙．关于电梯发生故障原因浅析[J]．黑龙江科技信息，2017(4)：29.
[4] 胡潇．电梯安全管理中存在的问题及对策分析[J]．科技展望，2017(9)：159.

（该论文发表于《工程技术》2017 年第 4 期）

电梯起重机械检验技术探讨

张　玲

（陕西省特种设备质量安全监督检测中心　陕西 西安 710048）

摘　要：现代化经济的发展使起重机械逐渐成为生产过程中提高生产效率的必备设备，电梯起重机械属于特种设备中关键的组成部分，它在广大人民的生产生活中的地位非常高，电梯起重机械根据载荷运载形式的不同，主体结构也不同，但是随着电梯起重机械的不断发展，从中发现了很多使用及管理上的不合理现象，这就很容易导致电梯出现故障，因此加强起重机械的安全管理，提高电梯起重机械的检验技术是减少故障的有效途径。

关键词：电梯；起重机械；检验技术

0　导言

随着高层建筑在城市的大规模应用，电梯起重机械在人们的生活中已成为不可缺少的代步工具，起得作用越来越大。但冲顶、墩地、溜梯等电梯故障的出现给人们的生活也带来了巨大的不便，严重的甚至危及人们的生命安全。为了尽可能的减少这些故障问题的出现，保障人们的生命财产安全，文章通过对当前已知的电梯起重械的故障特点进行分析，有针对性的提出了一些故障检测与优化改良的措施。

1　电梯中机械故障的特点

1.1　机械疲劳引发的故障

电梯在原有的使用过程中，其自身相关的零件以及使用的器械已经不能够适应现阶段电梯的载荷量，并且在现阶段的发展过程中，有很大一部分的电梯称量装置所使用的都是电磁式的配件和装置。这种使用情况也能够使电梯在使用的过程中长久持续的出现变化，同时也能够接受到载荷信号，这样才能够有利于电梯系统中群控制系统的调节和调度，并且还能够保证电梯拖动系统长久持续地得到载荷的信号，保证电梯能够被良好合理地使用。但是在这一过程中，电梯的启动环节以及电梯在运行的过程中，调节电梯的曳引机电源，能够良好地实现对电梯内部曳引机转矩的使用，这也是保证电梯平稳快速运行的最佳方式。

1.2　润滑系统出现的故障

相比其他部件，电梯门是故障发生率最高的部位。为了保障电梯的安全性，一般会在电梯轿箱的底盘上安装两个微动开关，只要电梯的荷载不超过满载值（满载值一般是极限载重额的80%）只会触发一个微动开关，这时电梯能正常运行；一旦超过满载值就会同时触发两个微动开关，电梯将停止运行，并发出警示，同时电梯门也不会关闭。

2　电梯起重机械检测方式

2.1　目视检测

目视检测的目的就是对电梯起重机械不同功能部件、整体质量以及性能情况进行检测。主要内容：第一，机械部分，包括有金属结构表面质量检查、机械装置检验、几何尺寸测量、载荷试验以及安全保护装置试验等；第二，电气部分，包括有电气保护装置、信号电路、电控装置以及保护接地检验等。方式方面主要依靠人目测的方式进行，可以说是最为直观的检测方式。

2.2　振动测试

所谓振动测试，即通过起动机消振能力的应用，以主梁衰减时间以及自振周期进行衡量。对于振型以及自振频率来说，它是对结构刚度进行综合评价、综合分析的重要参数。主梁在荷载作用下下降或者升离突然制动时，则会产生具有较大振幅且频率较低的振动，并因此对司机的正常作业产生影响，需要在实际操作中引起重视。在实际测试工作开展中，需要在主梁跨中上盖板位置任选一点作为振动检测点，并使小车处于跨中位置，在监测点位置粘好应变片后将引线接到应变仪的输入端位置，将示波器同输出端连接，然后从示波器所记录的振动曲线以及时间曲线方面获得频率，即起重机的自振频率。

2.3　渗透检测

对于起重机械来说，对其开展的检测工作主要针对缺陷类型是裂纹。其中，在表面位置具有开口特征的裂纹具有更大的危险性。有时由于受到结构形状以及材料等方面的影响，起重机械的部分部位存在不利于对磁探仪进行应用的情况，而使用其他方式进行检测，在检测效果方面存在一定的不足。在该种情况下，对渗透检测方式进行应用则成为较为合理、且唯一可选的无损检测方式。

2.4　轿顶称量装置

在电梯的使用中，电梯的轿顶称量装置在使用的过程中，其中所需要使用的称量原件，也是由压缩弹簧所组成的。弹簧装置就是按照杠杆原理所创造出来的，在电梯使用的过程中，其弹簧装置需要设置在轿厢的顶端，但是这一装置还需要使用在电梯的绳头组合上，但是每一个电梯的负载量并不相同，因此其中的弹簧装置还需要安装在轿厢顶端，这样才能够保证电梯在超载的过程中，装置能够及时地感受到电梯超载的情况，并且及时发出警报，这样能够避免电梯由于超载等情况出现故障。

2.5　射线检测技术

钢结构在起重机械制造和安装的过程中，需要采用射线检测技术来检测对接的焊缝。起重机械的主要制作原材料就是钢板材料，其壁并不厚，普通的 X 射线便能够实现检测的功能。使用射线技术进行检测对于钢板或者钢管部件的对接焊缝有所要求，其形状一般较为规则，并且缝的厚度大致相同。射线检测技术一般用于主梁上下盖板和腹板形成的对接焊缝、桥架的组装焊缝等。

2.6 磁粉检测技术

起重机械的主要检测内容就是针对表面和近表面的裂纹。一般情况下，起重机械的钢结构、零部件、焊缝表面都不能出现裂纹，因为裂纹尖端的扩展有四两拔千斤的作用，很容易损坏物件。由于起重机械的材料多使用钢材，磁粉检测技术是发现表面和近表面裂纹最灵敏的方法，因此，通过磁粉检测实现对机械部件中无损害的检测。

2.7 金属磁记忆检测技术

金属结构的内力集中状况的检测是通过金属磁记忆技术实现的。磁记忆属于弱磁检测技术，不需要磁化部件，在地磁场的作用下，在应力集中的地方便可以将磁记忆信号显示出来。如果对部件进行了磁粉检测，但是检测之后没有进行相关的退磁，那部分磁记忆的信号会被其他的磁场信号覆盖。因此，在磁粉检测之前就要进行记忆检测。

3 结束语

电梯起重机械是电梯运行中的重要内容，也是保障电梯运行稳定的重要一环。对电梯起重机械检验技术进行了一定研究，需要在实际工作开展中能够做好把握，以科学检测技术的应用获得准确的检测结果。

参考文献

[1] 李继承．执行《起重机械监督检测规程》存在的问题及起重机机械检验工作的发展方向[J]. 起重运输机械，2010，10(1)：153－154.

[2] 张忠成．起重机械检验中存在的问题及解决措施探析[J]. 中国新技术新产品，2012，11(13)：42－43.

[3] 赵世军．起重机械的使用和安全管理[J]. 大众标化，2003，15(9)：152－153.

（该论文发表于《工程技术》2017 年第 1 期）

电梯检验中的危险源分析与安全保护措施

孟令昊

（陕西省特种设备质量安全监督检测中心　陕西 西安 710048）

摘　要：随着我国经济的稳定发展，使得广大人民的生活方式得到改善。由于电梯已普遍进入众多群众的日常生活，使得电梯的安全备受关注。因此，本文对电梯检验过程中出现的危险源进行分析，并阐述改善电梯检验工作中危险源的安全保护措施，为电梯检验人员的安全提供重要的保障。

关键词：电梯检验；危险源分析；安全保护；改善措施

0　前言

为使电梯能够顺利运行，定期对其进行检验是非常有必要的。由于电梯自身的结构具有特殊性，使得电梯检验工作增加了一定的难度。因此，检验人员应预防高空坠落、机械伤害以及电气伤害的发生，只有使检验人员的安全得到保护，才能使电梯检验工作的实施进度得以顺利进行。

1　探讨电梯检验过程中的基本内容

由于电梯检验工作是一项较为繁琐的工作，导致电梯检验人员忽视了电梯检验的质量。若电梯检验企业未能对电梯检验人员采取安全保护措施，进而致使诸多电梯检验人员在开展电梯检验工作中存在着大量的危险源，甚至还会出现较为严重的安全事故。鉴于此，电梯检验企业将电梯检验工作作为发展的重要方向，针对电梯检验工作中出现的危险源以及安全隐患展开一系列的探讨，根据探讨的结果进行总结，并针对不安全因素制定出相应的改善措施。为使电梯检验工作得以顺利进行，应熟知有关电梯检验工作的基本内容，只有这样才能从根本上降低安全事故的发生机率。

电梯检验工作的基本内容主要包括以下几方面：第一，在开展电梯检验工作的过程中，其开展的状态会直接影响着乘客的满意程度，进而影响着乘客的广泛需求。第二，将电梯的控制程序作为检验工作最为重要的开展方向，这样可以有效降低出现程序混乱的问题，进而避免电梯检验工作出现差错。第三，应按照严格的要求检查电梯内部的各项设备是否正常运行。除此之外，还应检查电梯内部的应急电话以及控制面板是否能够正常运行，为电梯检验工作提供有效的保障。第四，在电梯内部设立有关安全提示，以便电梯发生故障时，乘客可根据安全提示进行操作或是拨打应急电话等方式自救。

2 电梯检验过程中出现的危险源

2.1 存在坠落的安全隐患

由于电梯检验工作是在高空中开展检验作业,发生坠落的安全隐患是必不可少的。若发生高空坠落的现象,这会给电梯检验人员以及设备造成巨大的伤害,坠落事故主要分为以下几个内容:第一,当电梯检验人员打开电梯门准备进入进行检验时,应确认轿厢位置,若未能使轿厢处在打开的状态,电梯检验人员依旧贸然进入井道,这势必会使其坠落到井道内,进而增加了自身的危险。第二,当电梯检验人员进入轿顶后,若轿厢的边缘与井道内壁之间的距离存在着较大的差异性,而电梯检验人员未能及时发现这一问题,很有可能使其从轿厢的顶部坠落到底部,甚至还会出现死亡的现象。

2.2 存在机械伤害的问题

存在机械伤害问题,这是电梯检验过程中最常出现的一种问题,这也使得在电梯检验过程中存在诸多机械伤害问题。在电梯检验工作开展的过程中,机械伤害主要包括以下几方面:第一,电梯检验人员未经允许直接用手去拉轿厢门上的电机,由于产生的电流过大而造成意外伤害。除此之外,还会有传送带夹手或蹭伤身体的危险。第二,在进入机房进行电梯检验时,电梯检验人员未能使曳引轮、导向轮以及限速器等机械零件保持在一定的距离,使得电梯检验人员在检修过程中受到挤压或是剪切等伤害。第三,电梯检验人员在进行试运行的过程中,其身体未能受到很好的控制,在运行期间伸出护栏外,从而使身体与井道内壁及机械零件发生碰撞,最终造成人身伤害等方面。

2.3 存在电气伤害的问题

存在电气伤害问题,这会给电梯检验人员带来一定的危害。由于电梯在运行的过程中,其电压主要是以家庭电压为主,一旦发生安全事故,就会存在诸多影响生命安全的因素。电气伤害问题主要包括以下几种伤害:漏电伤害、电弧烧伤、雷电击伤等现象。若电梯检验人员在雷雨天气进行检修,其电气伤害主要体现在以下几方面:第一,机房中的电线由于长时间未进行更换,使得电线的外表受到一定的损坏,金属线裸露在外,若电梯检验人员未及时注意,就会给自身带来一定的伤害,严重的还会危及生命。第二,由于电梯检验人员所使用的工具未达到检修的标准,或是存在违规操作的步骤,导致检修工具出现漏电的现象,给电梯检修人员的检修工作带来困扰,使得电梯检修工作无法顺利进行。

3 改善电梯检验工作中危险源的安全保护措施

3.1 针对坠落的安全隐患采取安全保护措施

当电梯检验人员打开轿厢门准备进入时,必须是由受过专业培训或者通过考核的检修人员进行操作。在进入轿厢前,电梯检验人员应先确认轿厢处于厅门地坎下,并将检修盒的急停按钮按下,这样才可以安全进入。当电梯检验人员达到轿厢顶部后,其应当有效保证身体的每一个部位绝不能超过轿厢顶部的高度,也不可倚靠在井道内壁上,防止电梯检修人员由于操作失误发生坠落事故[1]。除此之外,电梯检验人员在开展检验工作时,加大对电梯安装细节的重视程度,以此来促进电梯安装达到一定的标准,有效的降低坠落安全隐患的发生。若有需要检验人员爬梯的作业,应采取有目的性的安全保护措施。比如,穿戴防滑的胶底鞋及手套、佩戴安全头盔等,从而避免高空作业发生坠落。

3.2　针对机械伤害问题采取安全保护措施

针对机械伤害的危险源,应采取有效的安全保护措施进行控制,电梯检验人员应从以下几方面入手:第一,对电梯的机房展开检验工作时,应先对机房的整体局面展开大致的了解,积极做好电梯检验的前期准备工作。并针对电梯机房裸露在外的电线以及设备设施,采取有效的安全措施进行保护[2]。比如,通过佩戴防护套的方式,从而使电梯检验人员的生命安全得到高效保障。第二,对电梯进行试运行的过程中,电梯检验人员应先按住电梯的停止按钮,等一切设备都停止运行,电梯检验人员才可以进入进行操作。当电梯检验人员开展检修工作的过程中,其应先确保自身站立的位置正确以及检验工具的摆放位置正确,并定时环顾电梯四周的环境,从而有效避免高空坠落物体砸到检验人员,使得其生命安全得以保障。

3.3　针对电气伤害问题采取安全保护措施

若遇到雷电天气,电梯检验人员应减少外出检验的次数。若必须外出进行作业,检修人员应先采取保护措施,穿戴好防雨工具并选用绝缘性能好的检验工具,有效降低发生雷击的现象。当检验人员进行高空作业时,应有效远离线路较多的地方,从而降低自然灾害的发生机率[3]。除此之外,在开展拆线作业的过程中,应先将电梯的总电源关掉,认真排查是否还存在电路老化以及漏电现象的发生,积极做好前期准备工作,制定发生故障的紧急预案,从而使电气伤害问题的发生降低到最小,进而提升电梯检验工作的开展进度。

4　结论

综上所述,在开展电梯检验工作的过程中,应使电梯检验人员对电梯检验中的危险源有着深刻的认知,不断提升自身的安全保护意识,采取有效的防护措施并严格按照指导书要求进行操作,从而确保电梯检验能够顺利进行。因此,为使电梯检验中的危险源得到有效降低,应对电梯检验人员做好安全保护措施,从而为电梯检验企业的发展做出巨大的贡献。

参考文献

[1]　阿吉木·阿不来,吐尔洪江·托合提.电梯检验中存在的危险源及防护措施探讨[J].黑龙江科技信息,2017(11):132.

[2]　江斌.电梯门系统的常见安全保护装置与检验问题[J].装备制造技术,2017(4):232-233.

[3] 孙大军．浅谈电梯检验过程中的安全及防护措施[J]. 黑龙江科技信息，2017(4)：38.

（该论文发表于《基层建设》2017年第20期）

电梯安全检测技术与维护探析

牛　犇

（陕西省特种设备质量安全监督检测中心　陕西 西安 710048）

摘　要：电梯，是现代高层建筑中不可缺少的重要设施，在人们的日常生活和工作中起到了关键作用。然而，由于一些电梯安全管理和日常维护工作不到位，导致电梯的安全性能降低，产生安全隐患，影响人们的正常生活，也将会严重缩短电梯的使用寿命。因此，电梯管理人员要加强日常巡视维护工作，采取先进的安全检测技术，发现安全隐患及时解决，认真对待电梯安全检测与维护工作，保证电梯的正常运行。

关键词：电梯安全；检测技术；日常维护

0　引言

随着人口的增长，各种高层建筑相继出现，电梯作为高层建筑中的代步工具也应运而生，为人们的生活提供了方便。近几年来，伴随我国基础设施建设的不断推进，电梯的数量也不断增多。为了有效避免电梯安全事故的发生，电梯管理人员要加强对电梯运行的日常维护工作，将管理制度落实到位。此外，还要充分了解电梯的运行特点，掌握其日常维护和安全检测工作的要点，对其实施科学、有效的安全监测与日常维护工作，采用合理的电梯安全检测技术确保安全防护装置有效，提升电梯的安全性能。

1　我国电梯安全检测工作的现状

从理论角度分析。电梯的安全监测工作是预防发生电梯安全事故最有效的手段，因此，要提高检测人员的专业水平和责任意识，以保证电梯的安全运行。但是，就目前的实际情况来看，我国在电梯安全检测方面的研究起步较晚，相关的技术水平和技术基础等方面还远远低于国际先进水平，很多安全检测工作仅仅停留在理论水平阶段，在实际工作中的探索少之又少。同时，由于我国城市化建设进程很快，各种建筑对于电梯的需求和要求又很高，因此，我国电梯安全检测工作形势比较严峻。

从技术角度分析。由于我国电梯安全检测水平与先进国家之间还存在一定的差距，因此实际的安全检测工作也有一些不足之处，特别是在一些技术水平要求较高、专业性较强的安全检测工作当中，缺少相应的技术支持。究其原因，主要是我国电梯安全检测与维护技术还依赖于过去的研究成果，已经跟不上电梯发展的步伐。而最新的科研成果和技术只停留在理论阶段，缺乏实践对其进行检验与支撑，无法保证在实际施工中切实有效。这种情况就导致我国电梯的安全检测与维护工作难以有效开展。

2 电梯安全监测的主要内容

2.1 关于机械振动的检测

电梯正常运行过程中，会由于各种机械部件而导致电梯出现机械振动。导致机械振动的原因有很多，比如，曳引机的运转存在问题、导向轮的偏差、曳引轮绳槽的误差、钢索在牵引过程中受力不均、导轨质量及安装误差等。相关研究表明，电梯运行时都会存在一定的振动，但随着振动的频率和强度升高，电梯乘客的感受会越来越强烈，即使不会出现危险，也会造成乘客内心恐慌，不利于安全。为减小电梯机械振动的频率和强度，提高电梯的舒适度，再对电梯进行检验工作时需采用专业振动测试分析仪对电梯运行过程中机械振动进行测试和控制。要将电梯运行时的振动情况控制在合理范围之内，电梯正常运行时竖直方向的振动范围不能超过 15 cm/s，水平方向不能超过 25 cm/s。同时应当尽量避免电梯出现振动，提高其运行过程中的安全性。

2.2 关于安全部件的检测

电梯的安全部件主要包括门锁、限速器、缓冲器以及安全钳等部件。检测门锁时，要保证门锁上各开关能够正常使用，尤其是求助开关，一旦电梯出现事故，要保证乘客能够顺利求助。进行限速器检测工作时必须重复检验电气与机械动作，保证电梯超速坠落时机械装置能够有效触发，拉动安全钳动作，阻止电梯下落。对缓冲器进行检测时，需要注意的是弹簧类缓冲器和液压缓冲器的差别，这两种缓冲器都有各自相应的检验标准，检测工作应该要严格遵守检验标准。安全钳分为对渐进式安全钳和瞬时式安全钳两种，其工作方式有所不同，所以检测时也需要区别对待，并且检查其安装方式是否正确，以及轿厢偏载情况下的工作性能。

2.3 曳引绳的检测

电梯运行中最严重的安全事故就是电梯坠落，这主要是由于电梯绳索以及周围装置出现故障导致的。因此检验工作也要有所侧重，在检测绳索安全系数时，主要是通过绳索的使用年限、磨损程度等方面进行分析。电梯绳索达到使用年限之后，无论其磨损程度如何都要进行更换。此外，对于导轮、曳引机等设备也要进行仔细地检测，确保绳索不会脱轨，曳引机工作时动力充足。

3 电梯日常维护工作

3.1 制动器的日常维护

制动器的日常维护主要是为了确保制动器制动性能可靠、制动力充足。在日常维护工作当中，首先要检查制动衬的磨损情况，一般情况下，制动衬工作一段时间之后磨损程度不能超过原来厚度的 1/3，如果出现较为严重的磨损情况就要及时更换；其次，还要注意制动器闸瓦与制动轮之间的距离，保证在启动制动器闸瓦时，不会与制动轮接触；最后，还要在制动器各轴承处涂抹润滑油，让其保持良性摩擦，避免过多的摩擦损伤。

3.2 限速器的日常维护

限速器除了日常的维护工作之外，还需要每年进行一次全面检修。限速器日常的检修工作主要包括清理限速器轮槽内的灰尘、油污等，保证限速器的工作环境良好。留意限速器的动作触发装置是否动作灵活，同时限速器的轴承处也需要进行润滑，尽量避免夹绳口附近的摩擦并保证其具有足够的夹持力。同时在日常的检查中，要留意底坑下方的涨紧轮是否可以有效的触发电气开关，检查限速器钢丝绳是否过分伸长，检查钢丝绳是否有断丝、压扁、扭结等现象，以保证钢丝绳能够有效的触发安全钳。

3.3 缓冲器的日常维护

液压式缓冲期主要是防止柱塞生锈，保证内部油量适中，缓冲器下落可以顺利触碰到电气开关。当液压式缓冲器完全动作并且承压力全部消失后，保证其能够在 1 min 之内恢复到初始位置。对于弹簧类缓冲器，同时要防止其表面生锈或者弹簧变形，保证弹簧的弹性范围能够承受电梯满载时的负荷。对于采用聚氨酯材料的缓冲器要注意观察聚氨酯材料是否腐蚀、剥落、破损等现象。最后还要留意缓冲器的底座固定是否牢靠。

4 电梯安全管理的措施

为了规范电梯操作人员和电梯日常维护保养人员在日常使用电梯时的行为，避免人为原因导致的电梯安全事故，提高电梯的运行安全性和服务水平。电梯安全监测与维护人员在工作过程中应遵守的职业行为规范，严格按照国家出台的特种设备安全管理规定进行检测与维护。电梯作业人员必须经过当地质量技术监督部门的特种设备安全监察机构的培训考核，并且要求持证上岗。电梯检测与维护要通过日常工作及时发现安全隐患，不使用故障电梯，并关闭该电梯的运行机组，在电梯周围树立警示标语，防止乘客使用。此外，一些特殊的场合，还要配备相关的电梯管理人员，维持乘梯秩序。管理人员不能擅自离岗，做到文明服务。正确处理电梯运行中突然出现的停车、失控、冲顶、蹲底等情况。

5 结束语

电梯安全事故的危险性高、突发性强，一旦出现事故会造成大量的人员伤亡。因此，电梯的安全检测工作与日常维护工作就显得极为重要了。为了加强电梯安全检测工作的质量，规范管理人员的行为，确保电梯运行的安全，应结合相关的特种设备管理条例进行工作。除此之外，乘坐电梯时要做到文明乘坐，上下有序。从而延长电梯的使用寿命，确保电梯的安全运行。

参考文献

[1] 王贞．电梯安全检测技术与维护[J]．中国科技信息，2017(1)：32－33.
[2] 董志国，刘近浩．电梯安全检测技术与维护[J]．中国管理信息化，2016，19(6)：129.

[3] 杜阳. 电梯安全检测技术与维护[J]. 技术与市场,2015,22(9):174.

(该论文发表于《基层建设》2017年第20期)

第二部分

起重机械检验技术及安全性分析

基于故障树的炉内检修平台事故定性分析

杨新明　高勇　孙伟　张志仁　符敢为

（陕西省特种设备质量安全监督检测中心　陕西 西安 710048）

摘　要：故障树分析法是安全系统中最重要的分析方法之一。在炉内检修平台中，钢丝绳断裂往往会引发平台倾翻坠人事故，应用故障树分析法对此进行定性分析，确定出导致事故发生的各基本事件的重要度，并提出预防措施，将有助于提高炉内检修平台系统的安全性。

关键词：炉内检修平台；故障树分析法；事故定性分析

0　前言

炉内检修平台是指在电厂锅炉炉膛内进行检修、检查专用的可升降检修平台，是进行炉内水冷壁检修，全大屏过热器、壁式再热器检修等炉内检修工作必不可少的工作平台。在1995年和1999年，遵义发电厂和河南焦作发电厂曾发生因炉内检修平台部分钢丝绳断裂导致平台倾翻而引起坠人事故，造成数名人身伤亡事件。因此，为了保障炉内检修平台的安全性与可靠性，采用故障树分析法对导致炉内检修平台断绳倾翻事故发生的原因进行层层分析。

建立系统的逻辑因果关系图，找出导致故障发生的各种因素之间的内在关系，帮助平台作业人员快速准确地查找故障，改进系统中的薄弱环节，提供科学的安全对策[1]。

1　平台倾翻坠人事故的原因分析

通过对已发生的事故案例统计资料查询，结合现场的实际调查研究，可以发现主要原因是炉内升降平台的部分提升钢丝绳断裂，同时断裂处的断绳保护器失效，造成平台过度倾斜，而平台上的作业人员保护设施（安全带、防护栏）失效造成人员坠落。总结导致平台倾翻坠人事故的原因，归结起来包括钢丝绳强度不够而断裂、断绳保护器失效和人员防护设施失效[2]。

（1）钢丝绳强度不够而断裂的原因。

1）使用过程中的缺陷，包括钢丝绳质量不良、钢丝绳腐蚀断股、钢丝绳变形破坏以及违规使用接长的钢丝绳等。

2）未及时发现钢丝绳强度下降，主要是由于对钢丝绳的日常检查不够，或者是未进行定期检查。

（2）断绳保护器失效的原因。

1）设计制造缺陷，检修平台断绳保护器设计、制造有缺陷，使用中发生机械卡涩失灵，当部分起升钢丝绳断裂时，断绳保护器不起作用，导致平台过度倾斜或断绳保护器失灵使平台加速下落造成事故[2]。

2)未及时发现断绳保护器失效，主要是由于对断绳保护器的日常检查不够，或者是未进定期检查。

(3)人员防护设施失效的原因。

1)安全带设施不起作用，主要原因是安全带不合格和现场安全管理规章制度不严不细，对职工缺乏有效的培训。未及时发现安全带失效的原因是对安全带的日常检查不够，或者是未进定期检查。

2)防护栏不起作用，包括防护栏失效和未及时发现防护栏失效。防护栏失效的原因是设计不合理和固定不牢固。未及时发现防护栏失效，主要是由于对防护栏的日常检查不够，或者是未进定期检查。

2 故障树的建立

建立平台倾翻坠人事故的故障树如图 1 所示。

3 故障树的定性分析

故障树的定性分析是依据故障树列出逻辑表达式，通过求解结构函数得出构成事故的最小割集或防止事故发生的最小径集，确定各基本事件的结构重要度大小，根据定性分析的结论，按轻重缓急提出相应对策[3]。

(1)该故障树的构造函数为

$$T=CG_1G_2G_3=$$
$$C(G_4+G_5)(x_1+G_6)(G_7+G_8)$$

采用布尔代数法简化求最小割集，该故障树共有 20 个最小割集，分别为

$\{C,x_5\}\{C,x_6\}\{C,x_1,x_2,x_7,x_9\}\{C,x_1,x_2,x_7,x_{10}\}\{C,x_1,x_2,x_7,x_{11}\}\{C,x_1,x_2,x_8,x_9\}$
$\{C,x_1,x_2,x_8,x_{10}\}\{C,x_1,x_2,x_8,x_{11}\}\{C,x_1,x_3,x_7,x_9\}\{C,x_1,x_3,x_7,x_{10}\}\{C,x_1,x_3,x_7,x_{11}\}$
$\{C,x_1,x_3,x_8,x_9\}\{C,x_1,x_3,x_8,x_{10}\}\{C,x_1,x_3,x_8,x_{11}\}\{C,x_1,x_4,x_7,x_9\}\{C,x_1,x_4,x_7,x_{10}\}$
$\{C,x_1,x_4,x_7,x_{11}\}\{C,x_1,x_4,x_8,x_9\}\{C,x_1,x_4,x_8,x_{10}\}\{C,x_1,x_4,x_8,x_{11}\}$

最小割集是导致顶上事件发生的最低限度的基本事件的集合。故障树定性分析的主要任务是求出导致系统故障的全部故障模式。系统的全部故障模式就是系统的全部最小割集。通过对最小割集的分析，可以找出系统的薄弱环节，提高系统的安全性和可靠性[3]。

(2)结构重要度分析。在以上故障树的最小割集集合中，C 是事故发生的必要条件，$\{C,x_5\}$，$\{C,x_6\}$作为单个基本事件，因此 x_5 和 x_6 的结构重要度最大。其余最小割集中所包含的基本事件数目相同，按照出现次数的多少确定结构重要度大小，由此可得出各个基本事件的结构重要度大小为

$$x_5=x_6>x_1>x_7=x_8>x_2=x_3=x_4=x_9=x_{10}=x_{11}$$

基本事件 x_5(日常检查不够)、x_6(未进行定期检查)、x_1(断绳保护器设计制造存在缺陷)这三个基本事件(事故致因)是导致炉内检修平台断绳倾翻坠人事故的关键因素，条件 C(平台

处于一定高度，且下方无防护网）是此类事故发生的必要条件，只要控制好这 3 个事故致因和条件 C，就能有效防止此类事故的发生[3]。

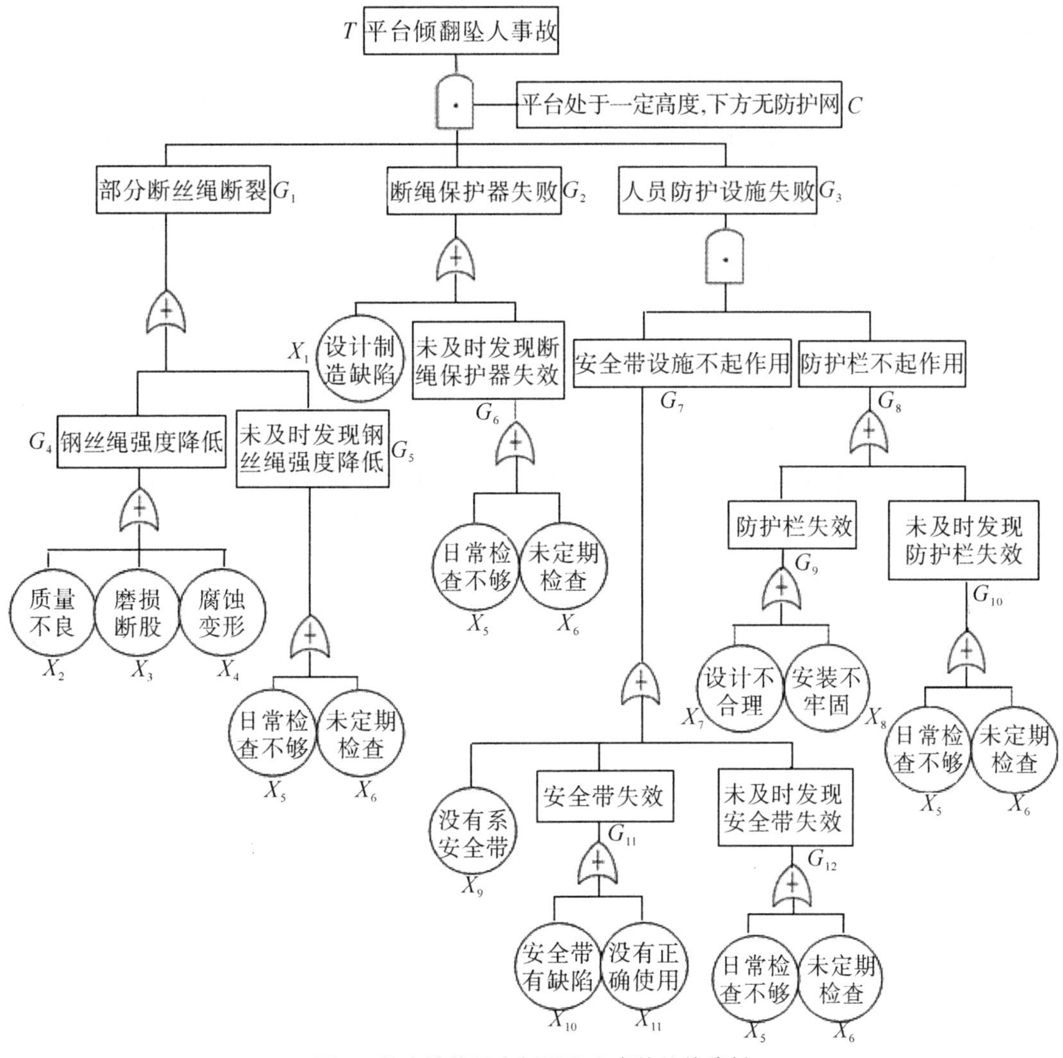

图 1　炉内检修平台倾翻坠人事故的故障树

4　安全措施

（1）钢丝绳应选用具有特级韧性的石棉钢丝绳或钢芯钢丝绳，安全系数必须 > 14 倍，且无缺陷，固定端应连接牢靠，不允许使用接长的钢丝绳[4]。

（2）断绳保护器在设计制造时应能保证钢丝绳断裂时立即动作，不能使升降平台过度倾斜或者断绳保护器失灵而造成升降平台加速下降。设计时应该充分考虑断绳保护器在粉尘较大等恶劣环境下的可靠性，合理设计断绳保护器的结构。断绳保护器应做坠落试验，验证 2～3 次，观察动作是否可靠，制动距离是否符合小于 250 mm[5]。

（3）进入现场的工作人员必须戴安全帽，高处作业必须系好安全带，确保安全带系在牢固的结构件上，防护网均要完备可靠。

(4)防护栏应设计锁紧装置,以防止向上可拔出,高度不低于1 050 mm,中间设置横隔挡。

5 结论

炉内检修平台是火电厂进行炉内检修工作必不可少的工作平台。炉内检修平台发生事故,不但影响锅炉炉膛的正常检修,还会危及检修人员的安全。本文采用故障树分析法,针对因部分钢丝绳断裂而导致的平台倾翻坠人事故进行分析,找出了导致炉内检修平台倾翻事故的主要原因,确定了导致事故发生的各基本事件的结构重要度大小,并提出了相应的安全对策,对提高炉内检修平台的安全性起到积极的作用。

参考文献

[1] 汪元辉.安全系统工程[M].天津:天津大学出版社,1999.

[2] 郑乐.锅炉炉内升降平台的安全性和可靠性解析[J].安全,2005,26(1):31-34.

[3] 佟瑞鹏.常用安全评价方法及其应用[M].北京:中国劳动社会保障出版社,2003.

[4] 中华人民共和国国家质量监督检验检疫总局.GB6067.1—2010 起重机械安全规程第1部分总则[S].北京:中国标准出版社,2010.

[5] 郭闻洲,孙广会,吕维勇,等.炉内检修平台安装及使用安全注意事项[J].电站系统工程,2007,23(2):34,36.

(该论文发表于《起重运输机械》2014年第12期)

关于升降横移类立体停车设备存取车安全问题的探讨

屈名胜　孙伟　井德强

（陕西省特种设备质量安全监督检测中心　陕西 西安 710048）

摘　要：升降横移类立体停车设备由于其自身优良的特点不断得到社会的认可，社会保有量持续增加。但不少用户在存取车时发现许多涉及用户安全的问题，本文在分析了此类问题产生的原因后，提出了关于存取车安全问题的解决办法和思路。

关键词：升降横移；立体停车设备；存取车；安全

0　引言

随着我国城市化进程的加快，高层建筑不断涌现，而城市中车辆的保有量呈现几何倍数增长，在地价越来越贵的今天，新建住宅中住户与车位的配比很难达到1∶1，城市中停车难成为城市发展中迫切需要解决的问题。

立体停车设备在我国的早期研究开发工作始于20世纪80年代中期[1]，经过近20年的发展，技术上已完全可以满足使用的需要。而且与传统的自然车库相比，其地面使用率可提高80%～90%，平均单车占地面积小，车位价格低，为车位短缺的小区解决停车难的问题提供了方便条件，其已逐渐被广大用户所接受。而社会上已有通过机械立体停车库建设来解决城市停车难题的呼声。虽然立体停车设备设置了很多安全保护装置，由于设计和控制上的某些缺陷，在升降横移类立体停车设备的存取车过程中可能发生某些危及用户和车辆安全的问题，本文重点就这类问题进行了探讨。

1　机械式立体停车设备的分类

根据国家质量监督检验检疫总局颁布的《特种设备目录》，将机械式停车设备可分为九大类：升降横移类（PSH）（如图1[2]所示）、垂直循环类（PCS）、多层循环类（PDS）、平面移动类（PPY）、巷道堆垛类（PXD）、水平循环类（PSX）、垂直升降类（PCS）、简易升降类（PJS）、汽车专用升降机类(PQS)。从市场保有量看，升降横移类(PSH）由于具有类型多、规模可调、场地适应性强、造价低等突出特点，应用最为广泛，占有率最高[3]。

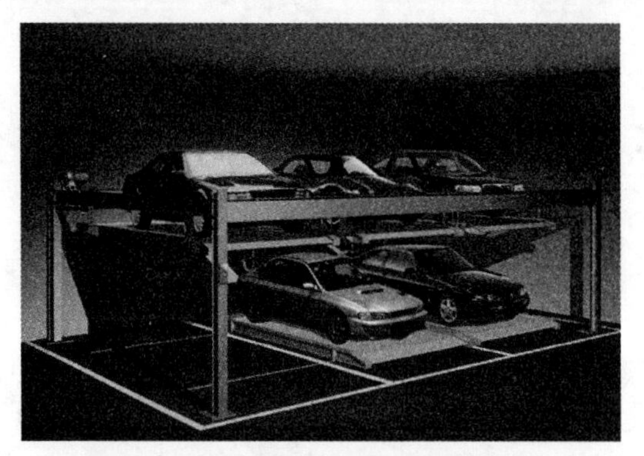

图 1　双层升降横移类立体停车设备

2　升降横移类立体停车设备

2.1　升降横移类立体停车设备的存取车原理

升降横移式立体停车库采用载车板升降或横移存取车辆，主要由主框架、载车板、传动系统、控制系统、安全防护措施等 6 部分组成[4]。升降横移类立体停车设备结构可以看成为一般为 $n\times m$ 二维矩阵形式，如果以 n 为二维矩阵的行，即车库的层数，m 为二维矩阵的列，即车库的列数。则一组升降横移类立体停车设备的理论总车位容量为：$P=n\times m-(n-1)$，由于受收链装置及进出车时间的限制，一般为 2～4 层，在实际使用中以 2，3 层者居多[5]，在实际中其根据空间布置情况总车位数可能略有变化。

升降横移类立体停车设备，其最高处的载车板只能进行上下移动，最下层的载车板只能左右移动，而中间层既可以上下移动也可以左右移动。下面以在地面上的 3×3 升降横移类立体停车设备进行说明。

图 2 为 3×3 车库的复位原始状态，如果要取 301 车位上的车辆，其运行原理是：第一层车位整体向右移动空出位置，第二层的整体向右移动给 301 载车板下降让出下降通道，第一层第二层移动完成如图 3 所示。然后 301 车位载车板下降至图 4 所示状态，用户进行存取车操作，取车完成。对于其他布置形式的如地下布置、半地上半地下布置车库其运行原理与此类似。

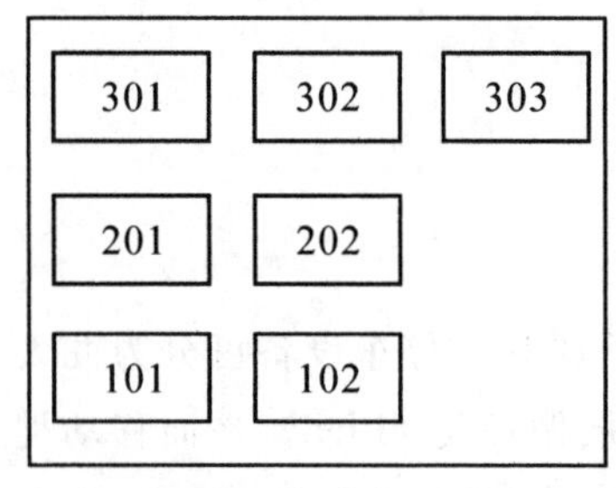

图 2　复位状态

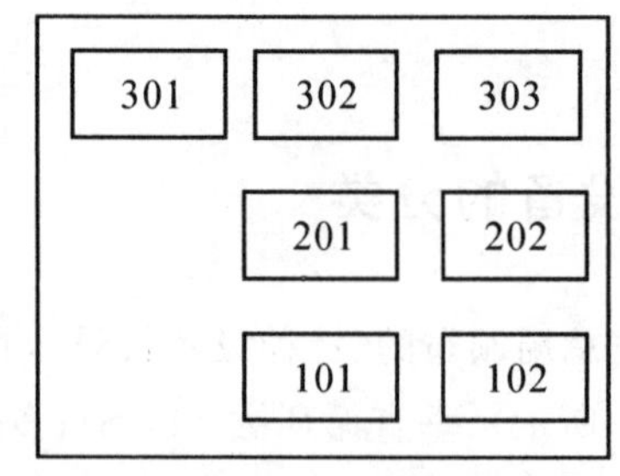

图 3　形成 301 下降通道

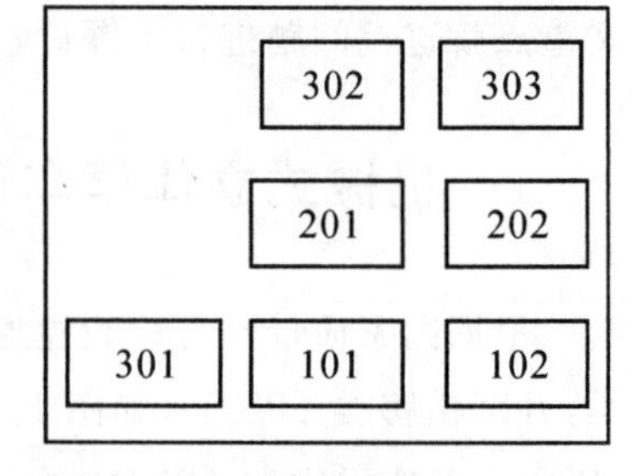

图 4　取 301 车位车状态

2.2　升降横移类立体停车设备取车危险

对于机械式立体停车设备《GB 17907—2010 机械式停车设备 通用安全要求》给出了针对其表一所描述危险的基本安全要求，其附录 A 中列出了各类停车设备应按照表 A.1 的要求装设的安全保护装置。对于升降横移类立体停车设备其应装设的安全保护装置有11项，分别是紧急停止开关，防止超限运行装置，汽车长、宽、高限制装置（应限长），阻车装置，人车误入检出装置，出入口门，围栏门联锁安全检查装置，防坠落装置，警示装置，轨道端部止挡装置，松绳（链）检测装置和控制联锁功能。

对于升降横移类立体停车设备，《GB 17907—2010 机械式停车设备通用安全要求》中5.7.2.6项汽车位置检测装置并未强制要求。这样如果有两人先后取车，前一人已经刷卡取车，载车板已运行至取车位置，车辆处于发动或预热状态，但并未驶出载车板。在由于载车板已下降至规定位置，系统默认其取车过程已结束。但如果后面的人也刷卡存取车，停车设备将会继续运行。在这种情况下，前一人如果车辆已准备开出而载车板将会上升，其车辆位置并不一定能触发停车设备前端的人车误入检出装置，停车设备将继续运行。在这种情况下，轻则对前一位取车者造成惊吓，重则可能会发生车辆坠落、人员剪切挤压事故（以下简称取车危险）。因此对于这种危险应采取相应的安全措施予以避免。

2.3　升降横移类立体停车设备的控制流程

升降横移类立体停车设备的控制系统主要采用的是可编程逻辑控制器（Programmable Logic Controller，PLC），它是以开关信号为主，控制方式以逻辑控制为主、连续控制为辅的离散量控制系统，对于无人值守的取高层车位的取车流程其控制过程如图5所示。

目前全自动的升降横移类立体停车设备其取车流程大都可简化为如图5所示的流程，部分厂商设计的控制程序在存取车后有一定的时间延时，之后有一个车库的复位程序，但复位需人为给出复位信号才能实现车库的复位，对于采用这种控制方式的停车设备其在运行控制上不能避免前文所述的取车危险。

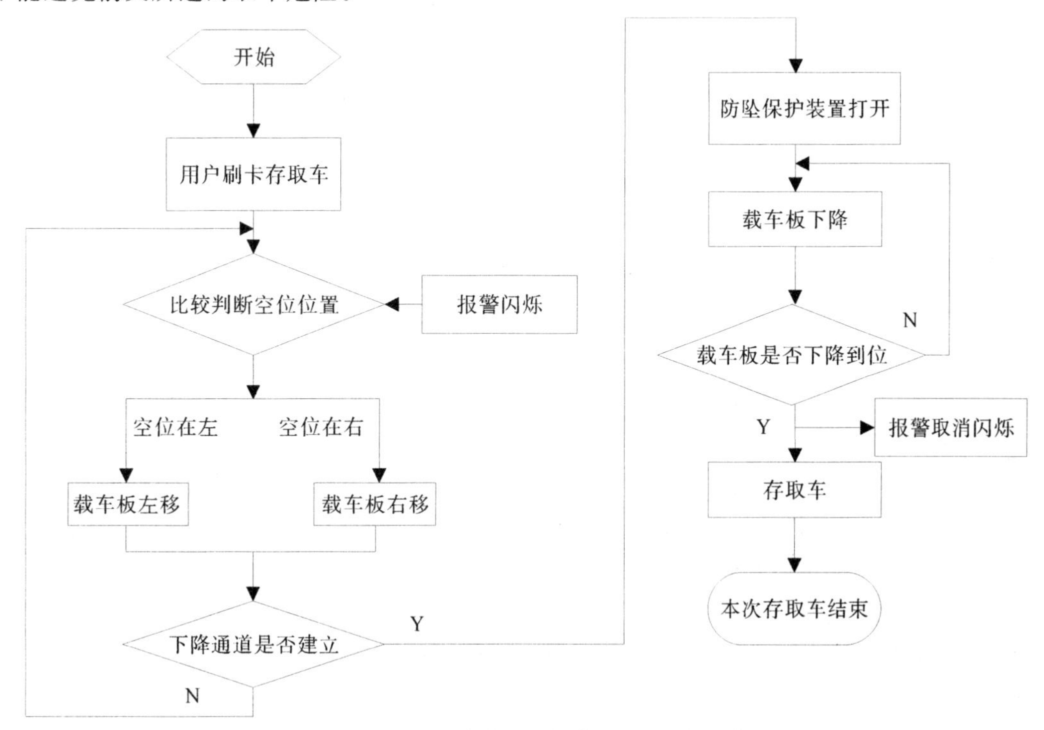

图5　无人职守升降横移类立体停车设备取车流程

2.4 升降横移类立体停车设备存取车安全措施

2.4.1 将全自动变为有人值守

上述取车危险的产生原因是后存取车者由于视线关系并未注意到其前一位操作者，以至造成了在第一位取车者未将车取出的情况下其进行了存取车的刷卡操作。如果将这种立体停车设备的运行方式由全自动运行变为半自动运行，增加管理员代为操作，有了管理员的监护，虽然使用成本有所增加，但对上述取车危险可以有效避免。

2.4.2 将刷卡变为插卡

在操作屏前刷卡进行操作是现有全自动立体停车设备通常采用的读取存取车位信息所采用的方法。正是因为其刷卡，后取车者在报警闪烁不亮的情况下以为其可以正常存取车，造成了后者继续刷卡操作。但我们如果将刷卡变为插卡，其取车流程可用图 6 表示。在卡未取出之前仍报警闪烁，系统认为此次操作未完成，后来的存取车者因为无法插卡而无法操作。采用这种措施当然也有其缺点，那就是人性化大打折扣，存取车者在完成操作后需取回自己的卡，增加了重复操作，容易造成拥堵。这种方法是否能够采用需要在实际使用过程中检验其应用效果。

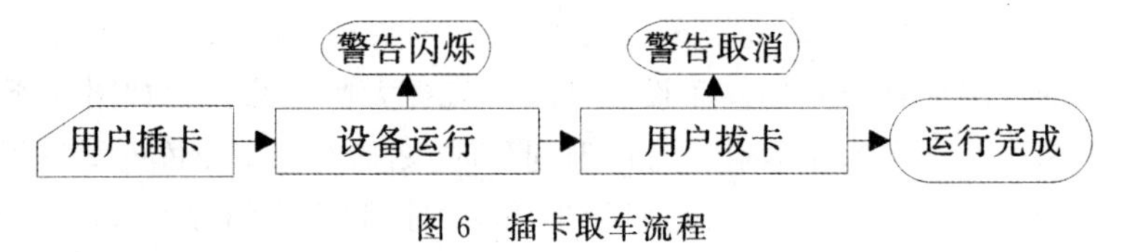

图 6 插卡取车流程

2.4.3 增加汽车位置检测装置

《GB 17907—2010 机械式停车设备通用安全要求》给出了各类机械式停车设备应采取的安全措施，但对于升降横移类立体停车设备，其中 5.7.2.6 项汽车位置检测装置并未强制要求。如果在大型的升降横移类立体停车设备加装汽车位置检测装置，通过汽车位置检测装置的判断对比，对于取车操作其如果未将车取出系统将继续运行，其下一位操作者将无法操作，从而可有效防止在取车过程中发生上述取车危险。

3 小结

升降横移类立体停车设备在为用户提供优质存取车服务的同时，也存在潜在的危险，通过对在用的大型升降横移类立体停车设备增加管理员，对新产品加装汽车位置检测装置等措施可以避免用户在使用停车设备过程中可能发生的存取车危险。对于在用设备使用管理部门应加强重视，切实做好设备的使用管理。检验检测机构应正确履行好职能，对检验中发现的诸如上述的问题应向使用单位明确说明，并提出相对应的整改措施。设计制造单位应将上述可能发生的危险在设计制造环节采取切实有效的措施予以预防，并在设计过程中考虑用户在现实使用过程中遇到的设备故障和停电状况下立体停车设备的使用问题。相信在各职能部门的共同努力下，立体停车设备必将能以其突出的优点占领更广泛的市场，为用户提供安全、廉价、优质的存取车环境，解决我国城市发展中停车难的问题。

参考文献

[1] 欧阳蒙．论我国机械式停车设备制造行业的发展[J]．建设机械技术与管理．2011(9)：134.
[2] 三联停车设备公司．立体停车塔(双层升降横格式)[EB/OL]．[2007-03-09]http://china.56en.com/supply/55609/index.shtml.
[3] 梁先登，刘英舜，陈征．机械式停车设备研究[J]．起重运输机械，2010(3)：60.
[4] 刘美莲，滕旭辉．升降横移式立体停车库的PLC控制[J]．起重运输机械，2009(6)：15.
[5] 贺文华．升降横移式立体车库的控制研究与仿真实现[D]．西安：长安大学，2006.

（该论文发表于《起重运输机械》2012年第10期）

机械式停车设备滚子链传动平稳性分析

黄鹏辉[1]　李波[2]

(1.安徽省特种设备检测院　安徽 合肥 230051

2.合肥工业大学　安徽 合肥 230051)

摘　要:链传动的多边形效应和链轮与链条之间的啮合冲击是引起链条振动和噪声的主要原因,滚子链传动中的振动会加剧链条铰链磨损,严重时会引起链传动失效。本文从多边形效应和啮合冲击两方面对机械式停车设备的链传动平稳性进行了分析,并给出了增强平稳性的措施。

关键词:机械式停车设备;滚子链;多边形效应;啮合冲击

目前,随着经济的发展和汽车保有量的增加,机械式停车设备安装地越来越多。机械式停车设备的传动有链传动和钢丝绳传动两种形式[1],而链传动由于其准确的传动比和紧凑的传动结构在机械式停车设备中的应用日益广泛。链条整体可以看作是一个挠性体,在传动过程中,链条的振动会造成较大的动载荷,从而加剧链条铰链磨损与链边颤动,特别是当传动系统产生共振时,会对链条产生严重的破坏[2],链条传动的多边形效应和链轮与链条之间的啮合冲击是引起链条振动和噪声的主要原因[3]。本文从多边形效应和啮合冲击两方面对机械式停车设备的链传动平稳性进行了分析,并给出了增强平稳性的措施。

1　链传动平稳性分析

1.1　多边形效应[4-6]

链传动工作时,由于链条绕在链轮上形成正多边形而导致的运动不均匀性,称为多边形效应。多边形效应的存在,使得链条的线速度和从动轮的角速度呈现周期性变化,从而造成链条与链轮产生冲击、振动和噪声,加剧了链条的磨损。

(1)链条的速度变化。当齿数为 Z_1 的主动链轮以等角速度 ω_1 转动时,如图 1 分析所示可得:

链条沿中心线方向的速度为

$$V_{x1}=r_1\omega_1\cos\alpha \tag{1}$$

链条沿垂直方向的速度为

$$V_{y1}=r_1\omega_1\sin\alpha \tag{2}$$

式中

r_1——主动链轮分度圆半径;

α——啮入过程中链节铰链在主动轮上的相位角,其变化范围为:$-\frac{\pi}{Z_1}\sim\frac{\pi}{Z_1}$。

当 $\alpha=0$ 时，有

$$V_{x1}=V_{x1\max}=r_1\omega_1, V_{y1}=V_{y1\min}=0$$

当 $\alpha=\pm\frac{\pi}{Z_1}$ 时，有

$$V_{x1}=V_{x1\min}=r_1\omega_1\cos(\pi/Z_1), V_{y1}=V_{y1\max}=r_1\omega_1\sin(\pi/Z_1)$$

因此，即使 ω_1 为常数，链条在运动中沿垂直中心线方向和沿中心线方向上的速度也是快慢变化的，从而产生振动和附加载荷。

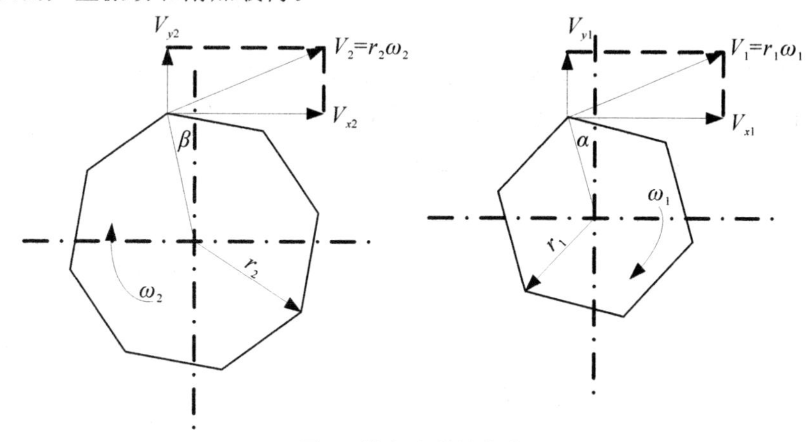

图 1 链条速度的变化

(2)从动链轮的角速度变化。链传动的多边形效应不仅造成链条速度变化，也使得从动链轮的瞬时角速度不断呈周期性的变化。因此，在链传动中只有平均传动比 i 是定值，瞬时传动比 i_s 也是周期性变化的。

由图 1 可知：

$$r_1\omega_1\cos\alpha=r_2\omega_2\cos\beta$$

则瞬时传动比为

$$i_s=\frac{\omega_1}{\omega_2}=\frac{r_2}{r_1}\cdot\frac{\cos\beta}{\cos\alpha} \tag{3}$$

式中

β——啮入过程中链节铰链在从动轮上的相位角，β 的变化范围为 $-\frac{\pi}{Z_1}\sim\frac{\pi}{Z_1}$。

在链传动过程中，相位角 α 与 β 都是变化的，所以瞬时传动比 i_s 也是变化的。i_s 不仅与主、从动链轮的齿数有关，还与链节铰链在链轮上的相位有关。

1.2 **啮合冲击分析**[7-8]

滚子链与链轮啮合时产生的啮合冲击载荷对链传动的工作性能产生显著的影响，过大的冲击载荷会导致滚子的破裂、链条的振动和噪声以及轮齿的损坏。链条与链轮啮入冲击的大小与法向冲击速度有关。随着主动链轮转动，滚子 B 将与链轮啮合(见图 2)，链轮上 K 点的速度为 V_{K1}，滚子 B 上与 K 点啮合时的重合点在啮合前瞬间的速度为 V_{K2}。由于 V_{K1} 和 V_{K2} 的差别产生了冲击速度 V_K。

根据相对运动原理，滚子与链轮之间的冲击可以等效地转化为图 3 所示的运动。转化后链轮固定不动，铰链 B 相对于于铰链 A 以角速度 ω 啮入，于是可以得到冲击速度公式为

$$V_K=\overline{KA}\cdot\omega=\frac{\overline{AM}}{\cos\varphi}\cdot\omega=\frac{\overline{AB}\sin(\frac{2\pi}{Z_1}+\frac{\gamma}{2})}{\cos\varphi}\cdot\omega=\frac{p\sin(\frac{2\pi}{Z_1}+\frac{\gamma}{2})}{\cos\varphi}\cdot\omega \tag{4}$$

式中

p ——链轮节距；

Z_1 ——主动链轮齿数；

γ ——链轮齿形角；

φ ——∠KAM。

式(4)表明：啮入冲击速度 V_K 除与链轮角速度 ω、链条节距 p 有关外，还与链轮齿数 Z_1 及链轮齿形角 γ 有关。此时作用在链轮齿和铰链上的冲击动能为

$$E=\frac{1}{2}mV_K^2 \tag{5}$$

式中

m——冲击质量，$m=\frac{Kq_0}{g}$；

q_0——链节重量；

K——链条张力和长度的影响系数。

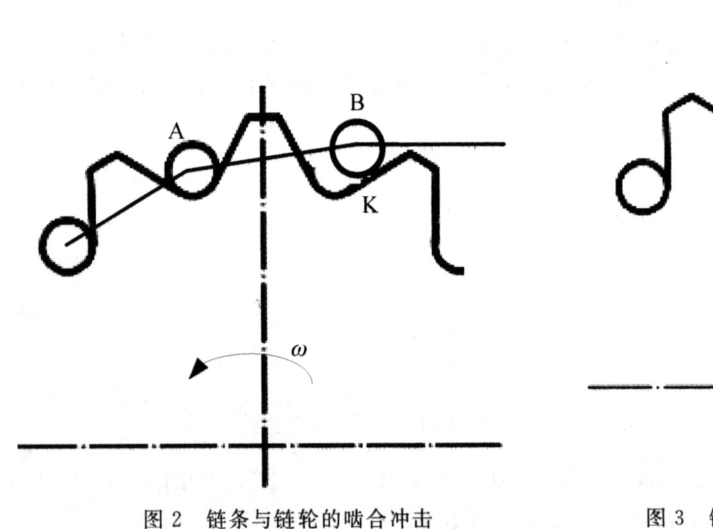

图 2　链条与链轮的啮合冲击

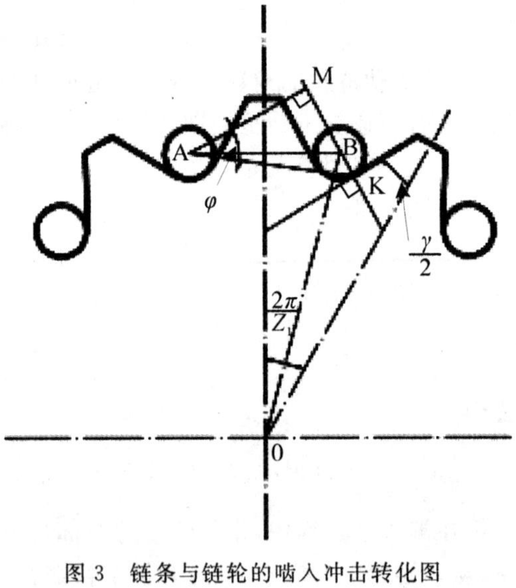

图 3　链条与链轮的啮入冲击转化图

2　增强平稳性的措施

机械式停车设备链传动平稳，振动和噪音小，不但有助于提高设备使用寿命，而且对提高产品品质具有重要影响。增强链传动的平稳性，应从多边形效应和啮合冲击两方面进行考虑。

2.1　减弱与消除多边形效应的方法[6,9]

(1)利用传动比为 1，紧边长度为链节距整数倍(即同相位，$\alpha=\beta$)的方法，使主、从动链轮之间的瞬时传动比不变。

(2)利用附加小节距链传动装置来降低链条线速度的变化幅度。

(3)利用专门机构改变主动链轮的运动规律来实现链条沿中心线方向的匀速运动,如行星轮-凸轮多边形效应补偿机构,适当设计凸轮廓线可使中心轮输出转速近似恒定。

(4)利用小节距多排链或小节距多挂单排链交错啮合来减轻多边形效应。利用小节距多排链可以有效减少多边形效应,这是由于在链轮直径相同时能有更多齿数啮合的缘故,随链条排数增多,其承载能力仍可与采用单排大节距链条相当。在此基础上,为了进一步消除多边形效应,还可采用多挂单排链。

(5)利用变节距链条来减弱和缓解多边形效应。在链传动中,若采用变节距链条,使链条中心线保持与链轮分度圆相切,则能明显减弱链条多边形效应。

2.2 减小啮合冲击措施

分析公式(4)可知:链条传动的冲击速度与链轮节距、链轮齿数,链轮齿形角等因素有关,因此着重从这几方面考虑减小啮合冲击。

(1)链轮结构不同时,啮入冲击速度随之变化,改变链条与链轮冲击部分的链轮齿形,可使得链条与链轮的冲击速度及啮合冲击减小。

(2)采用小节距多排链传动。

3 结束语

本文对影响滚子链传动平稳性的多边形效应和啮合冲击进行了分析,给出了增强传动平稳性的措施,以期能对机械式停车设备的滚子链传动机构设计和检验提供参考。

参考文献

[1] 张建锋,武瑞之. 机械式立体停车库提升方式安全性介绍[J]. 中国重型装备,2008(4):35-37.

[2] 荣长发,张明路. 滚子链传动的振动特性分析[J]. 机械传动,2008,30(4):63-65.

[3] 李兆文,王勇. 滚子链传动系统的减振降噪研究[J]. 组合机床与自动化加工技术,2009(8):19-21.

[4] 张玲玲,陆天炜,吴鹿鸣,等. 链传动多边形效应的实验研究[J]. 机械工程与自动化,2010(4):97-99.

[5] 杨海卉. 降低套筒滚子链传动多边形效应的常用措施及其应用[J]. 四川理工学院学报(自然科学版),2013,26(4):40-43.

[6] 朱贤华. 浅谈链传动多边形效应[J]. 长江师范学院学报,2003(s1):145-146.

[7] 荣长发,王严兴,宁兴江. 滚子链传动啮合冲击载荷特性分析[J]. 矿山机械,2003(7):45-47.

[8] 薛云娜,王勇,王宪伦. 齿形链传动啮合冲击机理[J]. 机械设计,2005,22(9):37-39.

[9] 邱宣怀. 机械设计[M]. 北京:高等教育出版社,1997.

(该论文发表于《特种设备安全技术》2017年第3期)

起重机起重量限制器的应用

张永康[1]　杨新明[1]　张宏[2]

（1. 陕西省特种设备质量安全监督检测中心　陕西 西安 710048；
2. 太原科技大学 机械工程学院　太原 030024）

摘　要：超载作业是起重机作业过程中造成安全事故的主要原因之一，轻者损坏起重机零部件，重则造成断梁、倒塔、折臂、整机倾翻等重大事故，因此使用灵敏可靠的起重量限制器是提高起重机作业安全性，防止超载事故的有效措施。

关键词：超载；起重量限制器；传感器；额定载荷

0　引言

随着社会生产力的发展和人民生活水平的不断提高，起重机械作为物流机械化系统中的重要设备，其在物料搬运及城市建设中起着举足轻重的作用，因此，为了适应社会生产力的发展，起重机械作为一种生产关系也必须不断地更新和完善。

各种各样的起重机械在给人们带来物料搬运方便快捷的同时，怎样才能保证它们高效工作中的安全性呢？这就要靠起重机上各种各样的安全装置来保证。

起重机械工作过程中经常会由于超载而出现各种各样的事故，超载作业往往产生过大应力，会造成传动部件损坏，钢丝绳断裂，制动失效，电气系统电动机过载，电机烧毁甚至结构变形等，既会造成起重机主梁严重弯曲，上盖板和腹板等出现脱焊和裂纹，还会造成折臂和倒塔等严重事故。由于长期的超载作业会破坏起重机的整体稳定性，所以可能会造成整机倾覆的恶性事故。因此，为了减少和避免超载作业的发生，起重机上必须安装起重量限制器来限制起重量，以预防超载的发生。

1　起重量限制器概述

起重量限制器是指在正常工作期间考虑了动力效应的情况下，自动防止起重机搬运载荷超过其额定起重量的装置。用于对桥式和门式起重机的超载作业进行保护，它通过检测起吊重量而预防和控制起重机械的超载作业情况，是超载保护装置的一类。

《GB 6067.1—2010 起重机械安全规程》中规定：对于动力驱动的 1 t 及以上无倾覆危险的起重机械应装设起重量限制器。对于有倾覆危险的且在一定的幅度变化范围内额定起重量不变化的起重机械也应装设起重量限制器。[4]

起重量限制器的工作原理是限制其中钢丝绳的张力。起重量限制器主要有机械式和电子式两种。机械式结构一般是将吊重直接或间接地作用杠杆或偏心轮或弹簧上，进而使它们控制电器开关。图1为常见的机械式起重量限制器。在这里，张力检测元件是为杠杆与弹簧，控制执行元件为电器开关。当超载时，起升绳张力增大，使合力矩($P_R \times a$)超过弹簧反力矩($P_N \times b$)，弹簧被压缩而下降，通过撞杆触动开关。撞杆是可调的。

机械式起重量限制器简单可靠，价格便宜但笨重、精度低，多用于臂架型起重机。

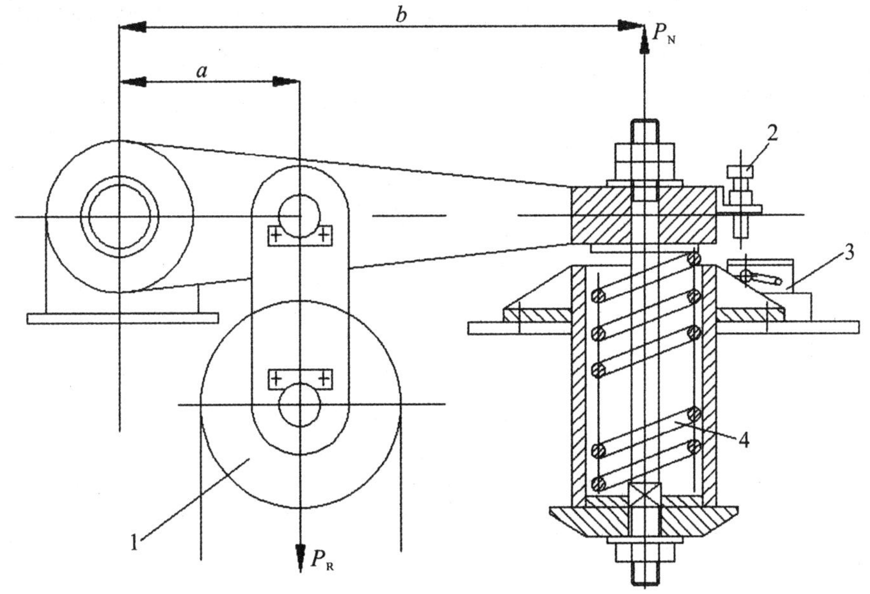

图1　直杠杆式起重量限制器

1—起升滑轮；2—撞杆；3—开关；4—弹簧；

P_R—起吊载荷；P_N—弹簧反力

电子式起重量限制器体积小、精度高并且能够同步显示起重量，目前得到广泛应用。工业用电子秤是较为先进的起重量限制器，它主要由载荷(称重)传感器、电子仪表、执行控制器件及载荷显示装置等组成，集显示、报警和控制功能于一身。

2　组成及工作原理

称重传感器是电子式起重量限制器的检测元件，目前，起重机起重量限制器中使用的称重传感器主要有电阻应变式和磁弹性式两种，用的较多的是电阻应变式。如图1所示为起重量限制器的电路框图。

电阻应变片式称重传感器的弹性体上贴有连接成电桥式的电阻应变片。当压力作用于弹性体时，电阻应变片也随着弹性体发生变形，应变片的电阻值也随之变化，使电桥失去平衡，产生与起重量 G 成比例的电信号，然后通过放大器将获得的电信号放大，放大后的电信号，经过滤波器滤波后，一路传递给 A/D 模数转换器变换为数字量，由数字显示器显示重量值；另一路传递给比较器与预先设定的基准信号进行比较，比较器的基准信号可分别设定在90%的额定载荷(预报警)、100%～105%的额定载荷(延时报警)和130%的额定载荷(立即报警)，当输入的放大信号超过某个基准信号源的信号时，比较器输出端会产生一个高电平，使开关电路触发继电器,使起重量限制器做出相应的动作。比如当起重机起吊的重量达到预报警值时,起重量限制器驱动声光电路,发出断续报警声并伴随黄灯闪烁,提醒司机注意起重机已接近满负荷;当起重量达到延时报警值时,起重量限制器触发一个延时电路,经过一定的延时后,若仍然超载,则由门电路输出一个高电平驱动声光电路发出持续报警声并伴随红灯闪烁,提醒司机起重机已经过载,与此同时,门电路的输出高电平通过一个功率开关三极管驱动继电器动作,继电器的一个触头串接在起升机构的控制线路中,当继电器通电动作后,切断起升机构的电源,电动机断电停止起升作业,同时允许起重机向安全方向动作,起到保护的目的;同理,当起重量达到立即报警值时,起重量限制器发出禁止性声光信号,同时继电器立即动作,使起重机控制回路断路而切断起升电路,从而达到超载保护的作用。而且它测量精度高、可靠性好、维护方便,能够有效地保护操作人员及机械设备的安全。

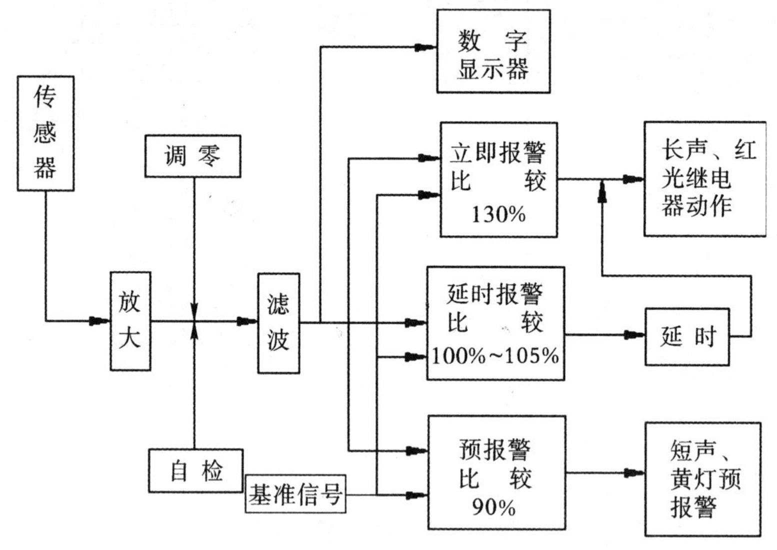

图2　起重量限制器电路框图

在比较器后面增加延时电路的目的是避免起重机自重振动载荷(起升冲击系数 φ_1)和起升动载荷(起升动载系数 φ_2),通过延时技术能够防止这种“虚假载荷”的影响,防止发生误动作。目前国内生产的起重量限制器电路有的采用常规电路,也有用单片机控制电路的,但是功能基本上是一致的。

3　基本功能及调整要求

《GB 12602—2009 起重机械超载保护装置》规定:限制器应适合起重机的设计用途,不应降低起重机的起重能力。

限制器应具备下列功能型式之一。

(1)自动停止型。当起重量超过额定起重量时,应能停止起重机向不安全方向继续动作,同时应能允许起重机向安全方向动作。

(2)综合型。当起重量达到额定起重量的90%~95%时,应发出视觉和/或听觉预警信号。当起重量达到动作点时,应能停止起重机向不安全方向继续动作,并发出视觉和听觉报警信号,同时应能允许起重机向安全方向动作。

此处，安全方向是指吊物下降、臂架缩短、幅度减小以及这些动作的组合。不安全方向是指起重机超载时，吊物继续起升、臂架伸长、幅度增大以及这些动作的组合。

限制器的设定点应满足下列要求：

桥式和门式起重机、臂架起重机限制器的设定点应满足下式规定的范围，即

$$1+\frac{a}{g}<\frac{Q_L}{Q_{GL}}<\varphi_2 \tag{1}$$

式中

a——起升设计的平均加速度，单位：m/s^2；

g——重力加速度，单位：m/s^2；

Q_L——设定点的载荷，单位：t；

Q_{GL}——总起升载荷，包括起重挠性构件质量、固定式吊具质量和额定起重量（额定起重量＝可分式吊具＋有效载荷）构成，单位：t。[5]

4 结束语

起重量限制器是起重设备上不可缺少的安全保护装置，目前已经广泛应用于桥门式起重机和各种升降机上，随着数字化进程的日益推进，生产效率不断提高，工业生产规模不断扩大，促进起重机械朝着大型化、集成化、自动化以及智能化发展，起重量限制器也要随之不断地改进，朝着高精度和智能化迈进，被更加广泛的应用在各种起重机械上以预防超载事故的发生，为操作人员及机械设备的安全保驾护航。

总之，随着起重机械的广泛应用，物料搬运和装卸的效率大大提高，在这些大重型机械带给人们方便和快捷的同时，也带来了一些安全隐患，起重机超载就是造成起重机事故的主要原因之一，其危害性是相当大的，轻则设备损毁，重则机毁人亡。因此，在起重机上安装起重量限制器就是十分必要的，我们应该加大宣传力度，提高各个单位的重视程度，让他们明确了解安装起重量限制器的意义和作用。

参考文献

[1] 孙玉柱．谈起重机起重量限制器[J]．大众标准化，2005(11)：19－20.

[2] 王嘉．简述起重量限制器的应用[J]．品牌与标准化，2011(2)：54－55.

[3] 严大考，郑兰霞．起重机械[M]．郑州：郑州大学出版社，2003.

[4] 中华人民共和国质量监督检验检疫总局．GB6067.1—2010 起重机械安全规程[S]．北京：中国标准出版社．2010.

[5] 中华人民共和国质量监督检验检疫总局．GB12602—2009 起重机械安全保护装置[S]．北京：中国标准出版社，2009.

（该论文发表于《机械工程与自动化》2012 年第 2 期）

基于模糊综合评价的桥式起重机安全运行状态评估

王英儒

（陕西省特种设备质量安全监督检测中心　陕西 西安 710048）

摘　要：根据桥式起重机故障类型及对整体设备安全性影响程度来确定二级模糊评价模型中的评价因素集，以层次分析和专家打分的方法确定评价因素集的权向量。利用建立的模糊评价模型对西安市某公司桥式起重机进行安全性分析评价。通过对模型进行计算，并依据评语集最大隶属原则，得到目前该桥式起重机运行的安全状况为"好"的结论，较为客观地评价了该桥式起重机的运行情况。

关键词：起重机；模糊评价；安全性运行；评估

0　引言

起重机是现代工业和生活中必不可缺的设备，起重机发生事故将会造成严重的人身伤害和重大的经济损失，因此，建立起重机安全评价体系有助于相对客观的评价起重机的工作状态，是保证人身安全和经济不受损失行之有效的方法。目前针对服役多年的老旧起重机采用降级使用或者报废的方法，此方法不能客观真实地反应设备的具体情况，容易造成安全隐患和经济损失，建立适当的安全评估方法对企业和个人有重大的意义。

常用的安全评价法有以下几种：故障假设分析法、故障类型影响分析法、故障树分析法、事件树分析法、层次分析法、模糊综合评价法、灰色关联度分析法、神经网络分析法等。综合各种评价方法的适用条件，本文将通过对起重机故障树模型树进行分析，采用模糊评价方法和专家评价法相结合的方式对起重机进行危险等级的确定。

1　模糊评价方法理论原理

模糊评价方法是 1965 年 L. A. Zadah 专家教授提出来的，该方法可以综合考虑众多因素，根据评价因素对系统的客观重要度，再结合相关专家的评价将原本定性的东西量化，能最大程度的降低人为主观因素对整个系统评价的影响。

模糊评价法的最大特点就是应用模糊数学变化原理，考虑与评价对象相关的各种不确定因素，再结合实际情况对其进行综合评价，因此模糊评价法具有模糊性、定量性、层次性三大特点，从而形成环环相扣的多级综合评价，其步骤如下。

（1）将与评价对象相关的各种不确定因素集 U 按照某种属性分成 S 个子集，即 $U=\{u_1,u_2,\cdots,u_s\}$，且 $\bigcup_{i=1}^{s}U_i=U$，设每个因素子集 $U_i=\{u_{i_1},u_{i_2},\cdots,u_{i_n}\}$，其中 $i=1,2,\cdots,s$。

(2)对于每一个因素子集 U_i 按照一级评价模型分别进行分析计算。假设评语集为 $V=\{V_1,V_2,\cdots,V_m\}$，U_i 中的各因素的权重为：$Z_i=(z_{i_1},z_{i_2},\cdots,z_{i_n})$，且 $\sum_{j=1}^{n}z_{ij}=1$，其中 $0<z_{ij}<1$。则有 U_i 的单因素模糊评价矩阵为 R_i，有

$$\boldsymbol{R}_i=\begin{bmatrix}R_1\\R_2\\\vdots\\R_s\end{bmatrix}=\begin{bmatrix}r_{11}&r_{12}&\cdots&r_{1m}\\r_{21}&r_{22}&\cdots&r_{2m}\\\vdots&\vdots&&\vdots\\r_{s1}&r_{s2}&\cdots&r_{sm}\end{bmatrix}\tag{1}$$

第一级综合评价计算公式为

$$\mathbf{V}_i=\boldsymbol{Z}_i\cdot\boldsymbol{R}_i=(b_{i1},b_{i2},\cdots,n_{im})\qquad i=1,2,\cdots,s\tag{2}$$

用查德算子(∧，∨)算法合成时(“∧”表征“取小”运算，“∨”表征“取大”运算)$b_j=\bigvee_{i=1}^{n}(z_i\wedge r_{ij})$，其中 $i=1,2,\cdots,s$。

(3)将每个因素 u_i 作为一个元素看待，用 V_i 作为它的单因素评价，则有 $\boldsymbol{R}$ 为

$$\boldsymbol{R}=\begin{bmatrix}V_1\\V_2\\\vdots\\V_s\end{bmatrix}=(b_{ij})_{s\times m}\tag{3}$$

式(3)是 $\{u_1,u_2,\cdots,u_s\}$ 的综合评价矩阵，单因素事件 u_i 组成了整体 U，且能代表 U 的某种属性，可以按照它们的重要性根据隶属原则给出权重集 $\boldsymbol{Z}=(z_1,z_2,\cdots,z_s)$，因此，第二级综合评价可表示为

$$\mathbf{V}=\boldsymbol{Z}\cdot\boldsymbol{R}\tag{4}$$

2　桥式起重机安全运行状态模型的建立

2.1　安全性评价目标的确定

在桥式起重机的实际运行过程中，主要分析技术方面的问题所造成的桥式起重机故障。因此这里以桥式起重机故障模型树作为主要影响桥式起重机安全性的因素，且重点考虑关键重要度值比较大的若干事件。再结合模糊评价法建立综合评价因素集的原则，即从起重机的安全角度进行全面考虑，对于一级评价因素集而言，包括机械故障、电气故障和人为因素，这三个因素。根据模糊评价方法建立二级评价模型因数级，具体评价因素集见表1。

表1　起重机评价因素集

一级评价因素集	二级评价因素集
机械故障 U_1	结构连接及变形 U_{11}
	材质及焊接问题 U_{12}
	减速器及制动器 U_{13}
	钢丝绳、滑轮卷筒 U_{14}

续表

一级评价因素集	二级评价因素集
电气故障 U_2	安全装置 U_{21}
	电气设备及供电系统 U_{22}
	供电系统故障 U_{23}
人为因素 U_3	管理因素 U_{31}
	操作因素 U_{32}
	安全防护 U_{33}

桥式起重机在不同的工况工作时,上述因素对起重机安全性影响程度是不同的,专家对上述因素集所给出的评价也是不同的。其评价集定为 $V=\{$优,良,好,一般,差$\}$。

2.2 评价因素集权向量的确定

权重值的确定有德尔菲法、层次分析法、熵值确定权重法等方法。德尔菲法又称为专家法,其特点在于集中专家的知识与经验,确定各个因素的权重值,主观的因素比较多,而且所选择的专家也很重要,不同的专家所得出的结论可能大不相同。而熵值确定法是反映系统杂乱无章程度的度量,适用于衡量已知数据中所包含的有效信息,从而确定权重[4],从起重机系统发生的故障事件来说,其评价依据是前文所建立的起重机故障灾害模型树,每个事件相互之间还是有一定的逻辑关系,故本文采用层次分析法来确定权重值。层次分析法(The Analytic Hierarchy Process)是在 20 世纪 70 年代初期由美国运筹学家 T. L. Saaty 教授因决策大量因素不能定量表达且又无法规避人为因素而提出的一种方法[3],简称 AHP。基本实现步骤如下。

(1)构造成对比较阵。通过上一步骤的层次结构模型,利用两两对比的方法和 1～9 比较尺度(见表 2)构造成评价因素集的两两对比较阵,即为所用的评价矩阵。

表 2　层次分析法元素间相互比较 1～9 分级表

标　度	含　义	说　明
1	两项同样重要	两元素对某一属性具有同样重要性
3	稍微重要	两元素相比较,一元素比另一元素稍微重要
5	明显重要	一元素比另一元素明显重要
7	重要得多	一元素的主导地位在实践中已显示出来
9	绝对重要	一元素的主导地位占绝对重要地位
2,4,6,8	上述两相邻判断折中	表征需在上述两个标度之间折中时的量标度
上列各数的倒数反比较		若元素 i 与元素 j 相比较所得的判断 b_{ij},则因素 j 与元素 i 比较所得判断为 $1/b_{ij}$

(2)计算权向量并做一致性检验。当评价矩阵的阶数时,必须对评价矩阵是否可用于进行判断和评价进行检验。一致性检验的原则是在构建每一个基本事件成对的比较阵的基础上,

通过计算所得的最大特征根和对应特征向量与平均随机一致性指标 RI 标准值进行比较，若一致性检验通过后，其评价矩阵的特征向量经归一化处理后即为评价因素集的权向量；否则，重新构造成对比较阵。其具体方法如下。

1)计算评价矩阵的最大特征值 λ_{max}；

若评价矩阵用 A 表示，又有方程式为

$$AW=\lambda_{max}W \tag{5}$$

式(5)中，λ_{max}则评价矩阵 A 的最大特征值，矩阵 W 就是评价矩阵 A 的最大特征值所对应的特征向量。

2)评价矩阵的一致性指标计算公式为 $CI=\frac{\lambda_{max}-n}{n-1}$；

3)评价矩阵的一致性比例计算公式为 $CR=\frac{CI}{RI}$，其中，RI 表征随机一致性指标，通过查表3的平均随机一致性指标 RI 标准值[3]可以得知。若 $CR<0.1$，则表示该评价矩阵通过了一致性检验，表示该评价矩阵的确定过程满足要求；否则就不满足一致性，则需要重新构造对比矩阵。

表3　平均随机一致性指标 RI 标准值

矩阵阶数	1	2	3	4	5	6	7	8	9	10
RI 标准值	0	0	0.58	0.90	1.12	1.24	1.32	1.41	1.45	1.49

3　某桥式起重机安全性分析评价

3.1　单因素评价矩阵的确定

各因素的模糊判断矩阵，通过起重机专家和技术工作人员根据西安某公司桥式起重机的整体运行情况依据隶属原则共同打分法来确定。然后对其进行归一化处理，得到因素集 U_1，U_2，U_3 的模糊评价矩阵分别为 R_1，R_2，R_3，有

$$\boldsymbol{R}_1=\begin{bmatrix}0.1 & 0.2 & 0.3 & 0.2 & 0.2\\0.3 & 0.2 & 0.3 & 0.1 & 0.1\\0.3 & 0.4 & 0.2 & 0.1 & 0\\0.2 & 0.3 & 0.2 & 0.2 & 0.1\end{bmatrix}\quad \boldsymbol{R}_2=\begin{bmatrix}0.1 & 0.2 & 0.3 & 0.3 & 0.1\\0.1 & 0.2 & 0.4 & 0.2 & 0.1\\0.5 & 0.1 & 0.2 & 0.1 & 0.1\end{bmatrix}$$

$$\boldsymbol{R}_3=\begin{bmatrix}0.4 & 0.2 & 0.2 & 0.1 & 0.1\\0.1 & 0.2 & 0.3 & 0.3 & 0.1\\0.4 & 0.3 & 0.2 & 0.1 & 0\end{bmatrix}$$

3.2　权重向量值计算

根据上一节的阐述，根据层次分析法建立起重机评价因素集的两两对比矩阵，关键重要度值的排序和元素间相互比较1～9分级表相结合的方法来构建两两对比矩阵，本文作者认为，关键重要度值大的事件比关键重要度值小的事件相对重要。并结合西安某起重机的实际情况和专家的经验共同确定起重机评价因素集的权向量。

根据上节方法，建立一级权重向量计算见表4。

表4 一级权重向量计算

U	U_1	U_2	U_3	K_i	权重值 Z_i	一致性检验
U_1	1	3	5	9	0.605	$\lambda_{max}=3.054$ $CR=CI/RI=[(3.04-3)/2]/0.58=0.034$ 合格
U_2	1/3	1	3	4.333	0.292	
U_3	1/5	1/3	1	1.533	0.103	
$\sum k_i = 14.866, Z_i = k_i/\sum k_i, \sum Z_i = 1$						

由表4可以看出，$CR=0.034<0.1$，一级权重向量的一致性检验是合格的，说明其判断矩阵是可以用的，则一级权重向量 $Z=(0.605 \quad 0.292 \quad 0.103)$。

同样的方法，建立二级评价两两对比矩阵，再结合1～9比较尺度表，计算出矩阵的最大特征值并检验一致性，二级权重向量计算见表5。

由表5可以看出，二级权向量的一致性都合格，因此其判断矩阵是可以用的，则有二级权重向量分别为 $\boldsymbol{Z}_1=(0.530 \quad 0.278 \quad 0.096 \quad 0.096)$，$\boldsymbol{Z}_2=(0.493 \quad 0.370 \quad 0.137)$，$\boldsymbol{Z}_3=(0.274 \quad 0.575 \quad 0.151)$。

表5 二级权重向量计算

U	U_{11}	U_{12}	U_{13}	U_{14}	k_i	权重值 Z_1	一致性检验
U_{11}	1	3	5	5	14	0.530	$\lambda_{max}=4.044$ $CR=CI/RI=[(4.044-4)/3]/0.9=0.016$ 合格
U_{12}	1/3	1	3	3	7.333	0.278	
U_{13}	1/5	1/3	1	1	2.533	0.096	
U_{14}	1/5	1/3	1	1	2.533	0.096	
$\sum k_i = 26.399, Z_i = k_i/\sum k_i, \sum Z_1 = 1$							

U	U_{21}	U_{22}	U_{23}	k_i	权重值 Z_2	一致性检验
U_{21}	1	2	3	6	0.493	$\lambda_{max}=3.054$ $CR=CI/RI=[(3.054-3)/2]/0.9=0.043$ 合格
U_{22}	1/2	1	3	4.5	0.370	
U_{23}	1/3	1/3	1	1.67	0.137	
$\sum k_i = 12.167, Z_i = k_i/\sum k_i, \sum Z_2 = 1$						

U	U_{31}	U_{32}	U_{33}	k_i	权重值 Z_3	一致性检验
U_{31}	1	1/3	2	3.33	0.274	$\lambda_{max}=3.054$ $CR=CI/RI=[(3.054-3)/2]/0.9=0.043$ 合格
U_{32}	3	1	3	7	0.575	
U_{33}	1/2	1/3	1	1.83	0.151	
$\sum k_i = 12.166, Z_i = k_i/\sum k_i, \sum Z_3 = 1$						

3.3 设备安全性计算评价

在单因素评价矩阵和权向量值确定的条件下，进行设备安全性计算，利用式(2)进行一级综合评价计算和式(3)进行二级综合评价计算，具体计算过程如下。

(1)第一级综合评价。根据式(2)，再结合单因素模糊评价矩阵 R_1，R_2，R_3 以及权系数向量集可以计算评价 V_1，V_2，V_3 分别如下。

$$V_1=Z_1\cdot R_1=(0.530\quad 0.278\quad 0.096\quad 0.096)\times\begin{bmatrix}0.1&0.2&0.3&0.2&0.2\\0.3&0.2&0.3&0.1&0.1\\0.3&0.4&0.2&0.1&0\\0.2&0.3&0.2&0.2&0.1\end{bmatrix}$$

$$V_2=Z_2\cdot R_2=(0.493\quad 0.370\quad 0.137)\times\begin{bmatrix}0.1&0.2&0.3&0.3&0.1\\0.1&0.2&0.4&0.2&0.1\\0.5&0.1&0.2&0.1&0.1\end{bmatrix}$$

$$V_3=Z_3\cdot R_3=(0.274\quad 0.575\quad 0.151)\times\begin{bmatrix}0.4&0.2&0.2&0.1&0.1\\0.1&0.2&0.3&0.3&0.1\\0.4&0.3&0.2&0.1&0\end{bmatrix}$$

根据查德算子运算规则可知 $V_1=(0.278\quad 0.2\quad 0.3\quad 0.2\quad 0.2)$，$V_2=(0.137\quad 0.2\quad 0.37\quad 0.3\quad 0.1)$，$V_3=(0.274\quad 0.2\quad 0.3\quad 0.3\quad 0.1)$。

(2)第二级综合评价根据第一级评价所得到的评价向量组合成第二级评价的评价矩阵 R，

$$R=(V_1\quad V_2\quad V_3)^{\mathrm{T}}=\begin{bmatrix}0.278&0.2&0.3&0.2&0.2\\0.137&0.2&0.37&0.3&0.1\\0.274&0.2&0.3&0.3&0.1\end{bmatrix}$$

权系数向量为

$$Z=(0.605\quad 0.292\quad 0.103)$$

因此，第二级的综合评价为

$$V=Z\cdot R=(0.605\quad 0.292\quad 0.103)\times\begin{bmatrix}0.278&0.2&0.3&0.2&0.2\\0.137&0.2&0.37&0.3&0.1\\0.274&0.2&0.3&0.3&0.1\end{bmatrix}=$$

$$(0.278\quad 0.2\quad 0.3\quad 0.292\quad 0.2)$$

归一化处理之后得 $V=(0.219\quad 0.157\quad 0.237\quad 0.23\quad 0.157)$，根据最大隶属度原则，起重机安全性模糊性评价等级为第 3 等级，即起重机安全性为“好”。该方法结合起重机实际运行情况，也可以根据实际运行情况修改评价矩阵，方便操作。

4　小结

本文通过建立西安市某公司桥式起重机二级模糊评价模型，通过实际运行状况和专家的经验共同确定主通风机的二级评价因素集、包含 5 个评价等级的评价语及单因素评价矩阵，根据层次分析和专家打分依据两两对比的方法计算得到模糊评价的权向量。通过分析计算，进而分析得出了西安某公司起重机运行安全等级为“好”的结论，较为客观地评价西安某公司起重机运行情况。

参考文献

[1] Hattis D, Minkowitz W S. Risk evaluation: criteria arising from legal traditions and experience with quantitative risk assessment in the United States[J]. Environmental

Toxicology and Pharmacology, 1996, 2(2): 103 - 109.

[2] Montague P. Reducing the harms associated with risk assessments[J]. Environmental Impact Assessment Review, 2004, 24(7): 733 - 748.

[3] 邓雪，李家铭，曾浩健，等. 层次分析法权重计算方法分析及其应用研究[J]. 数学的实践与认识，2012，24(7)：93 - 100.

[4] 佟瑞鹏. 常用安全评价方法及其应用[M]. 中国劳动社会保障出版社，2011.

[5] 陆添超，康凯. 熵值法和层次分析法在权重确定中的应用[J]. 电脑编程技巧与维护，2009 (22)：19 - 20.

（该论文发表于《科技与创新》2017 年第 14 期）

大吨位桥式起重机主梁上盖板开门处有限元分析

符敢为　高勇　井德强

（陕西省特种设备质量安全监督检测中心　陕西 西安 710048）

摘要：本文以起重量为 200 t，跨度为 31 m 的桥式起重机为例，运用 Visual C++6.0 对 ANSYS 进行二次开发，借助 ANSYS 自带的参数化设计语言（APDL）根据桥式起重机桥架结构的特点采用自底向上的方法建立桥架结构的参数化有限元模型，并实现有限元分析过程的程序化。在此基础上，着力研究影响主梁上盖板开门处应力分布的各个因素，为今后大吨位桥式起重机主梁上盖板开门处的合理设计提供有益的参考。

关键词：大吨位桥式起重机；ANSYS；APDL；主梁上盖板开门处；有限元分析

0　问题的提出

大吨位桥式起重机在生产中得到了广泛的应用，由于大吨位桥机在使用过程中所具备的固有特点，主梁上盖板开门过渡圆角处经常出现裂纹，影响其使用性能。常规设计中采用的解析方法对桥架结构该处截面的应力进行计算时，不能很好地反映其实际的应力状态。

针对上述问题，采用有限元分析方法，建立桥架结构的参数化有限元模型，并进行加载、求解，最终得到该处的实际应力状态，并进行反复分析比较，总结出相应结论，为今后该处截面的设计提供理论依据。

1　桥架结构的三维参数化有限元模型的建立

本文所选的 200 t/31 m 桥式起重机为端梁非铰接式双梁桥机。[1]

1.1　桥架结构的几何模型及相关参数

该起重机部分相关参数如下。

(1)额定起重量 200 t。

(2)工作级别 A6。

(3)跨度 31 m。

(4)小车重 74.7 t。

(5)小车轮距 3.7 m。

(6)小车轨距 6.7 m。

起重机主梁是桥架结构受力的主要支撑部分，其主要尺寸如图 1 所示。

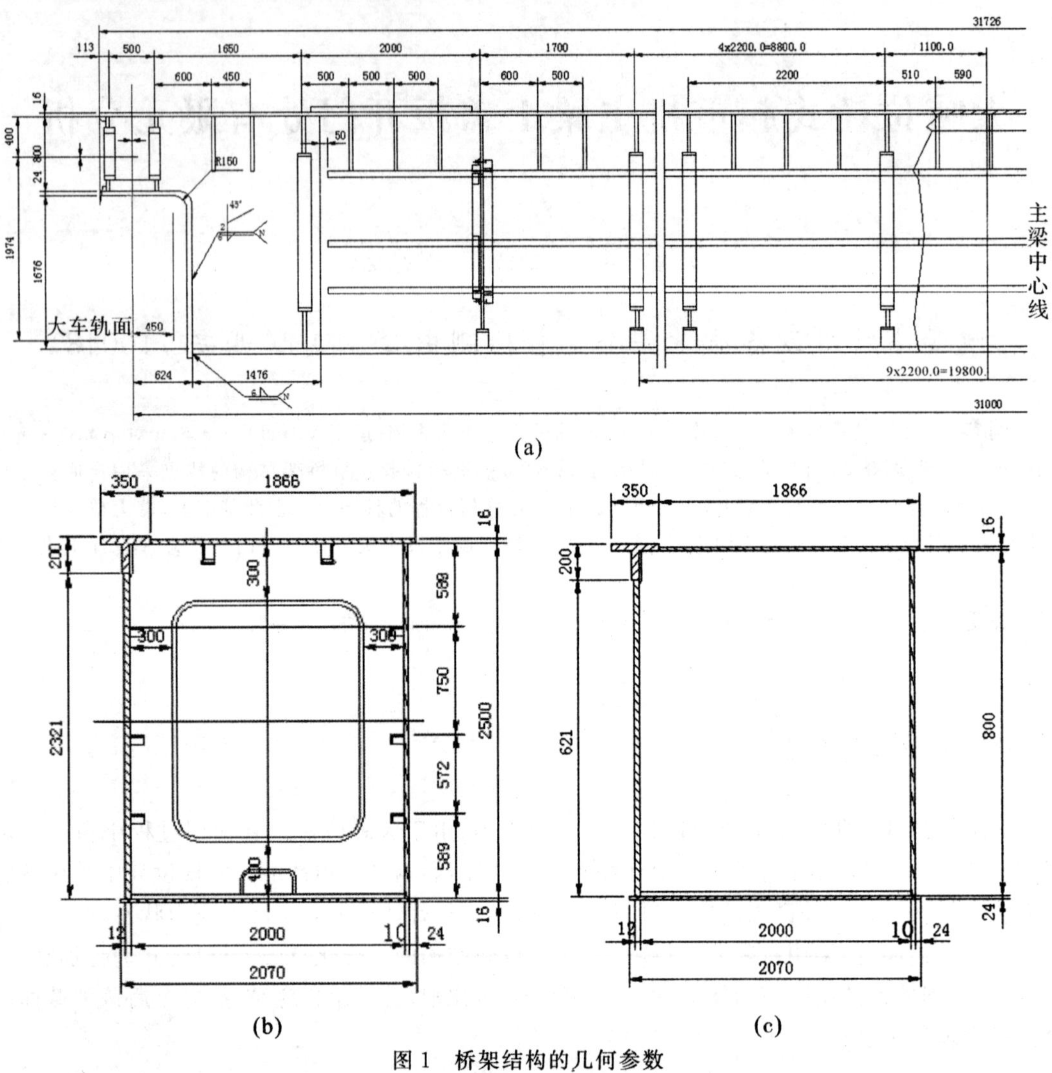

图 1 桥架结构的几何参数

(a)主梁的主要参数;(b)主梁跨中截面形状;(c)主梁跨端截面形状

1.2 建立有限元模型

1.2.1 建模

选择直接在 ANSYS 中创建实体模型经过网格划分后产生所需要的有限元模型,采用自底向上的建模方式[2],即可创建整个桥架结构的完整模型[3],如图 2 所示。

1.2.2 单元分析类型

选用单元类型为三维壳单元 SHELL63[4]。

1.2.3 材料属性和实常数的输入

该桥架结构的材质为 Q345。材料属性包括弹性模量 $E=2.06\times10^{5}$ MPa,泊松比 $\mu=0.3$,密度 DENS$=7.85\times10^{-6}$ kg/mm^{3}。此外通过定义实常数来赋予各个板构件的厚度。

1.2.4 网格划分

桥架结构实体模型需要经过网格划分才能得到所需要的有限元模型。采用网格大小为

200 mm 进行网格划分[5]，生成的有限元模型如图 3 所示。

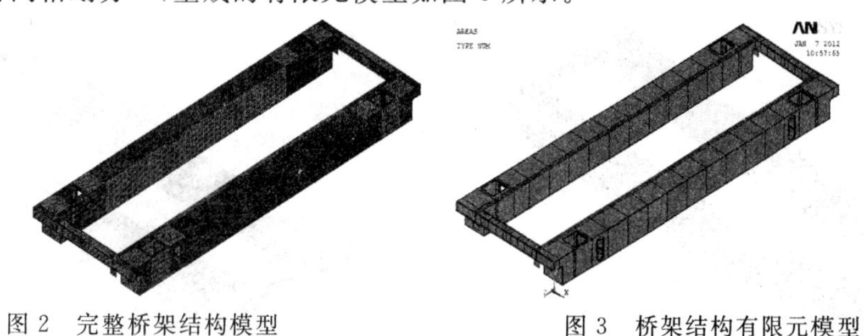

图 2　完整桥架结构模型　　　　图 3　桥架结构有限元模型

2　载荷及约束条件的施加

2.1　载荷的确定与施加

作用在桥架结构上的载荷包括垂直载荷和水平载荷[6]。

垂直载荷分为移动载荷和固定载荷，均布载荷采用施加重力加速度的方式加载，集中载荷则施加在相应位置的节点上。

水平载荷包括水平移动集中惯性载荷和水平均布惯性载荷。均布惯性载荷采用施加水平加速度的方式加载，集中惯性载荷则施加在相应位置的节点上。

2.2　约束条件的施加

对大车运行台车支撑耳板与桥架下盖板连接处的相应节点上施加平移自由度约束，即限制 X，Y，Z 方向的平移自由度。

2.3　求解

选择前置条件共轭梯度法(PCG)求解器进行求解[7]。

3　计算结果分析

在大车运行制动、小车位于跨端极限位置且满载下降制动的工况下进行计算，利用 ANSYS 的后处理功能可以得到该工况下桥架结构的等效应力分布云图和位移云图，如图 4(a)(b)所示。这里的分析重点是上盖板开门处的应力分布状态及其影响因素。由图 4(c)可以看出在该种工况作用下，上盖板开门过渡圆角处的应力比较大，原因是此处存在应力集中。运用 ANSYS 后处理功能中的列表显示节点解，得到该处最大等效应力为 101.06 MPa，小于许用应力。下面将分别研究过渡圆角半径、镶边厚度、开门大小和开门位置对该处应力分布的影响。

改变上盖板开门处过渡圆角半径，进行分析计算，其计算结果见表 1。由计算结果可知，随着过渡圆角半径的增大，该处最大等效应力逐渐减小。过渡圆角半径增大的极限状态就是矩形门的短边变为半圆弧，在表格的最后一列给出了这种情况下的计算结果，其等效应力为 77.422 MPa，为该处的最小等效应力。建议以后在上盖板开门时，在条件允许的情况下，可以将矩形门的短边用半圆弧来代替，以此改善该处的应力状态。

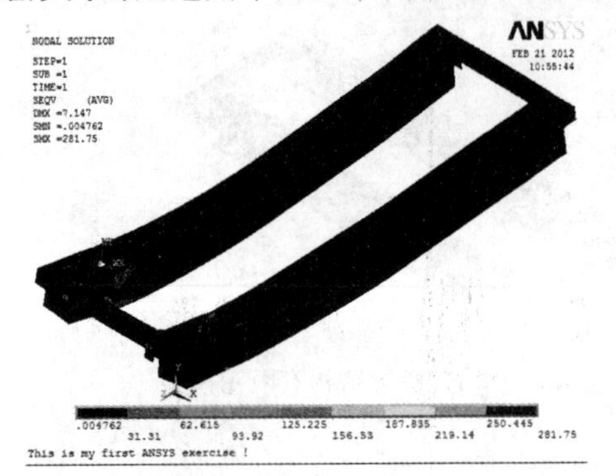

(a)

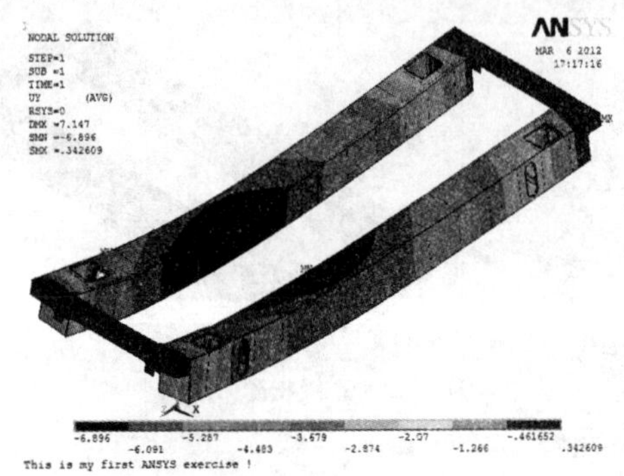

(b)

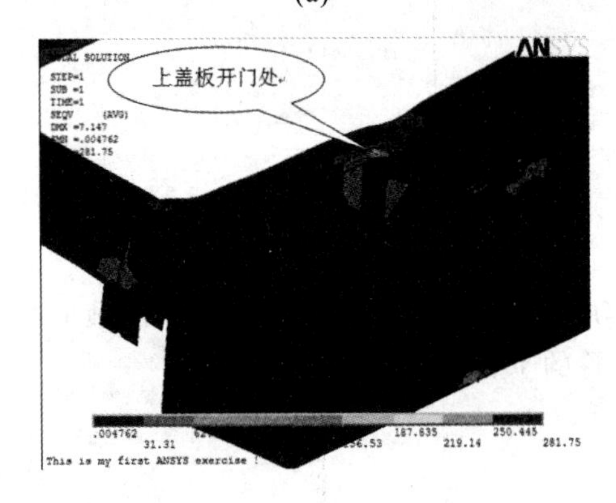

(c)

图 4　桥架结构的等效应力分布云图和位移云图

(a)等效应力分布云图；(b)桥架结构位移云图；(c)主梁上盖板开门外的应力分布

表 1　改变过渡圆角半径的计算结果

过渡圆角半径/mm	150	160	170	180	190	699
最大应力/MPa	101.06	98.325	96.113	94.04	92.112	77.422

改变上盖板开门处镶边厚度，进行分析计算，其计算结果见表 2。由计算结果可知，随着镶边厚度的增大，该处最大等效应力逐渐减小，但效果不明显，即便是镶边厚度增大为 20 mm，该处最大等效应力减小了也不过 10 MPa。建议不要通过改变镶边厚度来改善该处的应力分布状态。

表 2　改变镶边厚度的计算结果

镶边厚度/mm	10	11	12	13	14	20
最大应力/MPa	101.06	100.33	99.696	98.876	98.117	89.881

改变上盖板开门尺寸大小，首先单独改变矩形门短边宽度，进行分析计算，其计算结果见表 3。可以看出，随着短边宽度的减小，该处的最大等效应力逐渐减小。短边宽度最小为 310 mm 时，其最大等效应力仅为 19.279 MPa。单独改变矩形门长边长度，进行分析计算，其计算结果见表 4。可以看出，随着长边长度的减小，该处的最大等效应力总体趋势是减小的，当长边长度为最小值 310 mm 时，其最大等效应力为 73.252 MPa。因此，上盖板开门时，在条件允

许的情况下尽量减小开门尺寸。

表 3 改变短边宽度的计算结果

短边宽度/mm	1 100	1 000	900	800	700	310
最大应力/MPa	101.060	90.754	84.048	77.297	64.929	19.279

表 4 改变长边长度的计算结果

长边长度/mm	1 300	1 200	1 100	1 000	900	310
最大应力/MPa	101.060	108.210	93.478	100.370	86.252	73.252

改变上盖板开门位置，首先单独改变开门位置至副腹板的尺寸，进行分析计算，其计算结果见表 5。可以看出，随着开门位置至副腹板尺寸的减小，该处最大等效应力有减小的趋势，但效果不明显。即便是将开门位置移动至靠近副腹板的极限位置 15 mm 时，最大等效应力为 89.725 MPa，也仅仅降低了 10 MPa 左右。单独改变开门位置至近端大隔板的尺寸，进行分析计算，其计算结果见表 6 和表 7。表 6 列出了开门位置至近端梁大隔板尺寸减小时该处最大等效应力的变化情况，可以看出，随着尺寸的减小，最大等效应力变化不明显。表 7 列出了开门位置至近端梁大隔板尺寸增大时该处最大等效应力的变化情况，可以看出，随着尺寸的增大，最大等效应力变化也不明显。因此，在上盖板开门位置介于近端梁第一、第二块大隔板之间的前提下，改变盖板开门位置对其应力状态的影响很小。

表 5 改变至副腹板尺寸的计算结果

至副腹板尺寸/mm	150	140	130	120	110	10
最大应力/MPa	101.060	99.326	97.886	94.658	91.806	89.725

表 6 改变至近端隔板尺寸的计算结果

至近端隔板尺寸/mm	200	190	180	170	160	20
最大应力/MPa	101.06	100.70	102.57	109.32	101.47	112.18

表 7 改变至近端隔板尺寸的计算结果

至近端隔板尺寸/mm	200	210	220	230	240	380
最大应力/MPa	101.06	100.83	117.69	100.96	119.00	103.95

上述讨论的是在大车运行制动、小车位于跨端极限位置且满载下降制动的工况下，分析影响上盖板开门处应力分布状态的各个因素。但在小车运行至跨端极限位置时，对于上盖板开门处，并不是最危险的工况。通过上面的分析可以知道哪些因素可以改善上盖板开门处的应力分布，下面针对上盖板开门处的危险工况，即小车运行位置距主梁左端为 5.926 m(此时一组小车轮压恰好作用在上盖板开门过渡圆角处)，验证过渡圆角半径对该处应力状态的影响。未改变过渡圆角半径前，该处最大等效应力为 165.57 MPa，将矩形门短边改为半圆弧后，该处最大等效应力变为 116.39 MPa，效果明显。结果显示，通过单独适当调整主梁上盖板开门处过渡圆角半径、镶边厚度、开门大小和开门位置均可不同程度的改善该处的应力状态。在调整过程中可以将几个影响因素综合考虑，以便于得到最佳效果。

4 结论

(1)本文利用 Visual C++6.0 对 ANSYS 进行二次开发，借助 ANSYS 自带的参数化设计语言实现了大吨位桥式起重机桥架结构有限元模型的参数化以及分析过程的程序化。

(2)在有限元模型参数化及分析过程程序化的基础上，分析了主梁上盖板开门处过渡圆角半径、镶边厚度、开门大小和开门位置对该处应力分布的影响。

(3)本文中所运用的有限元分析方法极大地提高了设计分析效率，可以拓展到其他工程机械结构件的有限元分析计算中。

参考文献

[1] 徐格宁．机械装备金属结构设计[M]．北京：机械工业出版社，2009.

[2] 邓凡平．ANSYS 10.0 有限元分析自学手册[M]．北京：人民邮电出版，2007.

[3] 周长城，胡仁喜，熊文波．ANSYS 11.0 基础与典型范例[M]．北京：电子工业出版社，2007.

[4] 薛继忠，易传云，王伏林．桥式起重机桥架结构的三维有限元分析[J]．机械与电子，2004(8)：12－15.

[5] 张宏生，陆念力．基于 ANSYS 的桥式起重机结构参数化建模与分析平台开发[J]．起重运输机械，2008(2)：34－37.

[6] 张质文，虞和谦，王金诺，等．起重机设计手册[M]．北京：中国铁道出版社，1997.

[7] 曾攀．有限元分析及应用[M]．北京：清华大学出版社，2004.

（该论文发表于《机械工程与自动化》2013 年第 1 期）

基于百起案例的桥式起重机驾驶员的可靠度分析

王　尚

（陕西省特种设备质量安全监督检测中心　陕西 西安 710048）

摘　要：为了减少桥式起重机安全事故的发生，本文通过分析百起安全事故案例，得到导致事故发生的诸多因素。其中重点研究人的因素，其中包括桥式起重机驾驶人员的健康状况及正常情况下的操作可靠度。结果表明，人在桥式起重机安全事故的发生中起着至关重要的作用，故建议加强驾驶员专业技能培训与考核制度，增强安全意识，杜绝疲劳作业、违章作业，改善工作环境，以提高桥式起重机驾驶员的操作可靠度，减小因事故对国家和单位造成的不可估量的损失。

关键词：桥式起重机；安全事故；驾驶员；可靠度

0　前言

桥式起重机是机械、冶金等行业实现运输机械化、自动化的重要工具和关键设备，同时也是事故发生率较高的高危作业设备。其通过专门的起重吊具以间歇、重复的动作实现物品运移。在其工作过程中，经历上料、运送、卸料及返回原处的过程，工作范围较大，危险因素较多。桥式起重机安全事故具有后果严重性、突发性等特点。据统计，在机械、冶金、建筑等行业中，桥式起重机安全事故占总事故的30％以上，而诱导因素包括人、环境、设备、管理等方面，其中人的因素所导致的事故发生率呈明显上升趋势。

本文通过桥式起重机案例分析，得到导致桥式起重机事故发生的诸多因素，其中重点研究了人的因素，并使用不同方法计算了驾驶员操作可靠度，为桥式起重机实际操作提供了理论安全依据。

1　事故案例分析

对143起桥式起重机安全事故进行调查并分析，其中较大事故所占比例为0.70％；一般事故所占比例为62.94％，所占比例最大；未遂事故（引起设备轻微损坏，但未造成人员伤亡的事故）所占比例为36.36％。分析事故原因，可知由于违章操作而导致事故为33起，占23.08％；驾驶员与指挥者配合不当的事故为22起，占15.38％；驾驶员行车过快的事故为21起，占14.69％；指挥者未给出信号的事故为26起，占18.18％；学徒驾驶起重机的事故为13起，占9.09％；其他原因如桥式起重机驾驶员带病工作等原因造成的事故为28起，占19.58％。

影响桥式起重机正常工作，导致其事故的因素有很多，其中包括人、设备、环境、管理等多方面的因素,见表1。桥式起重机事故的发生,多是由于起重机驾驶员与地面作业人员存在侥幸心理,有些甚至没有意识到所处环境的危险性。最终,人的各种不安全行为和设备、环境、管理的不安全状态导致了事故的发生。由以上分析可知,人的因素由于其随机性和主观性显得最为重要。

表1　桥式起重机安全事故影响因素

桥式起重机事故影响因素	人	设　备	环　境	管　理
1	领导缺乏安全知识	无安全装置	光线不足	规章制度不完善
2	领导对安全工作不够重视	有缺陷	现场混乱	未定期维修与保养
3	起重机驾驶员冒险工作	维修保养使用不当	安全通道不明	缺乏安全教育
4	起重机驾驶员违章操作	机械零部件故障	噪声大	安全检查不细致
5	起重机驾驶员缺乏本工种的安全知识等	电器故障	现场粉尘多	根据实际情况未选择合适的设备

2　人的因素

2.1　身体健康状态

对150名长期从事桥式起重机驾驶工作的人员进行健康体检,结果报告显示:由于工作性质的影响,起重机驾驶员长期处于精神与神经紧张状态,且缺乏运动,在工作环境噪声大、粉尘多等不良刺激的作用下,其身体处于亚健康或不健康状态,其中主要表现为神经衰弱、头痛、胃痛、高血压、膝反射异常、心电图异常等症状。调查研究表明,事故高发年龄段为三十岁以上、工龄10年以上人员,究其原因,随着驾驶员年龄与工龄的增长,长时间直接或间接接触大量有毒有害物质,导致其身体机能发生了变化,进而影响操作准确性。空中紧张作业对桥式起重机驾驶员的身体健康具有一定的不良影响,建议驾驶员应定期对身体进行检查,尤其是中枢神经系统。

2.2　驾驶员操作可靠度

(1)普通方法可靠度计算。在桥式起重机驾驶人员完整的行为流程中,影响其操作行为的因素有身体与心理状况、允许操作的时间、工作环境状态、操作频率等。故桥式起重机驾驶人员的实际行为基本可靠度 R_0 的计算公式为

$$R_0 = R_1 \cdot R_2 \cdot R_3 \tag{1}$$

式中

R_1——驾驶人员接受信息的可靠度;

R_2——驾驶人员判断可靠度;

R_3——驾驶人员执行操作的可靠度。

按照简单类别取较高等级计算,取 R_1 值为0.999 5,R_2 值为0.999 0,R_3 值为0.999 5,则由式(1)可得,$R_0=0.998\ 0$。

(2)井口教授模型下可靠度计算。在正常状态下,桥式起重机驾驶员操作行为的人因失误

概率按照井口教授模型进行分析，则驾驶员顺利完成操作流程的概率 R_4 表达式为

$$R_4 = 1 - k(1 - R_0) \tag{2}$$

式中

R_0 ——驾驶人员操作的基本可靠度；

k ——操作可靠度影响因子，此处 $k=4$。

根据式(2)可得，$R_4=0.992$。

由以上两种不同方法的计算结果可知，在正常状态下，桥式起重机驾驶人员的操作可靠度处于比较高的等级（高于0.99），可以满足正常情况下桥式起重机的可靠度要求。

3　结论

(1)通过大量的桥式起重机安全事故分析，可以看出安全事故的发生，除了与环境条件、设备安全性、管理体制等因素有关，还有一个重要的影响因素：人。

(2)桥式起重机驾驶员由于工作性质与工作环境的原因，长期处于高度紧张状态，对于工龄较长的驾驶员大部分已有相关的职业病。通过分析桥式起重机驾驶员操作可靠度，可知操作可靠度与人的生理/心理、作业时间、操作频率等影响因素息息相关。各单位在现有条件下，应关注驾驶员的健康状况与劳动强度，通过合理安排作业任务，应保证桥式起重机驾驶员操作可靠度保持在较高等级。

(3)桥式起重机驾驶员的操作水平至关重要，上岗人员都应经过严格培训。另外，应加强其安全教育，安全意识、责任心都应增强，工作中的任何细小问题都不容忽视，最终达到减少甚至杜绝桥式起重机安全事故的发生。

参考文献

[1]　文豪，刘治宏，王全伟，等．通用桥式起重机驾驶员操作可靠度研究[J]．中国安全科学学报，2012(9)：63－68.

[2]　杜锐．在反馈行为模型下起重机驾驶员的可靠性分析[J]．科学之友，2013(7)：120－121.

[3]　何涛．136起桥式起重机事故调查[J]．职业卫生与应急救援，2012(5)：262－263.

[4]　黄冀．一起桥式起重机挤压伤人事故的技术分析[J]．装备制造技术，2012(4)：137－139.

[5]　胡明辉，韦中新，黄冀．一起桥式起重机重大事故的技术分析[J]．中国安全科学学报，2004(2)：105－107.

[6]　陈玮，郑惠仁．一起通用桥式起重机事故的案例分析[J]．福建质量技术监督，2010(8)：38－39.

（该论文发表于《科技与创新》2017年第6期）

对人车共乘式曳引式汽车专用升降机几点看法

龚鑫凯　师永峰　李恩民

（陕西省特种设备质量安全监督检测中心　陕西 西安 710048）

摘　要：随着城市快速发展，对机械式停车设备的巨大需求，安全问题也不容小觑。人车共乘式曳引式汽车专用升降机与曳引式电梯，有相同的结构，但是安全保护装置有很大的不同，为了降低安全风险，人车共乘式曳引式汽车专用升降机应增加相应设备满足安全要求。

关键词：人车共乘式曳引式汽车专用升降机；制动器；防坠落装置；上行超速保护装置；平衡系数

0　引言

汽车专用升降机为用于停车库出入口至不同停车楼层间升降搬运汽车的设备。在立体停车库的建设中，往往会遇到因场地狭小无法采用自走式坡道的情况，为了将汽车搬运到不同平层中存取车辆，就需要采用垂直升降的汽车专用升降机。这样可以替代汽车进出车库的斜坡道，大大节省空间，提高车库利用率。

根据驱动方式的不同，汽车专用升降机有曳引式、液压式和强制式。汽车专用升降机按人与停车设备的关系分为准无人式和人车共乘式。市场上大多采用的汽车专用升降机类型方式为人和汽车一起同时留在搬运器内，由搬运器进行移动的人车共乘式，其驱动方式为提升钢丝绳靠曳引轮转动摩擦力驱动的曳引驱动方式。与针对人车共乘式曳引式汽车专用升降机具有相同结构和原理的曳引式电梯，具有比较全面的安全保护装置，结合《TSG Q7013—2006 机械式停车设备型式试验细则》《TSG Q7016—2016 起重机械安装改造重大修理监督检验规则》《TSG Q7015—2016 起重机械定期检验规则》《GB 17907—2010 机械式停车设备 通用安全要求》和《JB/T 10546－2014 汽车专用升降机》等，谈下自己对人车共乘式曳引式汽车专用升降机的安全措施的几点看法。

1　制动器

1.1　制动力矩

起重机械制动器是起重机械重要的安全部件，具备阻止悬吊物件下落、实现停车等功能，只有完好的制动器对起重机运行的准确性和安全生产才能有保证。大部分种类起重机械悬吊物件中是不允许乘坐人的，而机械式停车设备中有人车共乘式，悬吊物件中有人乘坐，那么能不能满足安全要求，笔者产生疑虑。

在《GB 17907—2010 机械式停车设备 通用安全要求》中对制动器有以下要求。

制动系统：主机必须设有制动系统，制动系统应采用常闭式制动器，对控制升降运动的制动器，其制动力矩不应小于 1.5 倍额定载荷的制动力矩。

……

以上是强制标准 GB 17907—2010 对制动器的要求，而《JB/T 10546—2014 汽车专用升降机》对制动器的要求也为同上要求。

在型号为 PQS 人车共乘式曳引式汽车专用升降机现场检验中，驱动主机的选择为电梯用涡轮蜗杆异步曳引机，该曳引机配套的制动器为机一电式制动器，其制动器是符合《GB7588—2003 电梯制造与安装安全规范》要求，具体如下。

当轿厢载有 125％额定载荷并以额定速度向下运行时，操作制动器应能使曳引机停止运转。在上述情况下，轿厢的减速度不应超过安全钳动作或轿厢撞击缓冲器所产生的减速度。所有参与向制动轮或盘施加制动力的制动器机械部件应分两组装设。如果一组部件不起作用，应仍有足够的制动力使载有额定载荷以额定速度下行的轿厢减速下行。电磁线圈的铁心被视为机械部件，而线圈则不是。

在该台 PQS 人车共乘式曳引式汽车专用升降机检验中，发现选取的涡轮蜗杆异步曳引机为电梯用，所配套制动器的制动力矩是 1.25 倍的额定载荷。若按照 GB 17907—2010 要求的制动器，制动器的制动力矩不应小于 1.5 倍的额定载荷，那么针对上述 PQS 人车共乘式曳引式汽车专用升降现场检验中，所选取的电梯用涡轮蜗杆异步曳引机（该曳引机配套的制动器为机-电式制动器），不符合 GB 17907—2010 制动器的制动力矩不应小于 1.5 倍的额定载荷的要求，选型有待商榷。针对检验机构，检验依据为《TSG Q7016—2016 起重机械安装改造重大修理监督检验规则》和《TSG Q7015—2016 起重机械定期检验规则》，在两种规则及《TSG Q7013—2006 机械式停车设备型式试验细则》中，制动器的检验项目及整机性能试验项目中并未有实质性的验证制动器的 1.5 倍额定载荷制动力矩的途径，制动器对于人车共乘式起重机械起到至关重要的作用，没有足够冗余制动力矩，产生意想不到的风险结果，不能只凭制造单位出具符合性声明文件而忽略这个质量控制关键点。建议检验机构在编写检验作业指导书时，增加 1.5 倍额定载荷制动力矩试验项目检验内容。

1.2　制动器电气控制

符合《GB 7588—2003 电梯制造与安装安全规范》要求的制动器的电气控制，满足以下要求：切断制动器电流，至少应用两个独立的电气装置来实现，不论这些装置与用来切断电梯驱动主机电流的电气装置是否为一体。当电梯停止时，如果其中一个接触器的主触点未打开，最迟到下一次运行方向改变时，应防止电梯再运行。

电梯的控制系统中，对制动器电路接触器主触点黏连情况应能进行自我检测，验证其功能达到安全要求。若制动器电气控制回路中接触器主触点黏连，而控制系统中并无此黏连检测功能，会造成电梯的溜车、冲顶或蹲底的现象发生，故而导致剪切等伤亡事故发生。

在《GB 17907—2010 机械式停车设备 通用安全要求》《JB/T 10546—2014 汽车专用升降机》中对制动器电气控制并无防黏连功能要求。曳引式汽车专用升降机在人车共乘式方式下，制动器电路接触器的严重故障——主触点黏连，存在对人员和汽车造成重大伤亡损失的风险。

建议修订标准时，针对人车共乘式的曳引式汽车专用升降机的制动器，主控系统应增加防黏连检测功能。

1.3 制动器冗余度

符合《GB 7588—2003 电梯制造与安装安全规范》要求的制动器，制动器机械部件分两组装设，这样的优点为假如一组制动器机械部件因为某种原因失效，那另外一组可以保证有足够的制动力使载有额定载荷以额定速度下行的轿厢减速下行，可以降低机械部件冗余度不足的潜在风险。

电梯方面国家标准之所以要求制动器的机械部分按两组装设，主要是为了增加制动器制动系统的可靠性，形成双重保护以提高制动系统的安全冗余度，确保制动系统安全可靠。若制动器施加制动力的机械部件——制动弹簧和铁芯均只有一组时，当其中一个制动闸瓦因机械原因无法回到正常工作位置时，另外一个制动瓦也会因连杆的支撑作用无法回到工作位置，进而导致制动器整体制动功能失效，电梯运行失控，严重危害着乘客的人身安全。

在《GB 17907—2010 机械式停车设备 通用安全要求》和《JB/T 10546—2014 汽车专用升降机》中，对制动器并未要求制动器机械部件分两组装设。也就是说，现在人车共乘式的曳引式汽车专用升降机制动器可以为一组装设的机械部分，没有安全冗余度，对乘坐人员来说安全风险较大。建议修订标准时，针对人车共乘式曳引式汽车专用升降机的制动器，应当按照《GB 7588—2003 电梯制造与安装安全规范》12.4 制动系统要求进行修订，提高人车共乘设备的安全冗余度。

2 防坠落装置

搬运器（或载车板）运行到位后，若出现意外，有可能使搬运器或载车板从高处坠落时，应当设置防坠落装置，即使发生钢丝绳、链条等关键部件断裂的严重情况，防坠落装置必须保证载车板不坠落。这就是防止载车板坠落装置的功能，笔者认为该防坠落装置是重要的安全保护装置。

我们都知道，特种设备的制造是许可制度，制造的首台型号设备应当进行型式试验，汽车专用升降机是按照《TSG Q7013—2006 机械式停车设备型式试验细则》进行试验，其附件 A A2.6 规定汽车专用升降机适用于防止载车板坠落装置、安全钳和限速器（人车共乘式），也就是说汽车专用升降机应当配备该两套装置。但在上述 PQS 人车共乘式曳引式汽车专用升降机检验中，我们发现并无防止载车板坠落装置，而装配有安全钳、限速器，并有国家相关型式试验机构颁发的型式试验合格证。

《GB 17907—2010 机械式停车设备 通用安全要求》中 5.7.2.10 规定"对准无人方式的汽车专用升降机应安装防坠落装置，但可不安装安全钳、限速器。人车共乘式的汽车专用升降机可不装防坠落装置，但必须安装安全钳、限速器"。我们不难看出上述型式试验机构做型式试验时，是考虑 GB 17907—2010 的要求的，去除了 TSG Q7013—2006 对汽车升降机的防止载车板坠落装置强制要求，但这样做对不对我觉得值得商榷。

若把安全钳、限速器作为防坠落装置，当汽车专用升降机坠落或意外下降速度大于限速器的动作速度时，安全钳才能够动作，并切断电源，这就产生风险了，在升降机门打开状况下，升降机的坠落或意外下降过程，下滑距离不可控，有对人与车产生剪切、碰刮等危险状况。而防止载车板坠落装置是保证载车板不坠落，是直接机械的安全锁定装置，即使该装置动作只会产生少许的冲击，并无不可控的下坠距离风险。因此，笔者认为防止载车板坠落装置是必须设置的安全保护装置，准无人式或人车共乘式汽车专用升降机都应当符合《TSG Q7013—2006 机械式停车设备型式试验细则》的要求，应当配备该装置，型式试验机构应当把握好型式试验关口。

我们再看看其他方面。我们在对汽车专用升降机监督检验时，是按照《TSG Q7016—2016 起重机械安装改造重大修理监督检验规则》进行，该检规对防载车板坠落装置是有要求的，存在检验项目 C11.28.10。但是对汽车专用升降机定检时，《TSG Q7015—2016 起重机械定期检验规则》又对防载车板坠落装置无要求，无检查项目 C5.28.10。这样我们在进行检验工作时，会产生疑惑。建议检验机构编制检验作业指导书时，应当增加防载车板坠落装置检查要求。

3 上行超速保护装置及平衡系数

上行超速保护装置是在曳引式电梯中，由于某种原因电梯轿厢向上运行超过预定速度而产生的动作保护，产生原因例如电梯的平衡系数不符合要求、制动器失效等。曳引式电梯和人车共乘式曳引式汽车专用升降机，两者有相似之处，有相同运行原理，都有曳引系统、导向系统、重量平衡系统。人车共乘式曳引式汽车专用升降机并无此要求，升降机上行超速运行的安全无安全装置的保护，建议修订标准时增加该项目要求。

我们来看看平衡系数，对人车共乘式曳引式汽车专用升降机进行监督检验时，《TSG Q7016—2016 起重机械安装改造重大修理监督检验规则》对人车共乘式曳引式汽车专用升降机并无平衡系数的取值范围要求，平衡系数也是一个重要的安全参数，平衡系数过大或过小，均会增大曳引机的驱动力矩与抱闸的制动力矩，可能会造成溜梯事故，查阅《GB 17907—2010 机械式停车设备 通用安全要求》和《JB/T 10546—2014 汽车专用升降机》也对人车共乘式曳引式汽车专用升降机没有平衡系数的要求，笔者建议修订检规和标准时，应增加平衡系数要求。

4 总结

随着城市快速发展，对机械式停车设备的巨大需求，安全问题也不容小觑。人车共乘式曳引式汽车专用升降机与电梯(尤其曳引式电梯)，有相同的结构，但是安全保护装置有很大的不同，以上几点是笔者在实际检验中碰到的问题，望在检规和标准修订时，增加相关项目，以提高设备的本质安全，降低对人与物的风险水平。

参考文献

[1] 中华人民共和国质量监督检验检疫总局．TSG Q7013—2006 机械式停车设备型式试验细则[S]．北京：新华出版社，2006.

[2] 中华人民共和国质量监督检验检疫总局．TSG Q7016—2016 起重机械安装改造重大修

理监督检验规则[S]. 北京:新华出版社,2006.

[3] 中华人民共和国质量监督检验检疫总局.TSG Q7015—2016 起重机械定期检验规则[S]. 北京:新华出版社,2016.

[4] 中华人民共和国质量监督检验检疫总局.GB 17907—2010 机械式停车设备通用安全要求[S]. 北京:中国标准出版社,2011.

[5] 中华人民共和国质量监督检验检疫总局.JB/T 10546—2014 汽车专用升降机[S]. 北京:机械工业出版社,2014.

[6] 中华人民共和国质量监督检验检疫总局.GB 7588—2003 电梯制造与安装安全规范[S]. 北京:中国标准出版社,2003.

(该论文发表于《特种设备安全技术》2017 年第 4 期)

大吨位桥式起重机主梁腹板开门处有限元分析

符敢为　刘燕　张旸

（陕西省特种设备质量安全监督检测中心　陕西 西安 710048）

摘　要：本文以起重量为 200 t，跨度为 31 m 的桥式起重机为例，运用 Visual C＋＋6.0 对 ANSYS 进行二次开发，借助 ANSYS 自带的参数化设计语言（APDL）根据桥式起重机桥架结构的特点采用自底向上的方法建立桥架结构的参数化有限元模型，并实现有限元分析过程的程序化。在此基础上，着力研究影响主梁腹板开门处应力分布的各个因素，为今后大吨位桥式起重机主梁腹板开门处的合理设计提供有益的参考。

关键词：大吨位桥式起重机；ANSYS；APDL；主梁腹板开门处；有限元分析

0　问题的提出

大吨位桥式起重机在生产中得到了广泛的应用，由于大吨位桥机在使用过程中所具备的固有特点，主梁上盖板开门过渡圆角处经常出现裂纹，影响其使用性能。常规设计中采用的解析方法对桥架结构该处截面的应力进行计算时，不能很好地反映其实际的应力状态。

针对上述问题，采用有限元分析方法，建立桥架结构的参数化有限元模型，并进行加载、求解，最终得到该处的实际应力状态，并进行反复分析比较，总结出相应结论，为今后该处截面的设计提供理论依据。

1　桥架结构的三维参数化有限元模型的建立

本文所选的 200 t/31 m 桥式起重机为端梁非铰接式双梁桥机[1]。

1.1　桥架结构的几何模型及相关参数

该起重机部分相关参数如下。

（1）额定起重量 200 t。

（2）工作级别 A6。

（3）跨度 31 m。

（4）小车重 74.7 t。

（5）小车轮距 3.7 m。

（6）小车轨距 6.7 m。

起重机主梁是桥架结构受力的主要支撑部分，其主要尺寸如图 1 所示。

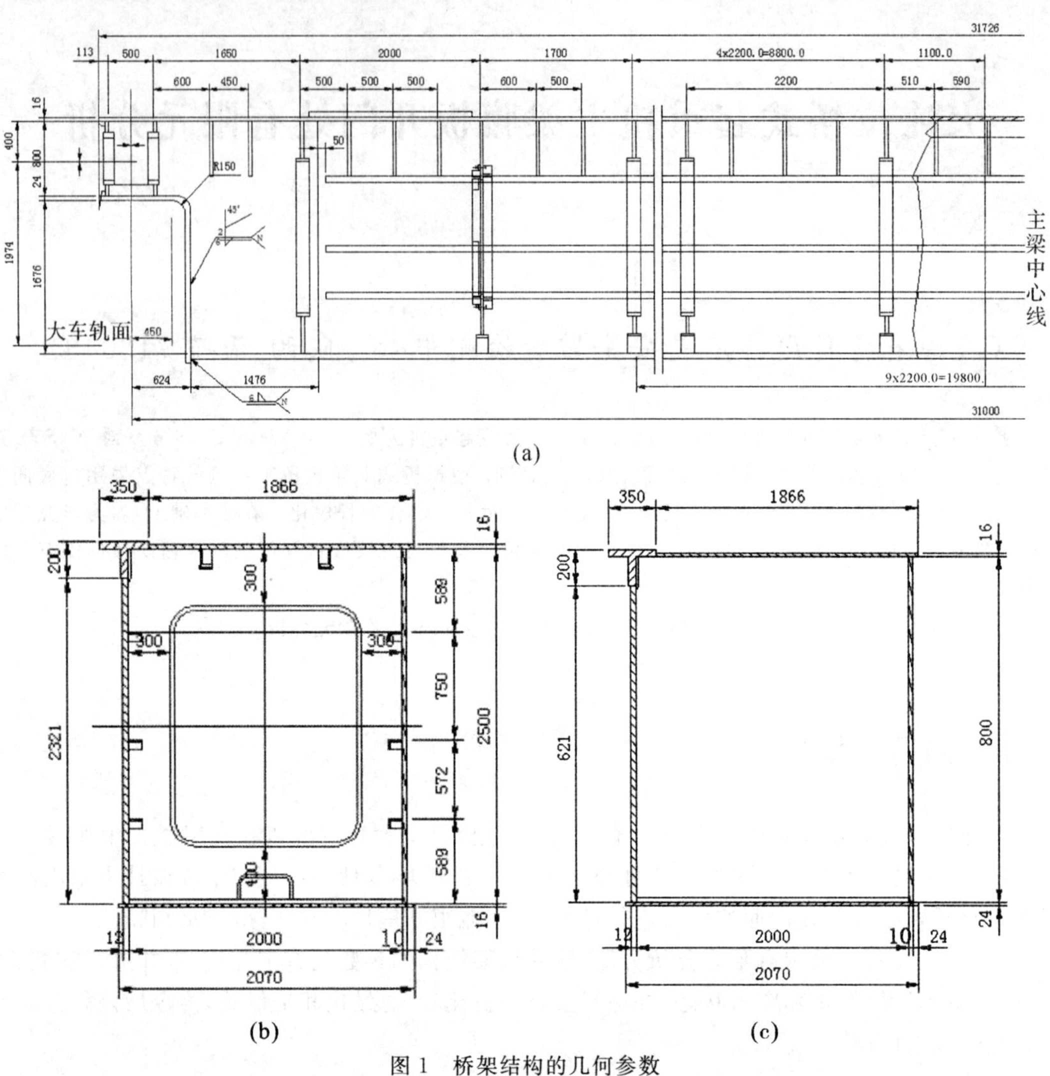

图 1　桥架结构的几何参数

(a)主梁的主要参数;(b)主梁跨中截面形状;(c)主梁跨端截面形状

1.2　建立有限元模型

1.2.1　建模

选择直接在 ANSYS 中创建实体模型经过网格划分后产生所需要的有限元模型,采用自底向上的建模方式[2],即可创建整个桥架结构的完整模型[3],如图 2 所示。

1.2.2　单元分析类型

选用单元类型为三维壳单元 SHELL63[4]。

1.2.3　材料属性和实常数的输入

该桥架结构的材质为 Q345。材料属性包括弹性模量 $E=2.06\times10^5$ MPa,泊松比 $\mu=0.3$,密度 DENS$=7.85\times10^{-6}$ kg/mm^3。此外通过定义实常数来赋予各个板构件的厚度。

1.2.4　网格划分

桥架结构实体模型需要经过网格划分才能得到所需要的有限元模型。采用网格大小为

200 mm 进行网格划分[5]，生成的有限元模型如图 3 所示。

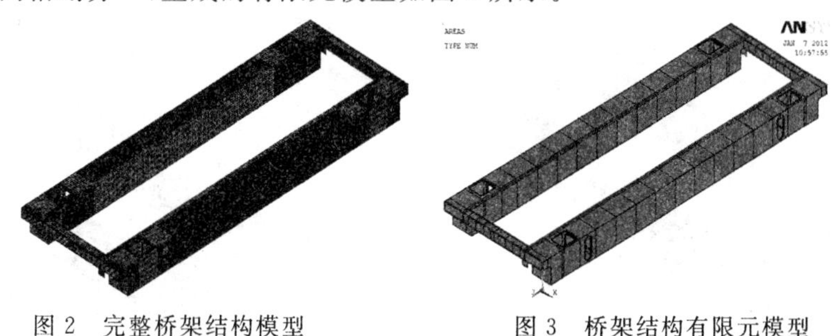

图 2 完整桥架结构模型　　图 3 桥架结构有限元模型

2 载荷及约束条件的施加

2.1 载荷的确定与施加

作用在桥架结构上的载荷包括垂直载荷和水平载荷[6]。

垂直载荷分为移动载荷和固定载荷，均布载荷采用施加重力加速度的方式加载，集中载荷则施加在相应位置的节点上。

水平载荷包括水平移动集中惯性载荷和水平均布惯性载荷。均布惯性载荷采用施加水平加速度的方式加载，集中惯性载荷则施加在相应位置的节点上。

2.2 约束条件的施加

对大车运行台车支撑耳板与桥架下盖板连接处的相应节点上施加平移自由度约束，即限制 X，Y，Z 方向的平移自由度。

2.3 求解

选择前置条件共轭梯度法(PCG)求解器进行求解[7]。

3 计算结果分析

在大车运行制动、小车位于距主梁左端为 4.753 m 且满载下降制动的工况下进行计算，利用 ANSYS 强大的后处理功能可以得到该工况下桥架结构的等效应力分布云图和位移云图，如图 4(a)(b)所示。由图 4(a)可以知道桥架结构的最大等效应力为

$$\sigma_{\mathrm{amx}}=246.194\ \mathrm{MPa}<[\sigma_s]/1.33=259\ \mathrm{MPa}$$

该最大等效应力出现在近端梁大隔板、副腹板和下盖板连接处，并且小于许用应力值，图 4(c)给出了此处的应力分布状态。由图 4(b)可知桥架结构竖直方向最大位移 $U_Y=12.04\ \mathrm{mm}<\frac{S}{800}=28.75\ \mathrm{mm}$，满足刚度要求。

由图 4(c) 可以看出在该种工况作用下，腹板开门过渡圆角处的应力比较大，原因是开门后对强度有所削弱并且此处存在应力集中。运用 ANSYS 后处理功能中的列表显示节点解，得到该处最大等效应力为 123.95 MPa，小于许用应力。下面将分别研究过渡圆角半径、镶边

厚度、开门大小和开门位置对该处应力分布的影响。

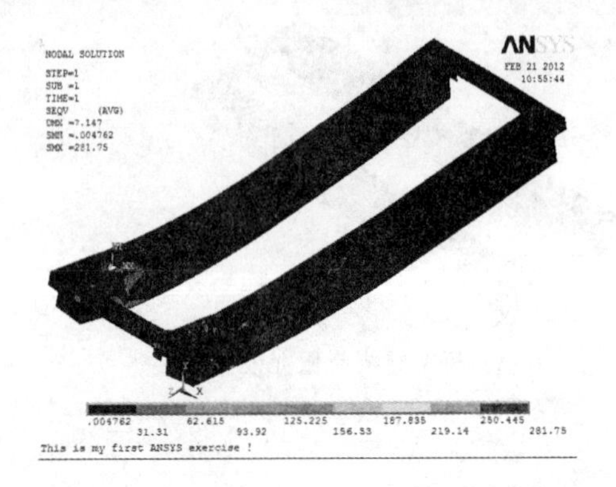

(a)

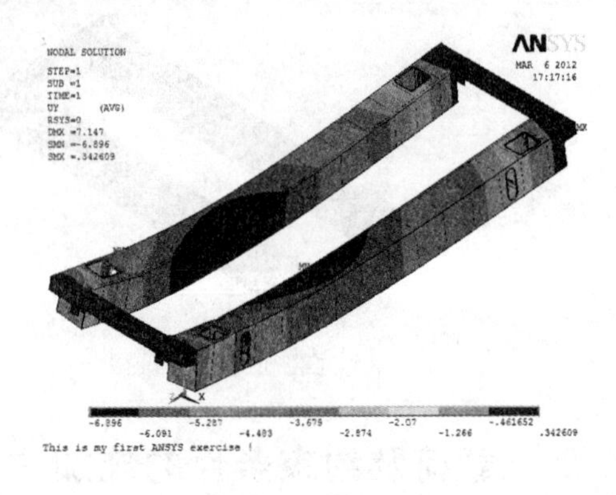

(b)

(c)

图 4　桥架结构的等效应力分布云图和位移云图

(a)等效应力分布云图;(b)位移云图;(c)主梁腹板开门处的应力分布

改变腹板开门处过渡圆角半径大小,进行分析计算,其计算结果见表 1。由计算结果可知,随着过渡圆角半径的减小,该处最大等效应力逐渐减小。当过渡圆角半径减小为100 mm时,在表格的最后一列给出了这种情况下的计算结果,其最大等效应力仅为58.257 MPa。原因是过渡圆角半径减小,使圆角顶部远离上盖板而靠近主梁的中性层。此处的过渡圆角半径的两倍即为腹板开门的宽度,建议以后在腹板开门时,在条件允许的情况下,尽可能减小过渡圆角半径即开门宽度,以此改善该处的应力状态。

表 1　改变过渡圆角半径的计算结果

过渡圆角半径/mm	150	160	170	180	190	699
最大应力/MPa	101.060	98.325	96.113	94.040	92.112	77.422

改变上盖板开门处镶边厚度,进行分析计算,其计算结果见表 2。由计算结果可知,随着镶边厚度的增大,该处最大等效应力逐渐减小,但效果不明显,即便是镶边厚度增大为20 mm,该处最大等效应力减小了也不过 10 MPa。建议不要通过改变镶边厚度来改善该处的应力分布状态。

表 2 改变镶边厚度的计算结果

镶边厚度/mm	10	11	12	13	14	20
最大应力/MPa	101.060	100.330	99.696	98.876	98.117	89.881

改变上盖板开门尺寸大小，首先单独改变矩形门短边宽度，进行分析计算，其计算结果见表 3。可以看出，随着短边宽度的减小，该处的最大等效应力逐渐减小。短边宽度最小为 310 mm 时，其最大等效应力仅为 19.279 MPa。单独改变矩形门长边长度，进行分析计算，其计算结果见表 4。可以看出，随着长边长度的减小，该处的最大等效应力总体趋势是减小的，当长边长度为最小为 310 mm 时，其最大等效应力为 73.252 MPa。因此，上盖板开门时，在条件允许的情况下尽量减小开门尺寸。

表 3 改变短边宽度的计算结果

短边宽度/mm	1 100	1 000	900	800	700	310
最大应力/MPa	101.060	90.754	84.048	77.297	64.929	19.279

表 4 改变长边长度的计算结果

长边长度/mm	1 300	1 200	1 100	1 000	900	310
最大应力/MPa	101.060	108.210	93.478	100.370	86.252	73.252

改变上盖板开门位置，首先单独改变开门位置至副腹板的尺寸，进行分析计算，其计算结果见表 5。可以看出，随着开门位置至副腹板尺寸的减小，该处最大等效应力有减小的趋势，但效果不明显。即便是将开门位置移动至靠近副腹板的极限位置 15 mm 时，最大等效应力为 89.725 MPa，也仅仅降低了 10 MPa 左右。单独改变开门位置至近端大隔板的尺寸，进行分析计算，其计算结果见表 6 和表 7。表 6 列出了开门位置至近端梁大隔板尺寸减小时该处最大等效应力的变化情况，可以看出，随着尺寸的减小，最大等效应力变化不明显。表 7 列出了开门位置至近端梁大隔板尺寸增大时该处最大等效应力的变化情况，可以看出，随着尺寸的增大，最大等效应力变化也不明显。因此，在上盖板开门位置介于近端梁第一、第二块大隔板之间的前提下，改变盖板开门位置对其应力状态的影响很小。

表 5 改变至副腹板尺寸的计算结果

至副腹板尺寸/mm	150	140	130	120	110	10
最大应力/MPa	101.060	99.326	97.886	94.658	91.806	89.725

表 6 改变至近端隔板尺寸的计算结果

至近端隔板尺寸/mm	200	190	180	170	160	20
最大应力/MPa	101.06	100.70	102.57	109.32	101.47	112.18

表 7 改变至近端隔板尺寸的计算结果

至近端隔板尺寸/mm	200	210	220	230	240	380
最大应力/MPa	101.06	100.83	117.69	100.96	119.00	103.95

上述讨论的是在大车运行制动、小车位于跨端极限位置且满载下降制动的工况下，分析影响上盖板开门处应力分布状态的各个因素。但在小车运行至跨端极限位置时，对于上盖板开门处，并不是最危险的工况。通过上面的分析可以知道哪些因素可以改善上盖板开门处的应

力分布，下面针对上盖板开门处的危险工况，即小车运行位置距主梁左端为 5.926 m(此时一组小车轮压恰好作用在上盖板开门过渡圆角处)，验证过渡圆角半径对该处应力状态的影响。未改变过渡圆角半径前，该处最大等效应力为 165.57 MPa，将矩形门短边改为半圆弧后，该处最大等效应力变为 116.39 MPa，效果明显。结果显示，通过单独适当调整主梁上盖板开门处过渡圆角半径、镶边厚度、开门大小和开门位置均可不同程度的改善该处的应力状态。在调整过程中可以将几个影响因素综合考虑，以便于得到最佳效果。

4 结论

(1)本文利用 Visual C++6.0 对 ANSYS 进行二次开发，借助 ANSYS 自带的参数化设计语言实现了大吨位桥式起重机桥架结构有限元模型的参数化以及分析过程的程序化。

(2)在有限元模型参数化及分析过程程序化的基础上，分析了主梁上盖板开门处过渡圆角半径、镶边厚度、开门大小和开门位置对该处应力分布的影响。

(3)本文中所运用的有限元分析方法极大地提高了设计分析效率，可以拓展到其他工程机械结构件的有限元分析计算中。

参考文献

[1] 徐格宁．机械装备金属结构设计[M]．北京：机械工业出版社，2009.

[2] 邓凡平．ANSYS 10.0 有限元分析自学手册[M]．北京：人民邮电出版，2007.

[3] 周长城，胡仁喜，熊文波．ANSYS 11.0 基础与典型范例[M]．北京：电子工业出版社，2007.

[4] 薛继忠，易传云，王伏林．桥式起重机桥架结构的三维有限元分析[J]．机械与电子，2004(8)：12－15.

[5] 张宏生，陆念力．基于 ANSYS 的桥式起重机结构参数化建模与分析平台开发[J]．起重运输机械，2008(2)：34－37.

[6] 张质文，虞和谦，王金诺，等．起重机设计手册[M]．北京：中国铁道出版社，1997.

[7] 曾攀．有限元分析及应用[M]．北京：清华大学出版社，2004.

(该论文发表于《机械工程与自动化》2013 年第 1 期)

水准仪检测上拱度的误差分析

孙南　薛建龙　滕录国

（陕西省特种设备质量安全监督检测中心　陕西 西安 710048）

摘　要：通过对水准仪的误差分析，从而保证水准仪的测量误差在控制范围之内，确保上拱度的检测精度。

关键词：水准仪；主梁上拱度；误差；修正；检测

1　概述

上拱度在起重机的制造及使用中是一项极为重要的质量指标。因此在检测时，消除影响检测值的误差问题，是应予重视的。

过去，上拱度的检测有三种方法：连通器检测法、拉钢丝检测法和水准仪检测法。后者使用方便，不需要做特殊器具，目前使用比较普遍，同时还可对门式起重机、岸边集装箱起重机、卸船机主梁、臂架的上翘度进行检测。据了解，目前在使用中，通常对水准仪本身的误差没有考虑，这是一个疏忽。

检测质量中，有一部分是依靠检测器具本身的精度保证的，否则也会产生一定的误差。水准仪在出厂前，允许视准轴有一定的倾斜角 i（见图 1）。例如我部使用的 DS_3 型水准仪允许 i 角为不大于 20″。

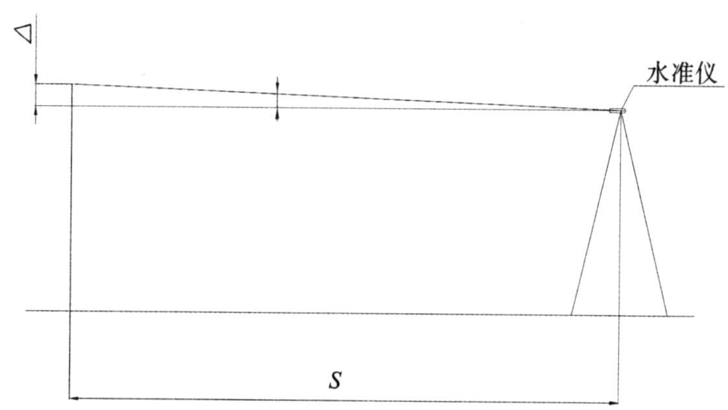

图 1　视准轴的倾斜角

这个允许值看来不大，但换算到测距 $S=20$ m 时的最大高差 $\Delta 20$，可达约2 mm。起重机跨度有的达数十米，这时测量上拱度或上翘度，尤其是在拱度值和上翘度值处于界限允差值附近时，由于对水准仪检测的误差没有修正，有可能使上拱度或上翘度的质量指标，在合格与不合格之间发生混淆。当然有的 i 值实际很小，几乎不影响检测值的精度，而在现场使用的水准仪，有的甚至超过 i 的允差值。但是，无论如何对其误差的分析，可以达到对水准仪的使用精度心中有数，进而确保检测的精度。

2　主梁上拱度检测

通常测量主梁的上拱度，至少需要选择三个测量点：两个点在主梁与端梁中心线的交点处，另外一点在主梁的跨度中心处。为了观察清晰，要求测点与水准仪上望远镜的距离不应小于 2 m。因此，测量上拱度时放置水准仪的位置，必须要偏离主梁的纵向中心线(见图 2)。

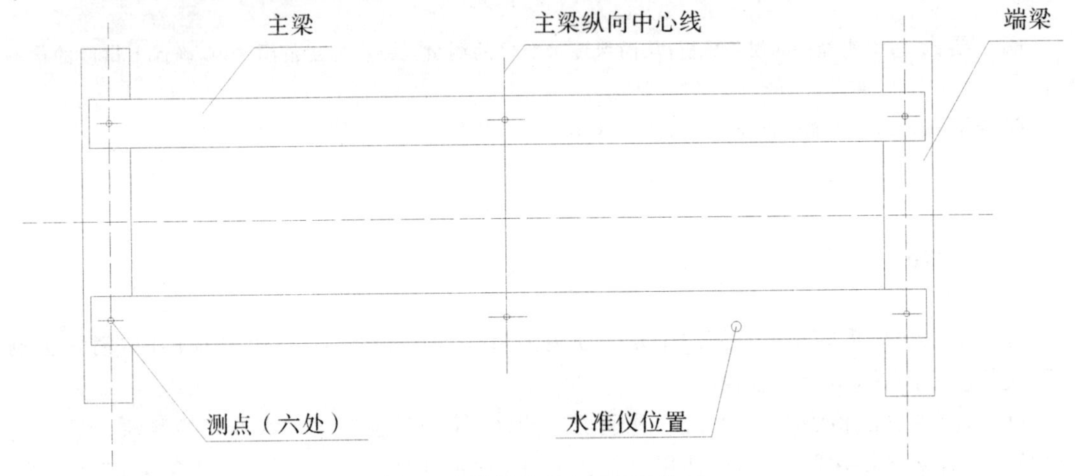

图 2　主梁测量时水准仪的位置

当用水准仪检测上拱度时，应该如何修正其误差，如图 3 所示配合说明。

(1) 测点高差(h')。这是指主梁本身放置歪斜和上拱度的影响，引起三个测点(a,b,c)不处在同一个水平线上，以致造成测值上的误差。这个问题比较明显，在现场检测中都合理地处理了。

(2) 测位高差(Δ)。这是指水准仪视准轴存在一定的倾斜角 i 所造成测值上的误差。这个问题在现场检测中尚未引起注意。为了保证使用水准仪检测上拱度的精度，对测值必须同时进行测点及测位高差的修正，这样才能得到真值。

在图 3 中，设水准仪的视准轴倾斜角为 i，测点为 a,b,c 三点，测距为 L_a,L_b,L_c，测高为 h_a,h_b,h_c，测位高差 $\Delta a,\Delta b,\Delta c$，测点高差为 h_a',h_b',h_c'则

$$\Delta a=L_a\cdot \mathrm{tg}i \tag{1}$$

$$\Delta b=L_b\cdot \mathrm{tg}i \tag{2}$$

$$\Delta c=L_c\cdot \mathrm{tg}i \tag{3}$$

由图三可知

$$h_a'=h_a-\Delta a \tag{4}$$

$$h_b'=h_b-\Delta b \tag{5}$$

$$h_c'=h_c-\Delta c \tag{6}$$

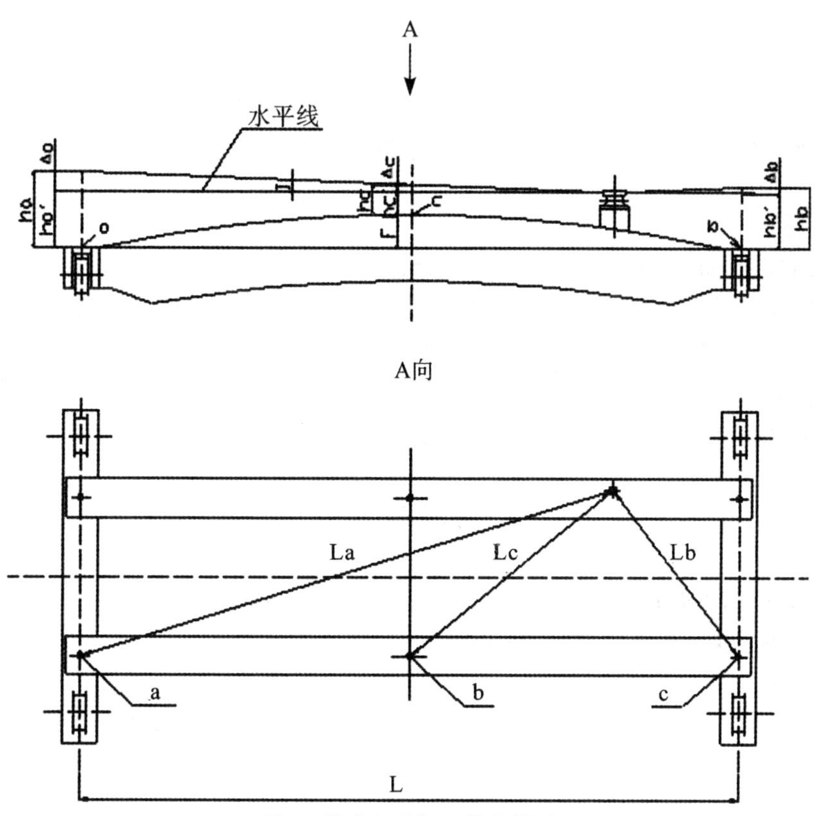

图 3　桥式起重机上拱度检测

修正后的上拱度 F 值为

$$\frac{h_a+h_b}{2}=h_c'+F \tag{7}$$

将(7)式移项，并代入(4)(5)(6)式，可得

$$F=\frac{h_a'+h_b'}{2}-h_c'=\frac{h_a-\Delta a+h_b-\Delta_b}{2}-h_c+\Delta c \tag{8}$$

3　举例说明

有一台桥式起重机桥架（起重机运行机构装配完成）其上拱度需要用水准仪检测（见图 3）。

已知：跨度 L=31.5 m；水准仪倾斜角 i=20；测距分别为

$$L_a=20\ 900\ \text{mm};L_b=11\ 040\ \text{mm};L_c=5\ 590\ \text{mm}$$

$$h_a=180\ \text{mm};h_b=200\ \text{mm};h_c=145\ \text{mm}$$

则

$$\Delta a=20\ 900\times0.000\ 1=2.09\ \text{mm}$$

$$\Delta b=11\ 040\times0.000\ 1=1.10\ \text{mm}$$

$$\Delta c\doteq5\ 590\times0.000\ 1=0.56\ \text{mm}$$

$$F=\frac{180-2.09+200-1.10}{2}-145+0.56=43.96\ \text{mm}$$

按照国家标准 GB/T 14405—1993 之规定，主梁应有上拱，跨中上拱度应为

$$F=(\frac{0.9}{1\ 000}\sim\frac{1.4}{1\ 000})L$$

范围内，即在 28.35～44.10 mm 之间，因此，经过修正后的 F 值合格。

如不考虑测位高差，仅按一般的测点高差的形式予以修正，则得

$$F=\frac{180+200}{2}-145=45\ \text{mm}$$

这就会造成误判这个主梁的上拱度为不合格。

用水准仪检测其上拱度，可能会把合格产品误测成不合格的情况，因而引起一些不必要的麻烦。当然在检测时改变一下测距，也可以使检测精度提高一些，但是作为误差来说，还是没有消除。因此，在具体检测时，一定要事先知道 i 角的实际数值。若 i 角较小，测值又在中间允差时，对测位高差修正与否，都不会影响交检问题了。

参考文献

[1] 顾孝烈，鲍峰，程效军. 测量学[M]. 上海：同济大学出版社，2011.

[2] 杨俊志，刘宗泉. 数字水准仪的测量原理及其检定[M]. 北京：测绘出版社，2005.

（该论文发表于《机械管理开发》2013 年第 4 期）

关于对起重机检测因素的处理

李宝宏

（陕西省特种设备质量安全监督检测中心　陕西 西安 710048）

摘　要：在起重机的检测项目中，有些项目既各自独立又相互制约，还有的项目在检测时规定了附加条件，如何理解以及在实际检测过程中把握这些影响因素。本文就起重机的小车轨道侧向直线度与小车轨距偏差两检测项目的制约关系进行讨论。

关键词：起重机；直线度；轨距偏差；条件

1　质量指标及检测方法

检测中，某厂在对称箱型梁桥式起重机的两指标做以下规定。

（1）小车轨道侧向直线度（mm）。

1）质量指标：轨道全长上的侧向直线度不超过：

$S_1 \leqslant 10$ m，$b \leqslant 6$，S_1 为轨道全长；$S_1 > 10$m，$b = 6 + 0.2(S_1 - 10)$ 且 $b_{Max} = 10$；每 2m 测量长度内，轨道中心线偏差不大于 1。

2）测量方法：将等高支架放在主梁端部第一块大肋板处的轨道外侧，用 $\phi 0.49 \sim \phi 0.52$ 钢丝拉紧；然后用尺测量（见图 1）。取测量值与等高支架之差的最大值为全长侧向直线度。局部直线度用 2 m 专用平尺接触轨道侧，避开轨道接头，用塞尺测量间隙数值，取最大值为局部侧向直线度值。

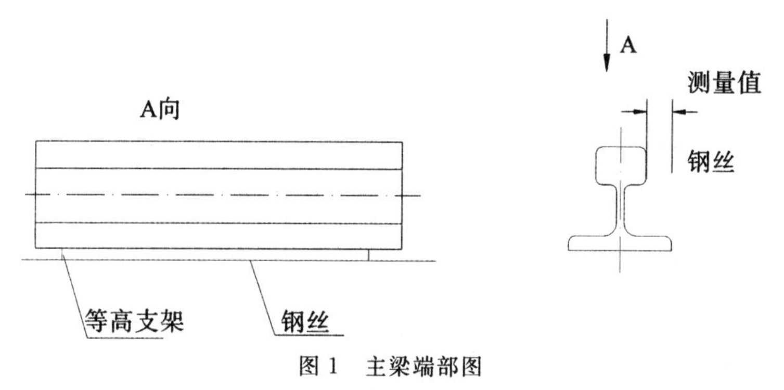

图 1　主梁端部图

（2）小车轨距偏差。

1）质量指标：

在跨端处，±2；在跨中处：当 $S \leqslant 19.5$ m 时，+1～+5 mm；当 $S > 19.5$ m 时，+1～+7 mm；S 为跨度（m）。

2)测量方法：在跨端和跨中分别用钢卷尺测量。用测得的三个数值 L_1，L_2，L_3 与轨距公称尺寸 K 之差，定为轨距偏差值(见图 2)。

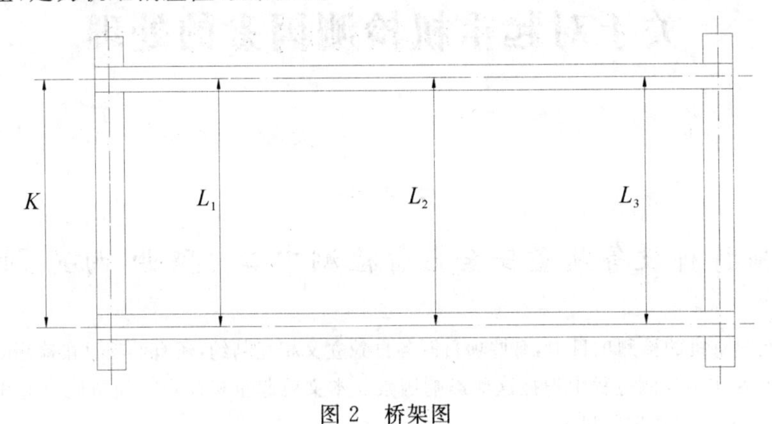

图 2　桥架图

2　相互制约关系

小车轨道侧向直线度和小车轨距偏差，都是桥式起重机的质量指标要求。在制造过程中，它们不但有各自的标准，而又相互制约，在满足单项要求的同时，又必须考虑到另一项目，给制造增加了难度。现在对对称箱形梁形式的桥式起重机，在制造过程中上述两项要求相互制约关系进行分析。以 $S=10.5$ m。为了便于说明，按不同跨度，将各项允许值列于表 1。

表 1

<table>
<tr><th colspan="3">跨度
允许值
项目</th><th>10.5</th><th>13.5</th><th>16.5</th><th>19.5</th><th>22.5</th><th>25.5</th><th>28.5</th><th>31.5</th></tr>
<tr><td colspan="2" rowspan="2">小车轨道侧向直线度 b</td><td>最小值</td><td colspan="8">0</td></tr>
<tr><td>最大值</td><td>6.0</td><td>6.6</td><td>7.2</td><td>7.8</td><td>8.4</td><td>9.0</td><td>9.6</td><td>10.0</td></tr>
<tr><td rowspan="4">小车轨距偏差 ΔK</td><td rowspan="2">跨端</td><td>最小值</td><td colspan="8">−2</td></tr>
<tr><td>最大值</td><td colspan="8">+2</td></tr>
<tr><td rowspan="2">跨中</td><td>最小值</td><td colspan="4">+1</td><td colspan="4">+1</td></tr>
<tr><td>最大值</td><td colspan="4">+5</td><td colspan="4">−7</td></tr>
</table>

分析：当 $S=10.5$ m。

由表 1 中可查出：$b_{Min}=0$，$b_{Max}=6$，$\Delta K_{端最小}=-2$，$\Delta K_{端最大}=+2$，$\Delta K_{中最小}=+1$，$\Delta K_{中最大}=+5$。凡生产 10.5 m 跨度的对称箱形梁桥式起重机都必须满足这些要求。但是：

(1)如果 $b_1=b_2=0$。

此时，若 $\Delta K_{端左}=\Delta K_{端右}=-2$，则 $\Delta K_{中}=-2$(不合格)。

若 $\Delta K_{端左}=-2$，$\Delta K_{端右}=+2$，则 $\Delta K_{中}=0$(不合格)。

若 $\Delta K_{端左}=\Delta K_{端右}=+2$，则 $\Delta K_{中}=+2$(合格)。

(2)如果 $b_1=0$，$b_2=6$。

此时，若 $\Delta K_{端左}=\Delta K_{端右}=-2$，则 $\Delta K_{中}=4$(合格)。

若 $\Delta K_{端左}= -2$，$\Delta K_{端右}=+2$，则 $\Delta K_{中}=6$（不合格）。

若 $\Delta K_{端左}=\Delta K_{端右}=+2$，则 $\Delta K_{中}=8$（不合格）。

(3)如果 $b_1=b_2=6$。

此时，若 $\Delta K_{端左}=\Delta K_{端右}=-2$，则 $\Delta K_{中}=+10$（不合格）。

若 $\Delta K_{端左}= -2$，$\Delta K_{端右}=+2$，则 $\Delta K_{中}=12$（不合格）。

若 $\Delta K_{端左}=\Delta K_{端右}=+2$，则 $\Delta K_{中}=+14$（不合格）。

结论：小车轨道侧向直线度在两个极值 0 和 6 时，在跨端小车轨距合格情况下，跨中小车轨距有不能装成合格品（上、下极限超差）的可能。

(4)如果 $\Delta K_{端左}=\Delta K_{端右}=-2$。

此时，若 $\Delta K_{中}=1$，则 $b_1+b_2=3$，即每一根轨道的侧向直线度只能在 0～3 之间，且必须满足 $b_1+b_2=3$；若 $\Delta K_{中}=5$，则 $b_1+b_2=5$，即每一根轨道的侧向直线度只能在 0～5 之间，且必须满足 $b_1+b_2=5$。

(5)如果 $\Delta K_{端左}=-2$，$\Delta K_{端右}=+2$。

此时，若 $\Delta K_{中}=1$，则 $b_1+b_2=1$，即每一根轨道的侧向直线度只能在 0～1 之间，且必须满足 $b_1+b_2=1$；若 $\Delta K_{中}=5$，则 $b_1+b_2=5$，即每一根轨道的侧向直线度只能在 0～5 之间，且必须满足 $b_1+b_2=5$。

(6)如果 $\Delta K_{端左}=\Delta K_{端右}=+2$。

此时，若 $\Delta K_{中}=1$，则 $b_1+b_2=-1$，即至少有一根轨道侧向直线度为负值（不合理）；若 $\Delta K_{中}=5$，则 $b_1+b_2=3$，即每一根轨道的侧向直线度只能在 0～3 之间，且必须满足 $b_1+b_2=3$。

结论：跨端小车轨距在 −2～+2 之间的公差范围内时，跨中小车轨距必须大于 1，才能使两根小车轨道侧向直线度之和在 0～5 之间，否则轨道侧向直线度出现负值。跨端小车轨距在 −2～+2 之间的公差范围内时，跨中小车轨距必须大于 1，才能使两根小车轨道侧向直线度之和在 0～7 之间，否则轨道侧向直线度出现负值。

综合上述分析，对对称箱形梁得出如下结论：对称箱形梁桥式起重机小车轨道侧向直线度的质量指标下限偏低，而上限偏高，跨中小车轨距偏差的质量指标上、下限均偏低。满足了一项质量指标，不一定能满足另一项质量指标。

3　建议

根据上面的论述，为了在制造时既能达到质量指标，又不会因质量指标的欠缺而增加麻烦，建议如下。

(1)提高小车轨道侧向直线度质量指标中的下限值，降低上限值，提高跨中小车轨距偏差质量指标的上、下限值。

(2)在未修改质量指标之前，建议组立桥架时，首先满足小车轨距偏差，合格后再调整小车轨道侧向直线度。

参考文献

[1]　张辉辉，杜宝江，吴恩启，等. 桥门式起重机轨道检测系统[J]. 起重运输机械，2008(7)：

12 - 13.

[2] 吴恩启，杜宝江，张辉辉，等. 桥门式起重机轨道检测技术研究[J]. 无损检测，2007(10)：27 - 28.

[3] 陈辉. 起重机轨道安装方式与监督检验[J]. 科技致富向导，2011(3)：23 - 24.

（该论文发表于《中小企业管理与科技》2014 年第 9 期）

大型起重机装配工艺方案的几点论述

高瑞琦

（陕西省特种设备质量安全监督检测中心　陕西 西安 710048）

摘　要：近几年内，大型起重机的生产制造朝大吨位和冶金铸造起重机的方向发展。再综合近几年形势的发展，本文论述了这种大型起重机装配工艺技术。

关键词：产品；安全；质量；效率

1　概述

起重机安全性要求极高，安全装置必须完善且安装正确，以达到可靠、灵便、准确的技术要求。根据起重机安全工作的重要性，为了使起重机投入使用后能满足各种负荷的作业要求，就必须按规定对起重机进行空载、满载、超载的静载及动载试验。而这些试验必须在起重机机构的运行状态或特定的静止状态中进行。这就要求在起重机安装后进行负荷试验后才可移交使用。起重机的钢丝绳等挠性件及许多其他零部件，都会在初次受载后发生一些伸长、变形、松动等。这也要求在起重机安装、进行加载试转以后，进行修复校正、调整、处理和紧固。因此，必须做好起重机安装、试运转、调速等一系列工作，才能保证起重机今后安全正常地使用。

2　齿轮联轴器的装配

起重机的运行机构、起升机构常采用CL型全齿联轴器和CLZ型半齿联轴器。也有一些起重机在上述机构上，采用新型鼓型齿全齿联轴器，还有采用十字轴万向节联轴器。通过上述联轴器，构成了主动车轮组与减速器，减速器与电动机之间的联接，使机构运转起来。

联轴器安装调整的精度高低决定着各机构使用性能及使用寿命。CL型和CLZ型的外齿圈与轴颈的配合大多为H7/S6。这种有键的过盈配合的装配方法，一般采用压装和热装的方法。

齿轮联轴器的外齿圈、轴间热装方法：根据配合件的尺寸精度，现场设备状况大致有电炉干燥箱加热、油温加热。现在装配车间大多采用电炉干燥箱加热。加热温度的选定应按《齿轮联轴器加热温度选取曲线表》选取。根据外齿圈与轴的配合尺寸，查出加热温度，并将查出的温度值加上环境温度，就是实际需要的加热温度值。

计算公式

$$T=t_1+t$$

式中

T ——实际加热温度值；

t_1 ——温度选取曲线查出温度；

t ——环境温度。

举例：配合尺寸为 160 mm，在曲线表上查出温度。

t_1＝125℃，环境温度 t＝20℃，则

$$T=t_1+t=125+20=145℃$$

得实际加热温度为

$$T=145℃$$

生产时尽量按配合直径接近的外齿圈，轴接手，按统一温度加热(见图 1)。

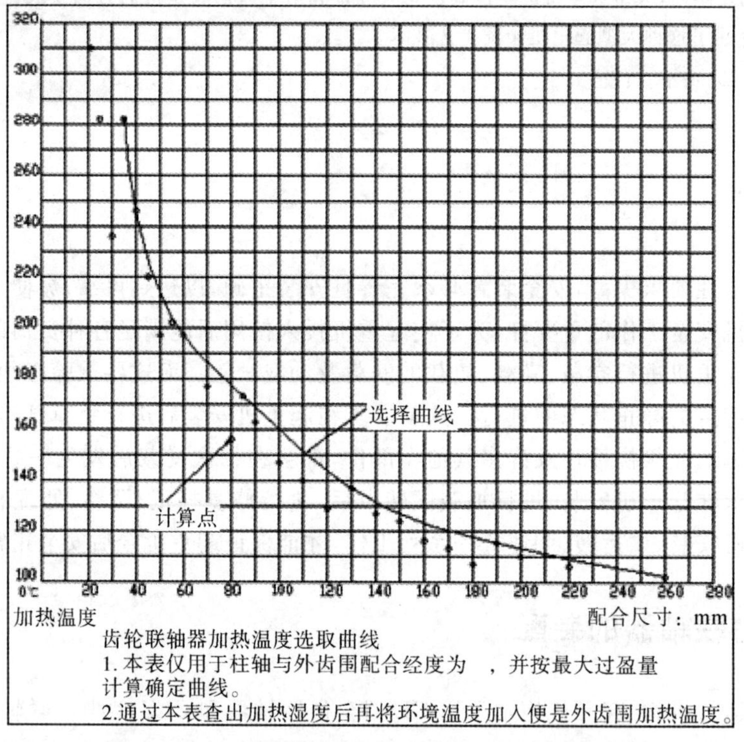

图 1 齿轮联轴器加热温度选取曲线表

3 起升机构的组装

小车上起升机构通常是在小车运行机构组装完后进行总体装配的。此时的小车架体已按要求返平垫牢。

3.1 起升机构的布置型式及组成的零部件

通常一般的起重机的小车上布置了主起升机构和副起升机构，分别由两套驱动装置各自驱动。完成吊载重物的工作。也有铸造起重机主小车上布置了一套起升机构。起升机构主要由以下零部件组成。卷筒组、减速器、电动机、钢丝绳、吊钩组或吊具，另有安全制动系统的制

动器、制动盘、限位等。钢丝绳缠绕在卷筒组、定滑轮组及吊具上。零部件通过齿轮联轴器、卷筒联轴器、制动轮、制动盘联轴器的联接，而组成完整的机构。由电动机的转动带动减速器旋转，驱动着卷筒组而完成了上升、下降的工作性能。

3.2　起升减速器与卷筒组的联结型式

（1）减速器输出的外齿轴与卷筒组上的外齿圈组成的开式齿轮传动型式。

（2）花键轴与花键套联接型式。

（3）减速器输出轴上的外齿与卷筒组上的内齿圈组成的传动型式。

（4）减速器与卷筒组之间采用 WZL 型球铰型卷筒联轴器的联接型式。

起重机小车在桥架主梁轨道上的运行，桥式起重机在厂房承轨梁轨道上的运行都是由各自的运行机构完成的。运行机构使用性能的好坏，使用寿命的长短，车轮组在机架上安装位置的正确与否，装配精度的高低是影响的关键因素。小车运行机构一般布置：四组车轮组，还有较大吨位或铸造起重机小车带平衡台车共 8 组车轮组的布置型式。起重机运行机构在桥架上一般布置了四组车轮组，较大吨位的起重机，或铸造起重机有 4 组平衡台车组，8 个车轮组的结构形式，又有 8 个平衡台车组，16 个车轮组的结构型式；还有带平衡梁，其下用铰轴穿联着平衡台车组多达 16 组，拥有 32 组车轮组来支撑着起重机的巨大轮压。为此，在厂内一定要严格按车轮安装的技术条件要求进行安装。

4　起重机跨度值的控制范围

起重机的跨度 S 的极限偏差应符合以下规定。

（1）当采用可分离式端梁，并镗孔直接装车轮的结构：

$$S \leqslant 10\ \text{m 时}, \Delta S = \pm 2\ \text{mm}$$

$$S > 10\ \text{m 时}, \Delta S = \pm[2 + 0.1(S - 10)]\text{mm}$$

（2）当采用焊接连接的端梁及角型轴承箱装车轮的结构时，其跨度的极限偏差值 $\Delta S = \pm 5$ mm，且每对车轮测出的跨度相对差不大于 5 mm。在车轮架空的情况下测量，起重机和小车的车轮在垂直面上的偏斜，当镗孔直接装车轮时轴线的偏斜角 α 应控制在 $-0.0005 \leqslant \mathrm{tg}\alpha \leqslant 0.0025$。

（3）当采用角型轴承箱车轮安装型式时，用测量车轮端面控制垂直偏斜值时测量值 α 应不大于 $L/400$，且车轮端面的上边偏向外侧（L 为测量长度）。

操作内容：对车轮组是角型轴承箱结构型式，小车架应翻转 180°，使上平面朝下，以 4 角的水平弯板处为返平基准，用水准仪测量返平，垫牢。车轮安装好后，再检查车轮踏面的同面度。

5　小车运行车轮位置的确定

拉尼龙线测量车轮的水平偏斜值，在垂直弯板处加调正垫片调正，其值应符合前述技术要求，用吊重锤或用框架水平尺检测车轮准端面的垂直偏斜值。在水平弯板处加调正垫调正至符合要求。注意基准端面偏斜的方向。用钢卷尺测量车轮跨距，调正至符合要求。

当跨距大于 10 m 时，应采用 GB/T 14405 规定的测量方法（即用弹簧秤施力拉尺，加修正值，计算实际跨距的方法）。

在上述拉尼龙线检测的同时，可拨动车轮组左右的位置，使符合车轮同位差的要求。

车轮水平偏斜值要符合要求，同一轴线的车轮偏斜方向要相反。上述工作完成后，要架水准仪检测车轮与轨接触点的同面高度差，可在水平弯板处车轮两侧同时加垫调正。如高度差 Δht 偏差值较大，不能靠加调整垫满足技术条件时，可与工艺人员沟通，确定通过整改小车架的方法来满足要求。

加调整垫，最多不能超过三层，最后拧紧车轮螺栓组，按图样要求焊接车轮垫板及螺栓固定板。马鞍支座的定位衬板应注意焊接顺序，螺栓的拧紧力矩要符合附表的规定。

6 大型起重机工艺技术的推广

近几年内，大型起重机的生产制造朝大吨位和冶金铸造起重机的方向发展。在综合近几年实行的发展，本文论述了这种大型起重机装配工艺技术。

7 结论

随着社会经济不断发展，工业生产规模在进一步扩大，那么通过使用该工艺来减低成本成为一种趋势，不但能更加稳定地提高可靠性，还能提高工作效率。同时，依照起重机的工作原理，能提高产品的通用化程度，有利于简化生产工艺流程，降低制造成本，而用户也能进行全方面的维护保养。

参考文献

[1] 朱跃峰．基于 MCU 的嵌入式智能网络控制系统设计[J]．微计算机设计，2007，23(2)：44－46.

[2] 杨世兴.煤矿监测监控系统的现状与发展[J].安全技术，2004(5)：23－24.

（该论文发表于《内燃机与配件》2016 年第 12 期）

第三部分

特种设备检验技术及监督管理

提高特种设备安性的思路

高勇　常国强

（陕西省特种设备质量安全监督检测中心　陕西 西安 710048）

摘　要：世界各国对特种设备的合理使用都采取了很多措施，然而特种设备的事故仍居高不下，为了使特种设备的事故有所降低，笔者结合自己的工作实际提出了提高特种设备质量及安全性的意见和建议。

关键词：特种设备；安全性；型式

0　引言

近年来，随着社会的发展，特种设备在人们的生产和生活中使用得越来越多。世界各国对特种设备的管理和使用都采取了很多措施。然而，特种设备的事故仍居高不下，为了使特种设备的事故有所降低，笔者结合自己的工作实际谈一谈提高特种设备质量及安全性的拙见。

据不完全统计，在造成塔式起重机事故的技术原因中，30％左右是由设计隐患造成的，笔者认为造成设计隐患的原因有以下几方面。

1　现行规范存在的缺陷

在产品全寿命过程中考核的试验有鉴定试验、型式试验、可靠性试验、电磁兼容试验等。

鉴定试验分为设计鉴定和生产鉴定。设计鉴定主要目的是确定图纸设计的状态是否满足规定要求的活动。生产鉴定主要目的是确定生产工艺、工装设备是否满足产品设计图样及技术文件的要求。

笔者认为，目前进行的型式试验存在下述缺陷。

(1)对型式试验概念理解偏差。《特种设备安全监察条例释义》中对型式试验的解释：型式试验是指由国务院特种设备安全监督管理部门指定的技术权威机构对产品是否满足安全要求而进行的全面的技术审查、检验测试。目前对特种设备没有进行鉴定试验，都是用型式试验取而代之。笔者认为这样做不科学，设计鉴定试验的目的主要是对设计图样及技术文件的正确性进行考核，生产鉴定主要是对生产工艺文件的正确性和工装设备的完整性进行考核，也就是按照编制的工艺文件和工装设备能否生产出符合图样和技术文件要求，并且质量稳定的产品。

笔者认为型式试验(也称例行试验)，是保证产品在连续(或批)生产期间保持质量一致性的一种试验验证；是对批量生产的产品，验证其是否满足图纸的要求，工艺是否稳定、产品是否能保证满足图样及技术要求的一种试验。也就是说，型式试验是产品稳定性和一致性的验证试验。

(2)型式试验执行不严格。型式试验的时机决定了产品质量的持续性、稳定性和一致性。如果没有按照技术规范的要求做型式试验,就很难验证产品质量的稳定性和一致性。国质检[2003]305号文和GB/T 10059对起重机和电梯的型式试验时机都做了明确规定。而在具体的执行过程中存在的问题有:一是目前大部分电梯厂家都没有按照GB/T 10058规定中对安全部件每年进行一次型式试验;二是电梯没有实行生产过程的监督检验,生产厂家在工艺重大改进后也没有按照GB/T 10058规定中进行型式试验。因而,电梯生产质量的一致性和稳定性就无法保证或验证,进而对其使用安全性带来很大隐患。

2 没有产品图样及技术文件的管理规范

只有正确合理经过试验验证的图样和技术文件,才能生产出质量可靠性能稳定的产品。目前在对产品的型式(或鉴定)试验时,主要考核了样机的性能,而忽视了图样及技术文件与实物的一致性。在试验报告的结论中,只是对试验样品的性能做出了结论,而对图样及技术文件与实物的一致性没有一个明确的结论。

建立管理程序。

(1)规范产品鉴定程序。根据产品全寿命管理的理论,产品在整个寿命内主要的管理节点有:设计阶段的设计定型(设计鉴定)、首次生产的生产定型(生产鉴定)、批量生产的工艺稳定性(型式试验)、使用阶段(定期检验)、报废阶段。笔者认为应建立以下管理程序。

1)建立设计阶段的设计评审制度和程序,确保设计质量。

2)建立产品鉴定程序。将产品的鉴定分为设计鉴定和生产鉴定,在试验单位做出试验结论的同时,由特种设备设计、检验、使用、管理等方面有一定影响的人员组成评审专家组,对图样和技术文件的质量、图样与实物一致性、工艺流程的科学性、工装设备的完整性、试验结果的有效性、真实性等进行全面评审,形成综合性评价结论和意见,这样就可提高产品的设计质量。

虽然鉴定试验需要的时间较长,试验费用也较大,一般厂家都不愿意进行这样的试验来对设计质量和生产质量进行这样的验证。在现阶段如果对基本型作严格的鉴定试验,对改进型(或变形)产品进行简化的鉴定试验同样可以达到提高产品质量降低安全性的目的。

(2)规范产品图样及技术文件的管理。产品是按照设计的图样及技术文件生产出来的。建立国家特种设备档案管理机制,对鉴定过的特种设备图样及技术文件进行归档管理,以防图样及技术文件的随意更改。给特种设备监督检验机构复制一套完整的图样及技术文件以供监督检验时查阅和核对,避免图样及技术文件更改的随意性,确保特种设备实物与图样及技术文件要求的一致性,从而保证特种设备生产的质量,确保了使用过程中的安全性。

3 结束语

众所周知,产品的质量主要是由设计决定的,生产来保证的,使用中表现出来的。因而,要提高特种设备的可靠性和安全性,一方面要加强试验环节的控制,另一方面要加强对图样及技术文件的管理。以上只是笔者根据工作实践中体会到的影响特种设备质量及安全性能的一点拙见,目的就是提高特种设备的质量和安全性,将特种设备的事故降到最低限度。

参考文献

[1]　赵晓光，刘兆彬，陈钢，等．新《特种设备安全监督条例》释义[M]．北京：中国法制出版社，2010.

（该论文发表于《中国技术监督》2009 年第 9 期）

抓好检验质量管理 确保特种设备安全

马天榜　高勇

（陕西省特种设备质量安全监督检测中心　陕西 西安 710048）

摘　要：本文给出了特种设备检验检测机构如何建立、实施适合自身发展的质量管理体系的几点意见和建议。

关键词：质量保证体系；特种设备；安全；质量

0　引言

《中华人民共和国特种设备安全法》中，明确规定对特种设备检验机构“应有健全的检验、检测管理制度、责任制度”。《特种设备检验检测机构管理规定》中要求：“检验检测机构应当建立质量管理体系，并能有效实施”。

如何建立、实施适合的特种设备检验检测机构质量管理体系呢？在体制改革之际，如何保障质量管理体系良性运转是各个检验检测机构共同关心的问题。笔者通过几年来的质量管理实践谈以下几点体会和感想。

1　建立体系是保证质量的前提

中国有句名言：“无规矩不成方圆”，一个单位想做好任何一件事，首先得提出要求、明确目的、策划好做事的程序，落实责任，才有可能完成任务，否则将一事无成。同样一个核准授权的特种设备检验检测机构，想要及时准确地把特种设备存在的安全隐患检验出来，就更需要建立一套完整的质量管理体系文件，而且要保证其具有一定的先进性、前瞻性、系统性、协调性、唯一性和适用性。

先进性的体现就是其中的程序和方法一定是本单位当前能达到的最科学、最有效的符合国家规范标准要求。

前瞻性的体现主要是指质量方针一定要表现出本单位未来发展的蓝图和远景规划。质量目标必须具有可测性、挑战性和可实现性。

系统性的体现主要是保证所建立的体系文件，完整的涵盖所有质量控制要素的体系文件，没有盲点。

协调性的体现主要是明确各部门，各责任人员的职、责、权，以及相互之间的沟通渠道和方法，以防相互矛盾。

唯一性的体现主要是质量体系文件是纲领性（法规性）文件，也是代表机构对外做出承诺的证明性文件。所以它不能同时有两个，否则无法贯彻执行。

适应性的体现则是指所建立的质量体系文件，千万不能好高骛远，不切实际的照搬别人的东西。

质量体系文件不是靠几个人一朝一夕凭想象所编制的，而是在单位领导策划下，在总结前人经验教训的基础上，汇集众人的智慧，通过大家艰苦的努力而建立的。同时还要根据科学发展观的理念，结合单位的发展趋势，不断持续改进。从而达到目标明确、职能明确、责任明确、权力义务明确，做到一切工作有程序，一切程序有控制，一切控制有文件，一切文件有标准。

2　运行体系是保证质量的关键

制度一旦确立，就必须具有一定的权威性，无论是领导还是员工无一例外，均必须严格执行。

2.1　领导率先垂范是关键

毛泽东同志教导我们："政治路线确定之后，干部就是决定的因素。"的确，单位质量方针和质量目标确立之后，领导者在具体的实施过程中就起着决定性的作用，这就要求单位领导者率先垂范，真正肩负起带领全体职工共建和谐质检的历史重任。省特检中心近年来，之所以能实现跨越式发展，客观上与设备增量有关外，与领导者的严明执法、强化管理、率先垂范是分不开的。特别是在质量与进度发生冲突时，领导者首先考虑的是质量。在平时工作中，要求大家做到的，自己首先做到，照章办事，不搞特殊化，表内如一，只干实事。从而确保了质量管理体系运转始终处于良性状态。

2.2　全员参与是根本

建立和实施质量管理体系是一个系统工程，涉及单位的每一个部门、每一位职工，涉及到检验过程的每一个环节。没有全体职工的积极响应和参与，再严密的工作流程，都将难以起到应有的作用。从体系文件建立伊始，中心领导就亲自负责，对体系文件中规定的每一个控制要素进行剖析、宣传，力求每位职工都能熟悉掌握。对新进人员，首要任务是学习中心体系文件，解决了"怕麻烦""两张皮"的问题。此外，在体系运行中，千方百计创造条件，使每一位职工充分体会到他是中心里不可缺少的一员，他们都是组织之本，只有他们充分参与，才能为单位带来收益。几年来，省特检中心检验过几万台特种设备，从未发生过因检验质量问题而引起用户投诉或不满。这都归功于全体检验人员有较强的质量意识、规范的检验行为以及负责的态度。

2.3　素质培训是手段

俗话说得好："特种设备检验检测机构的检验人员是凭证吃饭的"。进入 21 世纪以来，我国科技发展日新月异，过去的"一把卷尺检设备"的现象不会再重现了。要顺应历史潮流，跟上时代潮流，就必须不断地充电学习。我中心每年都制定全员培训计划，有质量体系文件的培训、有新规范标准培训、有专业知识培训、有实际操作技能培训，同时还有政治理论教育培训，在形式上,采取送出去、请进来,以老带新、现场观摩、实战演示、案例分析等方式进行,学习结束后,要进行业务考试,成绩归入个人技术档案。对于新进人员均要实施岗前培训考核,作为转正的依据之一。到目前为止,我中心 114 名职工,共持各类检验检测资格证 317 项,绝大多数同志是一人多证,做到持证上岗,合法检验。

2.4 充实硬件是基础

在当今的检验检测行业,在人员技术水平相当的前提下,就看硬件配置。近年来,为提高检验检测能力,我中心花 300 多万购置高科技检测装备和仪器,2016 年再投资 300 万购置先进检测仪器。事实证明,这些设备的投入,使检验数据的准确性进一步提高,也使中心的经济效益和社会效益双丰收。

2.5 抓点带面、控制流程是难点

质量管理是一项很繁杂的系统工程,有一个环节失控,都会影响到整个系统的良性运作。在这一方面,我中心始终坚持规范化管理,程序化工作。首先,抓大型检验工程质量关。要求每项检验工程都必须明确质量安全负责人,负责现场检验质量安全,中心领导每个月深入检验现场定点抽查,各检验部部长每周至少跟踪一次现场检验。查职工安全、查检验记录、查服务质量。抓检验报告编制、审核、签发关。其次,文明服务,和谐质检。把创建文明窗口活动和严格检验质量管理,提高检验服务水平有机地结合起来,规范窗口管理,树立文明形象。第三,加强对责任的落实,严格进行考核。对检验工作扎实,成绩显著,目标考核优秀的科室和个人进行表彰奖励;对工作不重视、责任不落实和工作失职等行为,进行严肃追究责任,年终考核实行“一票否决”制。

2.6 抓检验报告质量、树规范质检形象是重点

检验报告是检验机构的“产品”,检验报告质量是检验质量的重要组成部分。几年前,省局组织了一次质检系统检验报告评比活动,其结果令人震惊,为此,我们在中心内展开一场“查报告、补漏洞”活动,首先要求每位检验员,对照标准检查自己所出报告,然后由中心主任挂帅,组织评审组,进行综合评定,对抽查中发现的问题集中分析,是软件的问题,立即修改,是填写问题,提出纠正措施,进行纠正。同时将报告评审工作,纳入长效机制,每季度由质量技术部组织对检验报告进行抽查评比,公开通报,将评比结果纳入年终综合考核内容,经探索发现,这一方法的使用,能够较好地控制检验报告质量,树立规范质检的形象。

2.7 检验能力比对是提高检验质量的重要途径

常言道:“不怕不识货,就怕货比货”。检验检测工作也是如此,如果长期闭关自守,懒于交流,就很难提高检验质量。我中心每年年初都制定比对计划,由质量技术部牵头负责,适时安排同其他检验机构做检验能力验证比对和中心内检验员之间的检验能力验证比对。几年来先后与甘肃特检院、四川特检院、河南特检院进行了技术比对。通过人员比对和设备比对和全方位交流,相互之间取长补短,收获颇丰。对发现的问题,双方检验人员共同认真、细致地分析偏离原因,制定纠正措施,为提高检验水平和检验质量铺平道路。

3 持续改进体系是提高质量的保障

质量管理体系的运行是一个动态的过程，发现和解决问题可以使质量体系不断地得到完善。显然内审工作和管理评审工作在确保检验质量方面显得尤为重要。

每年年初制定内审计划，对质量体系覆盖的检验程序，检验过程，检验报告等进行详细检查，验证质量体系文件中描述的程序、过程和活动是否得到有效实施，所需资源是否能够获得并有效使用，检测活动的结论结果是否符合要求等。对内审发现的问题，及时开具不合格通知单，并整改纠正，做到不闭合的不放过，没有提出预防同类问题再次出现的措施不放过。此外，每年年终，由最高管理者主持开展管理评审工作，对质量方针和目标，质量体系的现状和适宜性进行的正式评审，以确保质量方针、目标和质量体系持续的适宜性、充分性和有效性。

此外，自觉接受政府特种设备安全监察机构的依法监督检查。每月向特种设备安全监察机构上报检验情况。不定期走访用户，建立大客户沟通平台。每年组织用户座谈会，认真听取客户反馈的每一个问题，针对发现的不符合项，举一反三地制定纠正措施，促进检验质量的提高。平时，认真倾听顾客的投诉和抱怨，奔着有则改之，无则加勉的原则，力求做好政府最关心的事、企业最称心的事、群众最舒心的事。特检机构只有服务于社会，服务于广大使用单位，才能正真听到有助于我们发展的好点子、好思路，检验事业才能一步步发展壮大。

4 结束语

综上所述，一个积极向上谋求发展的检验单位，特别是在目前机构改革时期，更要建立高标准的质量管理体系，并严格落实到检验工作的各个环节，且不断改进提高。近年来，通过检验质量控制手段和保证措施的运用，我们就感受到了抓检验质量管理的甜头，同时也享受到了抓检验质量管理的效益。我们先后多次获得省局机关党委颁发的“优秀基层党组织”，以及连续获得省局颁发的“先进单位”等光荣称号就是最好的例证，更重要的是最大的社会利益——特种设备的安全经济运行得以保障。

参考文献

[1] 中华人民共和国国家质量监督检验检疫总局. 中华人民共和国特种设备安全法[M]. 北京：法律出版社，2013.

（该论文发表于《陕西质监》2015 年第 6 期）

电梯应急救援机制的建立

屈名胜　高勇　井德强　贺拴民

（陕西省特种设备质量安全监督检测中心　陕西 西安 710048）

摘　要：电梯安全作为一项民生工程，电梯事故发生后第一时间开展救援，将伤害降低到最低是各级政府和质监部门一直努力的目标。我国现行的电梯救援机制存在多部门重复出动造成的资源浪费、救援不专业造成二次伤害等不足。随着电梯数量的快速增长以及电梯服役时间的增长，电梯事故发生的频次可能继续增加，旧的救援机制已不能满足经济和社会发展的需要。本文分析了我国现行电梯应急救援机制中存在的诸多不足，提出了适应经济社会发展需求的社会专门救护型电梯应急救援机制的建立方法。

关键词：电梯；应急救援；机制；社会专门

0　引言

随着我国经济的发展和城市化进程的加快，电梯已广泛分布在小区住宅、写字楼、商场、学校、医院等人群密集场所，成为提升公众生产生活效率与质量的不可缺少的重要工具，也成为衡量一个城市现代化程度的标志之一。电梯在高效服务的同时，难免会遇到突如其来的问题——如停电、故障等，从而对电梯使用人员的人身安全造成极大的威胁。

电梯安全工作为一项民生工程，其安全状况备受公众与媒体关注。根据《特种设备监察条例》第六十四条规定，电梯轿厢滞留人员两小时以上的属于一般事故。如果事故发生后不能得到及时有效的救援，加上部分媒体为追求新闻轰动的夸大报道，不仅会将质监部门推向风口浪尖，也会成为影响社会和谐稳定的不利因素。在事故发生后第一时间开展救援，维护广大人民群众生命财产安全，是各级政府和质监部门一直努力的目标。如何最大限度的缩短救援时间，对我国现行的电梯救援体制提出了更高的要求。因此对电梯应急救援机制进行重点研究，建立并完善电梯社会专门应急救援机制，对于电梯应急救援工作的顺利开展具有极其重要的意义。

1　现状分析

从国家质检总局通报的数据显示，2011 年全国共发生各类特种设备事故 275 起，死亡 300 人，受伤 332 人。各类特种设备中，电梯事故 57 起，较 2010 年的 44 起有所增加。与此同时电梯的数量正在以 20%的年增长率快速增长，随着电梯数量的快速增长以及部分电梯服役时间的增长，“困人”等事故的发生频次可能继续增加。现如今电梯的紧急救援方式已从传统的“自救”方式发展到现在最常用的“他救”方式，并继续向“自动救护”“远程救护”及“社会专门救护”

方向发展[1]。

2 现行救援机制

根据我国现行的电梯救援机制,如果电梯出现事故,电梯使用单位通知维保单位进行救援。但这种机制在电梯应急救援中,可能存在以下不足。

2.1 多部门重复出动,造成社会资源浪费

电梯事故发生后,受害者心情会比较急躁,一般都向物业公司或110,119求救。有时甚至是多个部门同时求助,但是,上述部门大多并不具备电梯救援专业人员,在救援上容易延误时间或发生意外。而多个部门接报后重复出动造成了社会公共资源的浪费。

2.2 救援不专业,易造成二次伤害

从统计数据看,近几年电梯事故中,违章操作占62.7%,设备缺陷占22.7%,意外占8.0%,非法使用设备占6.6%。在事故受伤害人员中,普通乘客占50%,维护保养人员占13%,安装工人占12%,电梯操作人员占4%,其他包括保安等未经培训的人员占21%[2]。从数据可以看出,救援不专业造成的事故及二次伤害在电梯事故中占有很大的比例。

2.3 存在破坏性强拆,造成财产损失

当事故发生后,110,119接警后前来施救,为解救被困人员强行撬开厅门轿门、甚至割开轿顶的方式都时有发生。这种救援方式本身就存在极大的安全隐患或具有破坏力,不仅可能对被困人员造成二次伤害,也造成了产权单位的财产损失。

2.4 现场救援人员(维保人员)知识结构参差不齐,难以保证救援质量

电梯事故发生后,实施救援的往往是维保企业的维保人员,我国的电梯维保企业可以分成两大类,即电梯生产厂商自己设立的维保企业和独立的第三方维保企业。在维保市场中,第三方维保企业包揽了超过80%以上的业务。但相对来说,前者的专业性、维保质量保证体系等都远远高于后者。前者占市场份额小的很大原因是电梯生产厂商并不重视维保业务。因为目前维保业务对于他们来说,利润相对较低,而销售过程中产生的利润更大[3]。这就造成了维保人员待遇低、流动性大,维保人员所接受的专业培训以及自身的知识结构与技能也存在很大的差距。不仅不能保证最先到达现场的使用单位人员是相应的持证人员。而且对维保单位而言也不能保证其能快速安全实施救援,有可能耽误最佳救援时机。

2.5 维保公司救援点、电话联系不通畅,难以保证第一时间开展救援

根据监察部门和物业公司要求,维保单位大都在轿厢留了应急救援电话,但大部分公司留的电话都是维保公司的维保电话,有的还是全国的售后服务电话。事故发生后的救援联系是层层转接,转接到最后并不能保证其就是该台电梯的维保人员,对事故电梯的熟知程度亦难保证。而维保点的分散更是很难保证维保单位第一时间赶赴救援。

2.6 信息不对等,对维保质量和维保单位资质缺乏有效监督

事故发生后,尤其是"困人"事故发生后,维保单位和使用单位往往自行处理,有些甚至直到媒体曝光后质监部门才能知道,借用资质进行维保个人揽活的事件在电梯维保中也并不鲜见。信息的不对等,使监察部门对维保单位无法进行有效监督和考核。

2.7 电梯事故应急预案质量和效用有待提高

(1)在法制建设和制度建设的推动下,应急救援预案在各级政府部门均有编制,但其应用于实际救援中可能存在缺乏针对性、缺乏可操作性等问题。

(2)电梯事故救援领导小组是根据《突发事件应对法》中统一领导的体制,在事故发生时往往是建立临时指挥机构的授权模式。而这种临时指挥机构在体制的运作过程中往往会因为组成人员的不够稳定、工作责任不甚明确、对事故的经验积累不够,而导致体制运行的现实效果达不到预期[4]。

2.8 使用单位关注重点存在误区

目前,社会对物业管理存在一种误区,大家关注的重点在保安、保洁和停车管理上。虽然物业公司向用户收取了电梯使用费,但对电梯设备在资金和人员投入上都不够。而物业公司人员流动大,其本身不愿意培养和配备相应的人才,一个电梯管理人员证件在一个物业所管理的各个小区内使用以应付年检。虽然物业公司提高服务质量无可厚非,但物业公司应将关注点更多的放在涉及人身安全的电梯上。

2.9 缺乏统一的投诉处理部门

根据《TSG T7001—2009 电梯监督检验和定期检验规则——曳引式与强制驱动电梯》第八条第四款规定,对于一个检验周期内特种设备安全监察机构接到故障实名举报达到 3 次以上(含 3 次),并且经确认上述故障的存在影响电梯安全运行时,特种设备安全监察机构可以要求提前进行维护保养单位的年度自行检查和定期检验。虽然检规中进行了明文规定,但在现有的以行政区域化的管理中,相应管辖区域内的投诉举报电话并不为公众所熟知,对于常常发生故障的电梯,群众往往会通过媒体将其曝光使问题得到解决。

3 新机制的建立

新的电梯救援机制的建立可能涉及到管理层和基层人员各个层次,以及公安、消防、医疗卫生、新闻媒体、武警部队等不同部门,这些都给日常管理和指挥带来诸多困难。而解决这些问题的唯一途径是建立科学、完善的应急体系并实施有效的标准化运作。就当前我国电梯救援的现状,可以从以下几个方面着手,尽可能利用已有的力量和现成的资源,逐步建立和完善适应我国经济社会发展的社会专门救助型的电梯应急救援机制,其构成如图 1[5] 所示。

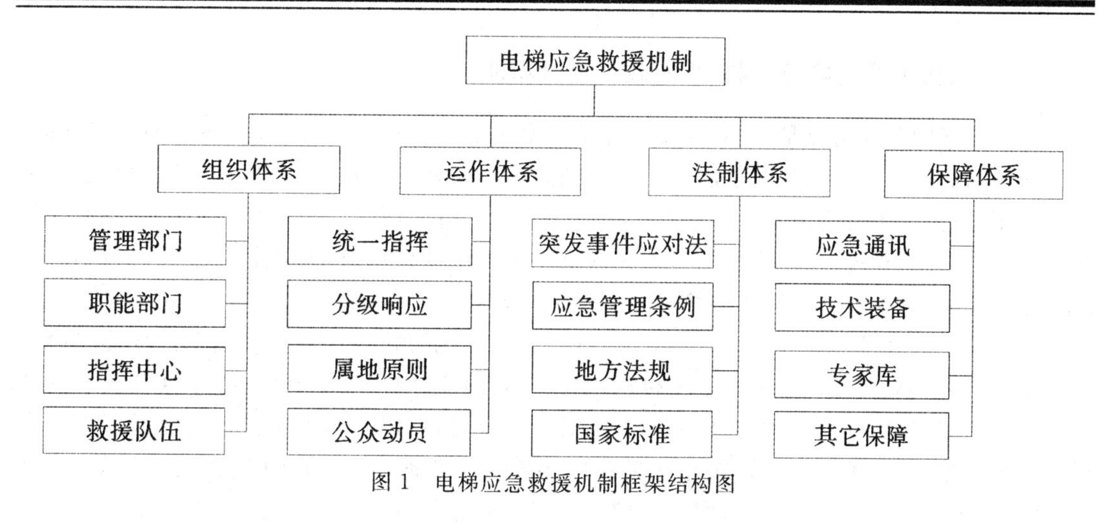

图1　电梯应急救援机制框架结构图

3.1　建立统一指挥平台

(1)以市(区)为单位建立电梯应急救援指挥中心,建立人工和自动报警终端和指挥调度系统,设立统一应急救援号码。在中心城区建立主处理中心负责全市电梯救援服务的安排,设立统一的电梯基本信息及指挥平台,由指挥中心统一指挥协调相关部门,区(县)设立分中心,乡镇(街道)设立救助点,每个救助点配备专业应急救援人员。实现统一接警、统一指挥、多方联动,保证对突发电梯事故的有效控制和快速处置。

(2)优化救援路径,缩短救援时间。

救援部署主要包括提供不同部门前往事发地的救援路线等问题,出救点配置在城市中的不同位置,事件发生地可能会在路网中的任一点,因此,出救点到应急点的救援路径选择问题就需要进行深入地研究。根据电梯分布和救援点分布建立最优救援路线方案模型,以达到救援时间最短的目的[6]。

3.2　组建专业救援队伍

根据我国电梯救援的现状,组建专业电梯救援队伍作为应急救援的基本力量,现有电梯维保单位作为应急救援的辅助力量,公安消防部门作为应急救援的突击力量。在以往这些救援力量往往缺乏协调统一的工作机制,造成资源的分散,在临时组织救援力量时,存在责任不明、机制不顺等问题,影响了救援力量作为统一整体作用的发挥。因此,救援力量的调配也是救援组织的关键,建立统一协调的指挥机制,将原本分散的资源有效地整合,对已有的应急指挥机构、人员、设备、物资、信息、工作方式进行资源整合,从而有效减小突发事件造成的损失。按行政区域对政府部门、电梯维保单位、电梯使用单位分工,改变过去电梯救援力量分散管理、多部门重复出动、社会资源浪费的局面。

专业救援队伍根据电梯分布进行合理部署并配备各类先进的救援装备、器材及通信和交通工具。制定各类事故救援专业技术预案,积极开展专业技能培训和演练,以期达到处置电梯事故中确保电梯被困人员安全获救、救援人员安全操作、电梯受到最小化破坏的“三赢”效果。积极开展与维保单位和公安消防部门的联合演练,提高快速反应和协同救援能力。

3.3 强化多部门联动机制，落实政府监督职能

目前我国的实际情况是，面对突发事件常常发生110，119，120几个部门间信息不能互通，先到达现场的部门往往因为其他配合部门未到而束手无策。2005年1月，国务院常务会议审议并原则通过了《国家突发公共事件总体应急预案》，为应急联动提供了实际依据。而实现与"110""119""120"指挥中心信息共享，市民拨打这三个中的任何求助电话，可以随时转到电梯应急救援中心，专业队伍可以实施第一时间专业援救。

除了在事故处理中涉及的110，119，120等部门，其他与特种设备相关的部门职能也会进一步加强。一是对特种设备安全监察机构，通过有效的信息共享，安全监察机构可以了解辖区内电梯使用状况，更好的履行监督职能；二是对地方政府，可以更好的地方政府和基层群众自治组织的力量，建立预警和处置快速反应机制，在突发事件时，立即进入应急状态，启动各级预案，在应急处理中心统一指挥下，实现电梯专项安全监管与综合治理相结合的机制；三是与法定检验检测机构建立信息沟通，以检验检测机构为技术依托，实现对在用电梯的运行管理，推动依法检验。

3.4 建立电梯动态监管平台

逐步建立和完善以电梯使用登记证注册代码为标识的电梯GIS(Geographic Information System)地理信息系统以及动态监管系统建设，推行如北京、重庆等省市在系统建设中所采取的好的经验，以电梯动态监管系统为基础建立综合信息管理平台，通过信息监测，对信息进行收集、分析和处理，预测可能发生的情况，及时由电梯应急救援指挥中心进行解决处理。

4 小结

目前，在电梯救援方面杭州市建立了特种设备应急处置中心，设置了96333平台，整合了市内电梯维保和救援力量，平均救援时间缩短至16 min左右[7]。

杭州成功的经验给了我们很好的启示，我们通过电梯救援指挥、统一信息、统一指令、统一救援，形成全覆盖、专业化、专门化和社会化相结合的电梯应急救援机制，对整个社会的发展和稳定以及和谐社会的建立有着巨大的推动。在社会专门化救援体制的建立中，政府主导是必然的，但可能涉及由消防还是质监谁来牵头以及资金等诸多的问题。

单单为电梯建立一个应急救援中心可能是一种资源的浪费，但在电梯应急救援体制建立顺利完成时，可将应急救援中心的救援范围扩大的到锅炉、压力容器、压力管道、起重机械客运索道、游乐设施、厂内车辆等设备，实现特种设备目录中八大类特种设备一体化的救援机制，条件成熟时可将特种设备应急救援中心并入政府应急救援网络，为保护人民群众的生命财产安全，维护社会和谐稳定发挥应有的作用。

参考文献

[1] 庞文铸.浅谈电梯的应急救援[J].安防科技，2008(12)：72－73.
[2] 华新．国家质检总局：我国电梯安全形势总体平稳[J].中国品牌与防伪，2011(8)：45.

[3]　吴玉峰．电梯事故频现 增长方式求变[J]．中国质量万里行，2011(8)：55．
[4]　张翘楚．关于重大突发公共事件应急救援机制的研究[J]．北京人民警察学院学报，2010(2)：31－32．
[5]　于庭安．我国城市地铁突发事件应急体系建设的研究[D]．湖南：中南大学，2008．
[6]　彭锦华．灾害条件下城市应急救援策略的探讨[J]．技术与市场，2011(8)：313．
[7]　吴静．电梯救援时间缩短到16分钟[N]．杭州日报，2011－10－29(6)．

（该论文发表于《中国公共安全：学术版》2012年第1期）

中美特种设备监察体系对比分析

刘佳吟

（陕西省特种设备质量安全监督检测中心　陕西 西安 710048）

摘　要：特种设备涉及生命安全，危险性较大，需要完整的安全监管体系。对比中美两国特种设备监察体系，明确我国特种设备监察体系中的不足，有助于不断完善我国的特种设备监察体系。

关键词：特种设备；监察；体系

0　引言

在我国，特种设备是指涉及生命安全和危险性较大的锅炉、压力容器（含气瓶）、压力管道、电梯、起重机械、客运索道、大型游乐设置和场（厂）内专用机动车辆等八大类特殊设备。截止2013年底，我国共有已办理注册登记的八大类特种设备936.91万台[1]。

在美国，没有特种设备这个专有名词，一般会直接针对某一设备进行立法监管。

特种设备管理一般包括监察管理体系、应急管理体系和事故处置体系三大部分，其中应急管理体系和事故处置体系均为特种设备发生事故中的抢救与事故后的补救环节，监察管理体系则属于事故发生前的风险监测与预警，包括特种设备的设计、制造、安装、改造、维修、使用、检验检测等安全生产监管重要环节。随着我国特种设备种类的日益繁多以及覆盖面的不断加大，特种设备监察工作面临的形势日趋复杂，监察难度越来越大。建立有效的特种设备安全监察管理体系迫在眉睫，只有当这个系统的每一个环节和要素都能有效发挥时，才能形成有效地特种设备安全保障体系。

由于欧美等发达工业国家经历了较长时间的工业化生产，已经在安全生产监管方面形成了一整套比较完善的法律和制度体系，典型代表之一是美国，通过对中美两国的特种设备监察体系进行对比分析，针对我国国情进行借鉴与创新，有助于不断提高我国特种设备的监察管理水平，减少特种设备事故的发生。

1　监察体系构建基本要素

特种设备安全监察体系的基本要素是安全监察主体、监测对象、制度体系及运行机制。

安全监察主体由负责特种设备监管各环节的部门人员组成，全面负责特种设备的安全监管。监测对象是依据特种设备不同特点而明确的必须进行监管的不同环节。制度体系包括法律法规和技术标准两部分，这是特种设备进行安全监管的法律依据和科学依据。技术标准需要根据科技发展的水平不断修订与完善，法律法规则是保障技术标准顺利执行的基础。良好的运行机制是特种设备监察体系中不可缺少的重要环节，需要在监察过程中不断修改完善。构建特种设备安全监察体系，就是要明确监察主体责任和监测对象，建立比较完善的技术体系和法律法规体系，形成规范有序的特种设备安全监管运行机制，切实保证特种设备安全平稳运行、保障人民群众生命财产安全。

2　美国特种设备安全监察体系

美国的特种设备主要有锅炉、压力容器、电梯、起重机械和游乐设施等，对于不同的监察对象所采取的安全监察管理方法与运行机制有较大的差别。

美国是联邦体制国家，安全监察主体由联邦政府及各州政府组成。联邦政府的运输部负责压力管道和气瓶、槽车的安全监察。起重机械安全属于非强制性监管的职业安全范畴，由联邦 OSHA（Occupational Safety and Health Administration，职业安全和健康管理局）或各州 OSHA 负责监管。锅炉、压力容器、电梯设备这些需要强制性监管制造、安装、使用和维修等多环节的安全监督管理则由各州自行负责。各州负责特种设备安全监察的机构也大不相同，如纽约州由劳动部全面落实处理[2]。

美国很重视制度体系建设，其立法和监管环节，见表 1。从立法情况上看，美国最早从 1907 年立法对锅炉相关环节进行强制性检查[3]，随后在 1909 年补充了对压缩气体的监管，1911 年发布了包括“无缝钢质气瓶”在内的一系列运输用容器规范，联邦政府于 1950 年将《危险品规程》纳入联邦法规，并于 1967 年将危险品的管理由州际商业委员会转到美国运输部的研究和特殊项目管理部，下面专门设立危险品管理办公室，制订气瓶、罐车、压力管道等特种设备相关的法律、规程，并进行安全管理。电梯大约在 20 世纪 60 年代才开始广泛立法。1970 年后，起重机械的立法开始大量出台。加利福尼亚州 1968 年立法检查移动游乐设施，固定式的游乐设施近年来开始广泛立法监管。

表 1 美国特种设备安全监管立法及监管环节一览表

序 号	设备名称	立法时间	监管环节				
			设计	制造	安装	使用	修理
1	锅炉	1907 年	参与	强制性	强制性	强制性	强制性
2	压力容器	1909 年	参与	强制性	强制性	强制性	强制性
3	电梯	1960 年	参与	参与	强制性	强制性	强制性
4	起重机械	1970 年	参与	参与	参与	参与	参与
5	游乐设施	1968 年	参与	参与	强制性	强制性	参与

美国的安全监察主要管理环节和管理方法因设备的不同而有很大不同。以电梯为例，美国联邦政府没有统一的电梯安全监督法规，但绝大多数州都有自己管理电梯安全的法规。许多劳动安全管理部门获当地立法机关授权，将电梯的监督管理从劳动安全扩大到公众安全，如纽约州、加利福尼亚州。一些独立立法的较大城市则由建筑物管理部门对电梯安全进行监督管理，如纽约市、芝加哥市。还有一些州或市则由其他政府部门对电梯安全进行监督管理。电梯定期检验每年一次，但如果电梯由有资格的维修保养企业实行全面维修保养，保养间隙不超

过一个月一次，如果电梯安全状况良好，则年检周期可以两年一次，相应的运行许可证也由一年延至两年。对于电梯安全事故，美国的处罚力度应该说是相当大的。例如2002年在美国引起很大反响的迪乐百货商场的一个案例，一个小女孩在母亲没有注意到的情况下突然跑进商场的电梯，三个手指被完全夹断。在法庭上母女律师做了大量取证工作，证明这个商场电梯已经使用了20多年，相当老旧，虽然每年的安全检测都合格，但由于它已经过了使用年限，商场又没有及时的更换新电梯，所以法院就判百货商场赔偿1 500多万美元[4]。

利用权威民间机构和团体将全国单位资格，人员资格，设计、制造和检查标准统一起来是美国特种设备安全管理运行机制的一个重要特点。历史上，美国特种设备安全管理体系逐步形成，通过民间机构、团体和政府监察机构的互相补充及配合，最终构筑成为一个相互渗透又相互制约，同时能兼顾各方利益的完整体系。

3 中国特种设备安全监察体系

1955年，我国仿效原苏联模式在国家劳动部首次设立了“国家锅炉安全检查总局”，这是我国劳动安全监察机构正式成立和我国对特种设备的安全监察工作由此展开的标志。当时并未在各省设立分支机构，且国家总局也在1958年撤销，直到1963年才恢复这一机构，同时增加了各省市相应机构的编制。1979年，国务院通过了“加强锅炉压力容器监督监察机构”的建议，建立起从国家到省、地(市)、县的四级锅炉压力容器监督监察机构。1982年6月6日，国务院颁布了《锅炉压力容器安全监察暂行条例》，这是我国在特种设备监察方面的第一项法规。对锅炉压力容器从设计、制造、安装、使用、检验、修理改造全过程实施监察做了相应的规定，明确了监察主体，有效建立起从国家到省、地、县各级地方的特种设备安全监察体系。

改革开放前，我国特种设备安全监察法制建设十分薄弱，全国仅有4个安全技术规范。三十年来，特种设备立法工作得到极大提升和规范，现已完成涉及八大类特种设备的各类安全技术规范的制定、修订400余项，各种相关技术标准约2 000个，已初步建立了针对我国国情的特种设备安全监察法规和技术标准体系。2003年，国务院正式颁布的《特种设备安全监察条例》，取代了已经“暂行”21年的《锅炉压力容器安全监察暂行条例》。2013年6月，全国人大常委会审议通过了《中华人民共和国特种设备安全法》(以下简称《特设法》)，并于2014年1月1日起正式实施，这是我国特种设备安全监察体系走向科学化、法制化的一大标志。《特设法》明确了从设计、制造、安装、使用、检验、修理改造全过程各环节的主体责任，增加了缺陷特种设备召回制度；加大了违法行为的处罚力度，增加了民事赔偿责任和构成违反治安管理行为，依法给予治安管理处罚的规定。

我国现行安全监管体制中，国家安全生产监督管理总局(国家安监局)负责全国安全生产综合监督管理，国家质量技术监督总局(国家质检局特设设备局)负责特种设备的安全监察，包括锅炉、压力容器和电梯等特种设备的安全监察、监督工作；拟订有关规章、制度并组织实施和监督检查；对特种设备的设计、制造、安装、使用、检验、修理、改造等环节和进出口进行监督检查；调查处理有关事故并进行统计分析；管理有关检验检测机构和检验检测人员、操作人员的资格考核工作。由于特种设备种类多，分布广，涉及到能源、电力、石油石化、冶金、机械、军工、建筑、交通等多个部门，目前监察主体存在不明确现象。例如，根据有关法律法规和国务院职责分工，煤矿使用的特种设备由国家煤矿安全监察局负责；建筑工地的特种设备安全监管，一般由建设部门负责；但特种设备的检验检测仍由质检部门负责[5]。交通领域的特种设备监管也有类似情况。在与特种设备安全相关的法律法规中，有些条款也彼此存在一些矛盾和冲突。特种设备安全涉及不同的利益主体，同时也涉及不同的主管部门。在特种设备安全监管领域，安全监察主体不明确，制度体系不完善，运行机制混乱的现象目前仍然存在。

4　几点启示

对比分析中美两国现行特设安全监管体系可知，我国目前存在的主要问题是制度不完善，运行机制有缺陷，亟需在下述几方面进行改进。

4.1　完善特种设备监管制度体系

《特设法》的出台标志着我国特种设备安全工作向科学化、法制化方向迈进了一大步。应该注意的是，《特设法》是一部特种设备安全管理的根本大法，缺乏对特定设备的具体规定和相应的技术标准，缺少设备安全运行的标准监管条例，存在监管的空白领域。特种设备不同于一般产品，和群众日常生活联系紧密，危险性高，应对比其他发达国家对锅炉、压力管道、电梯等设备单独立法，与《特设法》互为补充，建立一套完整的从法律到行政法规、部门及地方规章、安全技术规范、引用标准等共五个层次法规标准体系。

4.2　加快特种设备安全监管体制改革，明确特种设备监管运行机制

第一，要在规范特设过程检测标准的基础上，明确使用和维修的监察主体，防止出现监管责任不明的现象；第二，要吸引社会力量，共同实施特种设备安全监管。鼓励公众参与检测与监督，逐步形成国家统一立法，部门规范技术标准，地方政府实施监管，公众参与检测与监督的特设安全监管运行机制。第三，加快建立特种设备事故责任险制度，建立以“使用权者”为参保主体，特种设备生产企业、检验机构和维保单位参与的特种设备事故责任险制度，完善特种设备安全监管体系中公众监督环节。

4.3　建立安全评定、寿命预测和风险评估体系，填补监管空白环节

美国对特种设备要求极其严格，有非常严格的报废管理办法。而在我国，由于技术和管理上的薄弱，对重大危险源辨识评价技术落后，无法按照危害性划分等级，更无法通过不同等级状况提出有针对性的消除或降低事故风险的办法。譬如中国很多城市存在老旧电梯安全隐患突出的问题，许多电梯使用都超过10年，但目前没有明确的电梯强制报废年限规定。中国电梯使用频率、客流量和欧美有很大差距，评定电梯安全状况和预估使用寿命就显得格外重要。

4.4　建立特种设备安全监管技术标准条例定期修订制度

随着科技的迅猛发展，准确可靠的检测手段也随之有较大发展。定期修订技术标准，有助于不断提高特设的检测技术手段和方法，降低事故发生率。

一定要强化从特种设备的监察到设计、制造、安装、使用、检验、修理、改造等所有环节从业人员的责任意识和安全意识，真正落实其职责，尤其是“使用”这个最重要也最易出问题环节的主体责任意识，从大处着眼、从小处入手，抓好从操作工按章操作到安全检查员日巡、班查的每

一个细节和关键点,才可有效保障安全、降低事故率。

参考文献

[1] 中华人民共和国国家质量监督检验检疫总局. 国家质检总局关于2013年全国特种设备情况通报[J]. 中国特种设备安全,2014(6):1-4.

[2] 黄媛媛. 我国特种设备安全监察体系研究[D]. 天津:天津大学,2012.

[3] 梁广炽. 美国特种设备安全管理综述[J]. 林业劳动安全,2005(1):89-94.

[4] 王晓易. 各地"电梯惊魂"频发,聚焦各国如何为电梯上"安全锁"[EB/OL]. [2012-09-24]http://news.xinhuanet.com/world/2012-09/24/c_113186310.htm.

[5] 国务院发展研究中心"中国发展观察研究"课题组. 我国特种设备安全监管的发展思路和对策建议[J]. 经济研究参考, 2008(37):2-5.

(该论文发表于《价值工程》2014年第33期)

浅谈我国电梯安全监管模式的发展

韩向青

（陕西省特种设备质量安全监督检测中心　陕西 西安 710048）

摘　要：随着我国《中华人民共和国特种设备安全法》的颁布，电梯安全监管正在成为整个社会关注的焦点。本文结合我国实际情况，提出我国未来电梯安全监管模式的发展方向。我们需要坚决转变以强化行政手段为主要方式的传统监管理念，积极引入社会监管因素，扩大社会监管范围，努力营造自我约束、优胜劣汰的市场竞争环境。

关键词：电梯；安全监管；发展模式

0　前言

随着我国城镇化的进一步发展，电梯作为一种重要的交通工具，正在走进千家万户，影响着我们每个人的生活。电梯在我们的生活中无处不在。商场、医院、住宅、学校和办公楼等等，我们都可以看到电梯忙碌的身影。截至2012年底，全国在用电梯已达245万台，是世界上拥有电梯最多的国家，且以每年20%左右的速度递增。

电梯已经成为人们日常生活中的必需品，电梯的正行运转，可以给我们的生活创造很大的便利。而电梯故障，则会给我们带来很多烦恼，甚至会危及人们的生命安全。电梯安全也越来越引起人们和媒体的关注。2013年5月14日至5月16日，短短的三天时间，全国共发生四起电梯安全事故，造成四人死亡。据统计，2012年我国发生的电梯事故有36起，死亡28人。由于电梯使用管理和维保不到位、作业人员违规操作、乘客或监护人自身安全意识淡漠等问题，电梯事故和困人故障时有发生，甚至造成较大社会影响。随着电梯数量的激增、设备的逐渐老化，以及我国电梯普遍存在的大客流、高负荷的使用情况，电梯安全风险逐步增大，安全形势依然严峻。因而对于电梯的安全监管则显得尤为重要。

1　未来电梯安全监管模式的探讨

结合我国电梯安全监管模式的发展过程及目前存在的问题，我国的电梯安全监管只能走一条符合国情、符合我国特色的电梯安全监管模式。我们需要坚决转变以强化行政手段为主要方式的传统监管理念，积极引入社会监管因素，扩大社会监管范围，努力营造自我约束、优胜劣汰的市场竞争环境。改革措施的制定和实施，既要立足于遵循现有的法律、法规体系，又要在地方立法方面有所突破与改进；既要立足于解决电梯监管存在的现实问题，又要与国家未来的改革与发展方向相衔接；既要立足于国情省情，又要参考吸收国际先进管理经验。我们可以从以下几方面逐步改进。

1.1 明确电梯使用单位首负责任

当前,有些电梯使用单位责任不清晰,安全主体责任意识不强。对于住宅电梯,物业公司往往认为电梯是属于业主的财产,自己只是行使管理权,并且电梯如果发生故障或者隐患,需要更换某些零件时,必然会产生费用,此时物业公司或使用单位就会选择不作为,为以后电梯的安全运行埋下隐患。因此,我们必须明确电梯使用单位首负责任。电梯使用单位必须履行《特种设备安全监察条例》规定的各项责任和义务,承担首负责任。当发生电梯事故或故障造成损失时,使用单位对事故受害方承担第一赔付责任。只有当受害者自愿直接追究其他相关责任者时,第一责任者才免于承担首负责任[1]。电梯的使用单位有权聘请有资质的维保单位和检验单位来依法开展电梯的维保和检验工作;有权收集可能影响电梯安全使用的有关制造、安装、维修、检验和使用的资料,并要求相关单位或者个人予以确认;有权对造成电梯事故的制造单位、安装单位、维保单位、检验单位和使用单位追索相关损失。

1.2 构建以制造单位为主的电梯维保体系

目前,电梯的维保市场比较混乱,各种维保公司鱼龙混杂,甚至有个人挂靠某些维保公司自行维保的现象,某些电梯厂家也把电梯的维保业务分包出去,使用单位也倾向于"质次价低"的维保单位。因此,我们必须鼓励和提倡电梯制造企业直接从事或者授权和委托的维保公司对其产品进行维保,并由电梯制造企业领取维保资质证书,逐步建立起电梯制造企业从设计、制造、安装、改造、维修和维护保养的全过程终身服务负责制,构建以制造企业为主体的维保体系[2]。电梯制造企业自己设立或其授权和委托的维保企业维保本企业制造的电梯,无需获得行政许可,无需领取维修资质证书(维保非其制造电梯、进口的电梯除外),维保质量由电梯制造企业负第一责任。电梯制造企业应向电梯所在地行政监管部门备案其授权或委托的维保企业名单。电梯制造企业对在设计、制造、安装过程中存在质量瑕疵和安全缺陷的电梯,应当采取积极措施主动召回和改正,及时消除安全隐患。

1.3 改革电梯检验体制,将政府监督检验与法定定期检验相分离

目前,我国的电梯定期检验主要由质监局下属的特检院进行,是属于行政性质的技术检验。同时,各区、县质监局对辖区内的电梯实行安全监察。由此使政府监督检验职责与社会法定检验职责混淆,造成社会检验责任向行政监管部门转移的不良后果。因此,我们应当允许社会检验机构获得相应的资质认可并参与定期检验,逐步形成市场化运作的电梯定期检验市场。使用单位依法选定有资质的检验机构,依照电梯定期检验的要求开展定期检验。定期检验性质定性为社会技术服务,按技术服务要求协商收费。特种设备安全监管部门对电梯实施以抽查为主要方式的监督检验,每年依据各地经济发展现状、电梯使用和故障状况以及财政支持力度,选取30%的电梯按照通用检验规则中若干项涉及安全的指标开展监督检验,所需费用纳入政府财政预算,不向企业收取任何费用。

1.4 推动建立电梯事故责任险制度,构建社会救助和保险制约机制

目前,由于缺乏保险机制,电梯事故受害人难以及时得到权益补偿。电梯发生事故后,各

方互相推诿，推脱责任，有的使用单位经营困难，财力无法保障，更会给受害者带来更大的灾难。因此，我们要大力推进电梯事故责任险，建立以使用单位为参保主体，电梯生产企业、检验机构和维保单位参与，社会广泛认同和接受的电梯安全责任保险制度，形成保险保障参与的电梯安全风险救助机制，提高救助赔付能力。政府可向参保企业提供一定的保费补贴等经费补助。同时我们还需要积极推动技术机构和专业人员参与保险公司的理赔工作和对承保人的安全风险评估，通过安全风险的量化分析和保费费率的调整，促进电梯使用单位加强内部管理，积极防范安全风险，减少电梯安全责任事故，发挥保险机制社会管理职能。

2　结束语

回顾我国电梯安全监管模式的发展过程，我们可以看出国家对电梯的安全监管始终没有放松，而且越来越严格，越来越科学。比较国外的电梯安全监管模式，我国已经建成了适合我国国情的一套电梯安全监管模式。只要各方都把自己的责任落到实处，电梯的安全事故定会销声匿迹。

参考文献

[1]　广东省质量技术监督局．广东省电梯安全监管改革方案[N]．南方日报：2012-05-11(A12).

[2]　岳志轩．解读《广东省电梯安全监管改革方案》[J]．中国质量万里行，2012，9：52-54.

（该论文发表于《机械管理开发》2013年第6期）

GIS在城市特种设备管理中的应用

刘　海

（陕西省特种设备质量安全监督检测中心　陕西 西安 710048）

摘　要：经济的高速发展，促使城市中的特种设备数量不断增长。对现有特种设备信息的管理和掌握显得越加重要。利用地理信息系统建立城市特种设备信息系统，将更好地促进城市特种设备的管理和应用。

关键字：城市特种设备；GIS

特种设备在城市的生活、生产中被广泛的应用。而其分布的零乱，相关资料信息更新的不够及时，致使在检查与监管时，出现设备方位不明确，设备手续不全，设备工作状态不详，事故设备无记录的现象；从而导致特种设备信息的不完整，设备的漏检，重复检验的现象时有发生。由此可见，对城市特种设备信息的有效管理是一个不可忽视的问题。

目前，采用的信息管理软件，通过数据录入与存储，建立基本的客户信息、设备信息数据库，建立了以计算机、网络通信、管理等硬件环境的运行系统，从而推进了城市特种设备发展信息化、网络化、智能化的基础建设，加速相关制度的建立和管理体制的完善。

城市特种设备信息系统，是一个计算机软、硬件结合的系统。它对软件平台有很严格的要求，因此，在系统建设过程中，除了要求大量的系统分析开发和数据及图件的准备工作外，恰当的选择平台非常重要。

建立以GIS技术与计算机技术为支撑的城市特种设备应用系统，代替传统的资料管理方法，是管理理念的革新和发展。

地理信息系统（Geographic Information System，简称GIS）技术是采集、存储、管理、分析和描绘整个或部分地球表面与空间和地理分布有关的空间信息系统，是信息科学和信息产业的一部分，现代城市的管理，要求掌握大量现实性强、真实准确的信息（包括地上、地下、地理现状及社会全方位信息）并随时快速地查询，进行综合分析，为城市发展预测、规划、工程设计及政府各部门决策提供可靠的依据。这就需要在GIS技术支持下建立城市信息系统。

城市特种设备信息是城市信息的重要组成部分，它的特点为分散（城市各个区域），动态（城市建设范围不断扩大，新设备的不断增加，旧设备的更新或拆除），信息量大。随着数据采集和数据处理的数字化，监管人员如何更好地使用和管理长期积累的大量特种设备信息，其最有效的方法是利用数据库技术或GIS技术建立数据库或信息系统。

(1)依据特种设备行业自身的特点和管理要求，决定了特种设备信息系统具有以下基本特点。

1)信息空间分布上不均匀，城区密度大，从中心城区向城市边缘扩散。

2)应能进行系统的功能管理，以确保数据信息的现势性。

3)对于每台设备的信息管理,要具有时间顺序上的综合协调能力。

(2)城市特种设备信息系统的功能,除了一般信息系统应具备的数据录入、数据库维护、数据检索(查询)、数据分析和处理、数据输出等功能外,还应具有以下几项功能。

1)城市特种设备总体分布图生成功能。

2)新设备分布和统计功能。

3)已检测与未检测设备分布统计功能。

4)每台设备运行状态和检验结果分析功能。

5)任意区域设备分布、统计功能。

(3)GIS 软件正是这些功能实现的核心软件。

1)GIS 软件是以空间数据为核心的信息管理系统,用矢量型和网络型的数据结构表示地图内的空间数据,便于查询分析。

2)GIS 具有提供丰富的空间数据处理和空间关系查询的功能。

3)GIS 具有自动整饰地图的功能及绘制输出的能力。

4)GIS 软件之上能够集成多种多样用于分析评价、动态预测及空间规划等决策分析用的数学模型,为系统向辅助决策分析用的数学模型、辅助决策方面发展,打下坚实的基础。

在特种设备相关信息不清的城市,建立城市特种设备系统时,应与特种设备普查工作结合起来。对普查工作中的数据采集、成图及数据成果的数据格式要事先进行规定,并对普查成果及时进行计算机监理、入库、实现同步共库。城市特种设备信息是一种动态信息源,在建立特种设备信息系统同时要对新设备的信息、每月的设备检测信息及时补充、更新设备信息数据库,确实建立一个高精度、高可靠性和现势性的特种设备数据库,以实现管理的科学性、标准化、信息化。

总之,GIS 为人类由客观世界到信息世界的认识、抽象过程以及由信息世界返回客观世界的利用改造过程的发展和转化,创造了空前良好的条件和环境。我们要利用这一技术为特种事业的不断发展,助一臂之力。

参考文献

[1] 刘云,赵悦,邓立林,等. GIS 在城市规划中的应用研究[J]. 中国新技术新产品,2009(9):71.

(该论文发表于《中小企业管理与科技旬刊》2011 年第 31 期)

普通塔式起重机架设位置的选择

屈名胜　贺拴民　常国强　李灏

（陕西省特种设备质量安全监督检测中心　陕西 西安 710048）

摘　要：随着城市化进程的加快，建筑行业呈现高速发展，遍地林立的普通塔式起重机开始影响百姓日常生活。纵观近几年发生的塔式起重机伤亡事故，塔式起重机伤及无辜路人的事故值得我们深思。本文在研究了我国现行法律法规和相关标准规范对塔式起重机架设的相关规定的基础上，对普通塔式起重机的架设问题进行了探讨，剖析了此类事故发生的深层次原因，给出了塔式起重机使用和管理的方法和建议，以期对建筑施工、市政工程用塔式起重机使用管理部门、检验检测机构有所启示。

关键词：普通塔式起重机；架设；安全

0　引言

随着我国城市化和城镇化进程的加快，建筑业呈现出前所未有的繁荣，普通塔式起重机（以下简称塔式起重机）由于其自身突出的优点，在建筑行业中被广泛应用于高层建筑中物料的搬运，而城市中交错屹立的塔式起重机也成为一个城市高速发展的缩影。

在塔式起重机数量不断增长的同时，由其引发的各类事故也相伴而生。2012 年 6 月 26 日西安一塔式起重机事故后直接砸到了车流量密集的交通主干道上，造成重大人员财产损失（以下称事故 1）。2013 年 8 月 1 日西安一塔式起重机砸中施工人员住宿的活动板房，造成 4 人死亡和重大财产损失（以下称事故 2）。接连发生的塔式起重机伤及路人及与设备无关人员的事故不得不引起我们的关注。造成塔式起重机事故的原因是多方面的，任何一起事故的发生都是各种因素综合作用的结果，人们在事故预防上往往将重点放在设备质量、设备管理和人员素质上，很少有人关注塔式起重机架设的位置是否最佳。如果我们能从塔式起重机的架设上也加强监督管理，从根源上堵住事故后可能波及范围的大小，这种造成重大人员财产损失的惨剧将会得到很大程度的改观。

1　现状分析

1.1　管理现状

根据现行的《起重机械安全监察规定》第二条的规定，起重机械的制造、安装、改造、维修、使用、检验检测以及监督检查应当遵循该规定。房屋建筑工地和市政工地用起重机械的安装、使用的监督管理按照有关法律法规的规定执行。从这里看，建筑工地的起重机监督管理是建筑管理部门，其技术检验检测则是质量技术监督部门，存在多头管理的现象。

目前塔式起重机的标准中，大多数为推荐性标准，不具有强制性，在这些标准中对起重机的架设和基础进行了规定，现行有效的影响塔式起重机架设位置及基础等相关标准规定如下：

《JGJ/T 187—2009 塔式起重机混凝土基础工程技术规程》第 1.0.3 项要求：塔机混凝土基础工程的设计与施工应根据地质勘察资料综合考虑工程结构类型及布置、施工条件、环境影响、使用条件和工程造价等因素，因地制宜，做到科学设计、精心施工。

《GB/T 5031—2008 塔式起重机》第 5.1 项(f)要求：塔机基础符合产品使用说明书中的规定。

《GB 5144—2008 塔式起重机安全规程》第 10 项安装拆卸与试验中 10.3～10.5 项对塔机的尾部与周围建筑物及其外围施工设施、输电线之间的安全距离和塔机之间的最小架设距离进行了规定；10.6 项对基础应达到的要求进行了规定。

《GB/T 26471—2011 塔式起重机 安装与拆卸规则》要求与 GB5144 相同。

《GB/T 23723.1—2009 起重机安全使用 第 3 部分：塔式起重机》第 8 条对影响起重机的安全操作和起重机周围的障碍物等进行了规定。

从现行的标准看，塔式起重机相关标准给出了在塔式起重机安装时应考虑的外界环境因素和基础应该达到的条件，由于没有强制的规定，塔式起重机的使用单位在进行塔式起重机架设时首先考虑的是施工方便，以施工的便捷性决定塔式起重机的架设位置。

1.2 检验现状

从事塔式起重机技术检验是特种设备检验检测机构，执行的检验规则有两个，一个是《TSG Q7015—2008 起重机械定期检验规则》，另一个是《TSG Q7016—2008 起重机械安装改造重大维修监督检验规则》，其中涉及架设位置的检验项目是《TSG Q7015—2008 起重机械定期检验规则》中的 B2 和《TSG Q7016—2008 起重机械安装改造重大维修监督检验规则》中的 B5。检查内容均是起重机械运动部分与建筑物、设施、输电线的安全距离应符合相关标准；高于 30 m 的起重机械顶端或者两臂端红色障碍灯有效。除了与建筑物、设施和输电线的安全距离外检验内容并未对架设位置做出其他强制要求。从技术检验的角度讲，根据现行检规，在其他检验项目均合格的情况下，检验机构不能因其架设位置靠近人员密集区或作业时影响范围大小等原因做出整机检验结论不合格的判定。

2 常见塔式起重机事故原因分析

一起塔式起重机事故的发生可能是由多方面的原因引起的，文献[1]将塔式起重的事故归纳为四方面，即：人的原因、机器本身的质量问题、零部件的损坏和环境因素的影响。文献[2]对上海市 50 个塔机施工项目的事故因素数据进行了调查分层分析，各种影响因素及其发生的概率见表 1。

表 1 塔机风险事故原因调查分析

类 别	风险隐患出现次数统计	频率/(%)
塔机安装、顶升、拆卸	88	35.4
运行使用	69	27.9
现场管理因素	58	23.3
工作环境因素	33	13.4

我国自2006年10月1日起实施起重机制造监检以来，通过检验机构的努力和市场的优胜劣汰，起重机制造质量得到很大的提高。纵观近年来发生的起重机伤人事故，造成事故的主要原因是人为因素，涉及到设备管理、违规操作等多个方面，事故主要发生于塔机安装、顶升、拆卸和运行使用过程中。但从造成重大人员伤亡的原因看，其几乎都有一个共同点，即人员密集区均在其事故(包括倾覆、弯折、吊载物坠落等)危害范围内。发生重大人员事故的原因除人的原因、机器本身的质量问题、零部件的损坏和环境因素的影响外，一个很重要的原因则是其架设位置处于人口密集区域，或其倾覆危害范围保护人口密集区域，一旦发生事故，其危害范围内由于人群密度大，造成人员伤亡的可能性极大。从这点看，在条件允许的情况下，以塔式起重机最大架设高度和最大安装臂长为假定，通过架设位置的合理选择使倾翻、吊载物坠落等事故发生后伤害波及范围最大限度远离人员密集区域，通过这种方法将在一定程度上避免其一旦发生事故造成重大人员伤亡的可能性。

引言中所述的事故1造成事故的原因是违章操作，但造成重大伤害的原因则是由于其架设在了人员密集区。事故2造成事故的原因是恶劣天气，其造成重大人员财产损失的原因同样是其危害范围内有人员密集区。上述事故的发生虽然是个案，即由于架设位置的原因造成重大人员伤亡的事故是小概率的，但一旦其发生，造成人员伤亡往往是巨大的，应当有相应的规定予以考虑其危害性，并加以避免。

当然通过可能事故危害范围来选定架设位置是对可能事故危害的一种假设，但假定是制定规范的基础，有的假定是有事实依据的，如已有的事故案例；有的假定是一种基本假设，有小概率事件发生的可能性，但至今未发生，但由于会涉及重大安全事故，故必须予以考虑。作为假定应经得起时间的审视，以保证假定的连续有效，要考虑偶然事故的统计，以及技术的进步、公众的期望和人的特性等因素[3]。《GB 5144—2008 塔式起重机安全规程》中8.4.5条要求安装障碍指示灯的规定，就是对塔式起重机可能高于周围建筑物对飞机的起落可能造成影响的危害进行的预防措施。

3 解决思路

3.1 架设位置的选择

解决由于其危害范围而易造成重大人员伤亡的一解决方法即将塔式起重机架设位置远离人员密集区，或使其倾覆等事故危害范围内尽量避免人员密集区。这就需要从架设位置上进行选择，除考虑地基、施工便利之外，选择最合理的架设位置使其远离人群密集区，并在其事故可能危害范围内避免搭建工棚等临时人员住宿设施。在监督管理和检验检测时如果没有相应的法规标准予以明确，监督执法部门和检验检测机构很难强制要求。而国外的马来西亚，由于1994在吉隆坡市发生了一起重物脱钩致使行人伤亡的事故，于是当地政府制订了相应的法规，禁止塔机吊臂超出安全范围到达马路或闹市区等[4]。这对无辜人群无疑是一种保障。要从根本上对架设位置进行管理就需要有明确的法律条文予以强制规定，是考虑施工便利的同时兼顾事故可能造成的危害，限制起重机大臂作业时超出非施工区，架设位置在施工区远离非施工区域的位置，远离人员密集区域。

3.2　多样化的选型

在建筑施工时，由于普通塔式起重机租金便宜、拆装方便、作业范围大等原因其颇受建筑商青睐，但随着经济的发展，建筑楼群的密集，使塔机的工作空间受限。基于高层建筑的发展，新制定的领空权许可制度及跨占邻居领地产生的纠纷等因素，迫使人们改变已有的传统观念，从小车变幅改变为臂架俯仰，为塔机作业创造有利空间，推动了各种类型动臂塔机的改造和发展[5]。在使用普通塔式起重机作业时易超出作业范围吊运重物时，使用动臂变幅式塔式起重机可以减小这种情况的发生。而仅在小范围内用垂直起吊和短距离运输的作业环境下选择桥门式起重机也是一种不错的选择。

4　结束语

从基于小概率事件的标准规范的制定到基于风险的检验(RBI)，假定事故存在危害人员密集区域的可能性，应将这种可能性降低到最低程度，因为对作业范围内的人员密度小时伤及的可能性将会更小。通过合理的选择架设位置和多样化的选型，减少由于其架设位置不当造成重大人员财产损失的可能性。在操作实施上建筑管理部门应加强管理，把好架设位置选择关，相应法律规章和标准规范中应考虑这种潜在的威胁并有确定条款予以明确。当然仅仅靠架设位置的选择来降低事故是不现实的，更重要的还是加强设备和人员的管理，只有人人都绷紧了谨防事故不放松的弦，再加上架设位置等原因引发危害的可能风险预测和预防，选择合适的架设位置预防事故，避免伤亡，真正发挥塔式起重机在国民经济建设中的作用。

参考文献

[1]　郑启海．塔式起重机事故原因分析与措施[J]．安全与健康，2004(8S)32－33.

[2]　丁科，胡昊，高振锋．塔式起重机事故安全风险的调查与分析[J]．建筑机械化，2010(5)：80.

[3]　朱昌明，孙立新，张晓峰，等．EN－81－1：1998《电梯制造和安装安全规范》解读[M]．北京：中国标准出版社，2007.

[4]　蔺建国．动臂塔机在国外的发展及应用[J]．建筑机械化，2001(11)：31－32.

[5]　林贵瑜，史勇．动臂塔式起重机及其发展趋势[J]．建筑机械化，2007(12)：22－24.

（该论文发表于《建筑机械化》2013 年第 12 期）

基于Zigbee技术的电梯远程监控系统实现

常振元

(陕西省特种设备质量安全监督检测中心　陕西 西安 710048)

摘　要:本文利用Zigbee无线传输技术实现电梯监控设备的远程组网,实现电梯运行状态参数的采集与监控,在保证信号稳定传输的前提下,提出来一种系统运营费用较低的电梯远程监控系统实施方案。

关键词:Zigbee;电梯;远程监控

0　前言

随着社会的进步,经济的快速发展,我国电梯的保有量呈现爆发式增长的局势。截至2010年底,我国电梯的数量达到160万台左右,并且还在以每年20%以上的速度快速增长。电梯作为特种设备之一,在人们日常生活中发挥着越来越重要的作用。但由于种种原因,电梯的安全事故不断发生,如北京"7.5"北京地铁自动扶梯事故,使得电梯安全问题越来越受到社会各方面的广泛关注。作为电梯的监管部门,如何找到经济有效的技术手段,对电梯实施安全监管,成为摆在监管部门面前的一个重要课题。

1　Zigbee技术简介

Zigbee技术是一种近距离、低复杂度、低功耗、低速率、低成本的双向无线通讯技术。主要用于距离短、功耗低且传输速率不高的各种电子设备之间进行数据传输以及典型的有周期性数据、间歇性数据和低反应时间数据传输的应用。

简单的说,Zigbee是一种高可靠的无线数传网络,类似于CDMA和GSM网络。Zigbee数传模块类似于移动网络基站。通讯距离从标准的75 m到数百米、数千米,并且支持无限扩展。Zigbee是一个由可多到65 000个无线数传模块组成的一个无线数传网络平台,在整个网络范围内,每一个Zigbee网络数传模块之间可以相互通信,每个网络节点间的距离可以从标准的75 m无限扩展。与移动通信的CDMA网或GSM网不同的是,Zigbee网络主要是为工业现场自动化控制数据传输而建立,因而,它必须具有简单,使用方便,工作可靠,价格低的特点。而移动通信网主要是为语音通信而建立,每个基站价值一般都在百万元人民币以上,而每个Zigbee"基站"却不到1 000元人民币。每个Zigbee网络节点不仅本身可以作为监控对象,例如其所连接的传感器直接进行数据采集和监控,还可以自动中转别的网络节点传过来的数据资料。除此之外,每一个Zigbee网络节点(FFD)还可在自己信号覆盖的范围内,和多个不承担网络信息中转任务的孤立的子节点(RFD)无线连接。

Zigbee 网络通常由三种节点构成:Coordinator:用来创建一个 Zigbee 网络,并为最初加入网络的节点分配地址,每个 Zigbee 网络需要且只需要一个 Coordinator;Router:也称为 Zigbee 全功能节点,可以转发数据,起到路由的作用,也可以收发数据,当成一个数据节点,还能保持网络,为后加入的节点分配地址;End Device:终端节点,通常定义为电池供电的低功耗设备,通常只周期性发送数据,不接收数据。

2 Zigbee 技术在电梯远程监控中的应用

如图 1 所示,电梯远程监控选用串口转无线的 Zigbee 数据传输模块 DRF1605H,其无线传输视距最大可达 1.6 km。该模块可以自由设置为从模块或主模块,从模块用于从电梯终端设备采集数据并通过 Zigbee 方式发送至主模块,主模块用于接收数据。主模块接收的数据通过 RS232 转 TCP/IP 模块进入互联网,监控中心通过互联网访问联网电梯设备状态信息,从而实现电梯的远程监控。

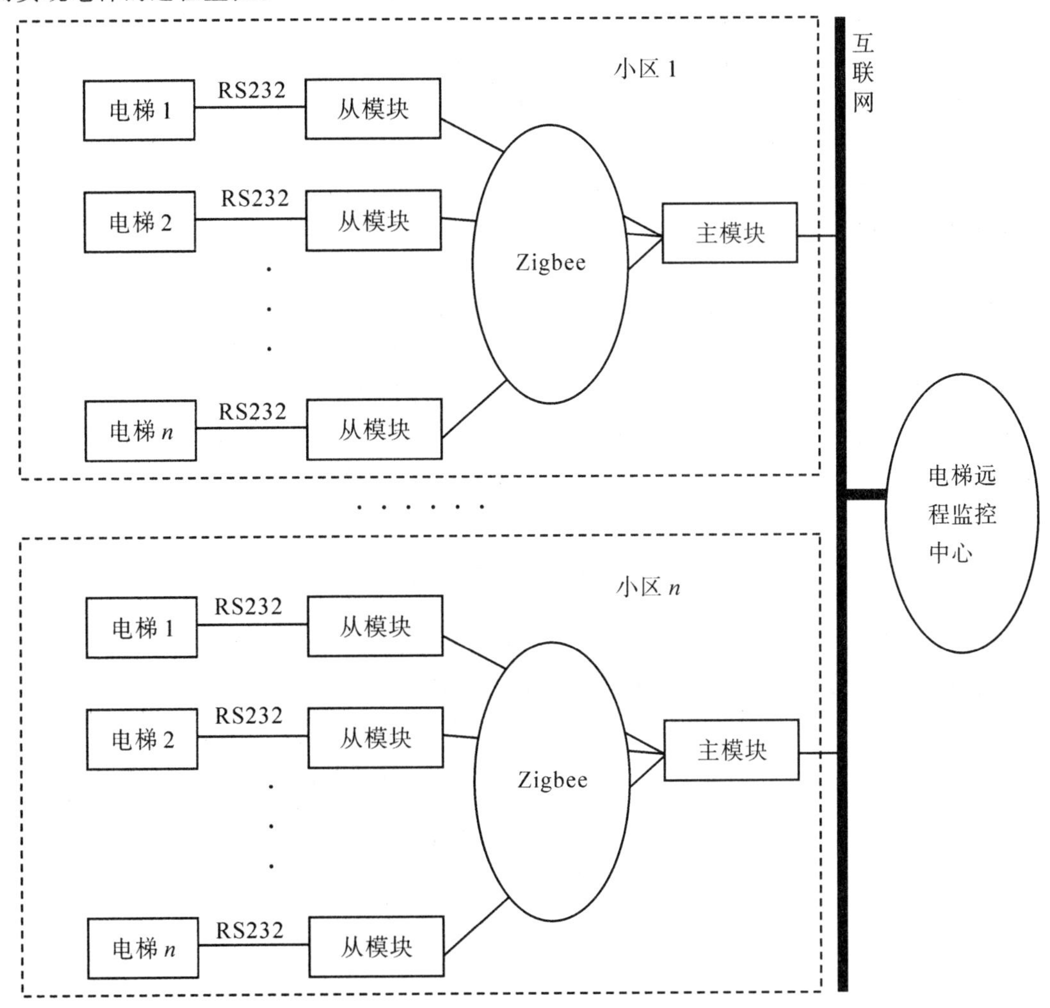

图 1 基于 Zigbee 技术的电梯远程监控网络拓扑图

3　监控数据的传输

电梯远程监控的信息有电梯运行信息、层站信息、安全回路状态信息、故障状态信息、消防状态信息等。Zigbee 的数据传输有透明传输和点对点传输两种方式，这里选择用点对点传输方式。此方式适用于任意节点间数据传输：数据传输的格式为：0xFD ＋ 数据长度 ＋ 目标地址 ＋ 数据。如发送：FD0A14 3E01 02 03 04 05 06 07 08 09 10。

其中，FD：数据传输指令；

0A：数据区数据长度，共 10 个字节；

14 3E：目标地址；

01 02 03 04 05 06 07 08 09 10：数据。

接收数据格式：0x FD＋长度＋目标地址＋数据＋源地址。

如接收到的数据为：FD0A14 3E01 02 03 04 05 06 07 08 09 1050 F5。

其中，FD：数据传输指令；

0A：数据区数据长度，共 10 个字节；

14 3E：发送方的目标地址，接收方本身地址；

01 02 03 04 05 06 07 08 09 10：数据；

50 F5：发送方源地址。

4　结束语

随着物联网技术应用的日益普及，Zigbee 已经成为一种廉价可靠的无线传输技术，每台无线传输的硬件成本在 100～150 元之间。Zigbee 无线传输技术组网方案，可将一个小区的所有电梯运行状态参数汇聚到一条有线宽带上传输到互联网，从而将整个小区的电梯远程监控运行费用降到很低的水平，且小区的电梯数量越多，平均到每台电梯上的运营费用越低。通过本文所述方案，可以实现电梯运行状态参数的低成本有效远程监控。

参考文献

[1]　瞿雷，刘盛德，胡咸斌．ZigBee 技术及应用[M]．北京：北京航空航天大学出版社，2007.

[2]　金纯．ZigBee 技术基础及案例分析[M]．北京：国防工业出版社，2008.

（该论文发表于《科技创新导报》2012 年第 3 期）

“烂尾楼”塔机的监督管理

屈名胜　吴英豪　王超

（陕西省特种设备质量安全监督检测中心　陕西 西安 710048）

摘　要：伴随着“烂尾楼”的出现了产生了很多“烂尾”塔机，由于室外恶劣的自然环境加上缺乏必要的维护保养，金属结构锈蚀严重。如遇大风等恶劣天气，随时都有倒塌、坠落的可能，对周围建筑物和人民群众的生命财产安全产生巨大的威胁，已引起媒体的关注和群众的担忧，迫切需要建筑安全主管部门引入事故预防的管理模式，建立从发现、识别到消除潜在危险源的一系列措施，维护广大人民群众的生命财产安全。

关键词：“烂尾”塔机；公共安全；安全监管

0　引言

随着城市化进程的加快，各地房地产行业呈现蓬勃发展的态势。而普通塔式起重机（俗称“塔机”）由于其独特的优点被广泛的应用于建筑行业，一段时期，其甚至成为一个城市快速发展的象征。由于资金等方面的原因，全国各地均有不同程度和数量的“烂尾楼”出现，在这些出现的“烂尾楼”中，有的已经完工，有的刚刚起步。在“烂尾楼”产生的同时，许多被建设单位租赁或购买的塔机也伴随着“烂尾楼”成了烂尾（以下简称“烂尾”塔机）。而“烂尾楼”所处的区域大多为繁华地段，周围建筑物密集，人流量大。“烂尾”塔机随着时间的推移，金属结构经受风吹日晒，加上缺乏维护保养，金属锈蚀严重，对周围建筑物和人民群众的生命财产安全产生巨大的威胁，迫切需要有关部门采取措施，维护公共安全利益。

1　“烂尾”塔机的形成

1.1　产权方的责任

“烂尾”塔机的形成通常都是伴着“烂尾楼”的形成而形成的，我们通常说的“烂尾楼”是指已办理用地、规划手续，项目开工后，因开发商无力继续投资建设或陷入债务纠纷，停工一年以上的房地产项目。此外，还有因为产权发生纠纷的，工程质量不合格等原因而停工的项目，也算作“烂尾楼”[1]。“烂尾”塔机的形成也无外乎上述原因，而且多伴有经济纠纷。塔机的产权人或出租方往往被拖欠租金，而且数额较大，由于进行塔机的拆装费用较高，在这种情况下，塔机的产权人或出租人往往选择将塔机留在原安装位置，以期在开发商资金链恢复或新的开发商进驻时增加谈判的筹码。

1.2 监管方的责任

根据《特种设备安全法》和《特种设备安全监察条例》的规定，塔机属于特种设备，但其监督管理属于城市建设部门，而城市建设部门对塔机的管理依据的是建设部《建筑起重机械安全监督管理规定》和《建筑起重机械备案登记办法》，这些规定对建筑起重机的租赁、安装、拆卸、使用及备案登记进行了详细规定，但对于这种"烂尾"塔机，其如果前期手续齐全，建筑主管部门很难发现"烂尾"塔机的存在。

另一发面，对"烂尾"塔机进行检验检测的检验检测机构，执行的是委托检验的流程手续，其虽对塔机的技术状况较为了解，但如果用户前期履行了检验手续，后期形成烂尾后不再检验，检验机构也无法对其情况进行了解。

2 "烂尾"塔机的存在引发的社会问题

2.1 引起社会恐慌

随着公众安全意识的提高，他们对自身居住的环境安全要求也越来越高。加上现代多媒体技术的发达，触目惊心的塔机倒塌事故对广大公众造成很大的心理压力，对这些在城市中锈迹斑斑的庞然大物，内心更是充满恐惧。他们的担心也引起了媒体对这些"烂尾"塔机的关注，如《广州闹市烂尾工地楼上已住人塔机未拆除》(南方都市报)、《"烂尾楼"塔机成了居民头上的"定时炸弹"》(贵阳晚报)、《"烂尾"塔机"赖在"太原一小区一年多》(生活晨报)，还有民众在(重庆网问政平台)上发表《渝中区解放碑万豪酒店旁"烂尾楼"塔机闲置多年成安全隐患》的担忧。同样的问题在多地出现引发了公众的恐慌，易成为社会不安定因素。

2.2 "烂尾"塔机本身就是一个重大事故隐患

由于塔机的高危险性其才被纳入特种设备进行监督管理，而正常维护保养的塔机都可能发生事故，对于"烂尾"塔机，其经受风吹雨淋、阳光暴晒，日常应进行的维护保养更无从谈起。而塔机的设计是有一定寿命的，根据《建设部关于发布建设事业"十一五"推广应用和限制禁止使用技术(第一批)的公告》(第659号)规定，对建筑施工塔机的使用年限做出了下述规定。

(1)下列三类塔机，超过年限的由有资质评估机构评估合格后，方可继续使用。

1)630 kN·m以下(不含630 kN·m)、出厂年限超过10年(不含10年)的塔机。

2)630～1 250 kN·m(不含1 250 kN·m)、出厂年限超过15年(不含15年)的塔机。

3)1 250 kN·m以上、出厂年限超过20年(不含20年)的塔机。

(2)若塔机使用说明书规定的使用年限小于上述规定的，应按使用说明书规定的使用年限。

(3)除整机外，塔机主要承载结构件的报废规定，应按照《GB5 144—2006塔式起重机安全规程》第4.7条："结构件的报废及工作年限"的规定执行。

由于"烂尾"塔机所处的室外环境较为恶劣，加上停用后缺乏必要的维护保养，其在漆层损坏处开始锈蚀，金属结构件、连接件开始锈蚀，其实际可使用的寿命将远远小于设计寿命，在突遇外力(如大风)就存在可能发生大臂或平衡臂折断、平衡重水泥块脱离，更甚者则可能发生整机倾覆,而"烂尾"塔机存在的区域多位于繁华地段,人群密集,周围存在高层建筑物甚至是交通要道,一旦发生事故造成的损失将非常巨大。

3　"烂尾"塔机的监督管理

要消除"烂尾"塔机的安全威胁需要从两方面下功夫,一是要及时发现,二是要及时采取措施消除安全隐患。

3.1　及时发现"烂尾"塔机的存在

根据我国塔机的管理规定,其监督管理属于建设部门,而其检验检测是委托检验,一般为质监部门下属的检验机构或社会检验机构进行。在"烂尾"塔机形成后,在这个多头部门管理的社会现实下,主管的建设部门掌握"烂尾"塔机的制造信息、登记信息和产权信息,对工地的停工情况建设部门也有一定程度的了解。通过对工地情况的了解对工地在用设备实行动态管理,并定期复查设备使用情况或委托相关机构或单位跟踪设备使用状况,建立塔机的拆装信息库,对停工的工地,及时发现遗留在施工现场的塔机,进行动态监控。还要关注媒体和相关的新闻报道及群众的反映投诉,获取相关信息并在第一时间核实了解,弥补监管漏洞。

3.2　转变安全监管模式

我国的公共安全管理建设是在 SARS 危机的警示中以"应急管理"为重点而开始的,主要包括预防和应急准备、监测和预警、应急处置与救援、事后恢复与重建等四个环节[2]。从我国现行的监管模式看,特种设备的事故预防虽然被纳入政府的日常工作中,但工作重点依然在事故后的处理上。在危机管理模式上,常常关注危机爆发时的应急处置,对像"烂尾"塔机这种隐性事故危机的管理并没有建立程序化、制度化的预防措施。在发生事故后再进行专门的监管是不明智的,只有建立健全各项规章制度,健全监管体制,完善相关法律法规,对整个过程和使用过程实施监督管理才有望在根本上阻止事故的发生[3]。

公共安全问题属于公共产品范畴,是运用公共权力的政府必须向公民提供的服务[4]。为应对这些年频繁发生的特种设备安全事故,从 2003 年以后我国采取了一系列措施,提高特种设备安全危机管理能力。各级政府按照当地实际,制定相应的应急预案。这些条例和预案在特种设备危机事件管理中发挥了重要作用。在平时的常规危机管理中,没有上级领导亲自督查,各个部门仍然是各自为战,信息、设备、资源共享的初衷很难有效实现,其实质仍是临时松散机构体系[5]。

在政府机构改革的今天,维护公共安全的利益迫切需求相关部门转变工作模式,将原先重视应急管理向预防管理方面倾斜,建立设备动态信息库,在对塔机备案登记时对其安装信息进行记录,与检验检测机构和城市市容管理机构建立信息沟通机制,努力建立一支由建筑安全监管机构为主导,城市行政执法稽查为依托,检验检测机构为技术保障,乡镇街道生产安全管理部门为耳目的一整套特种设备安全监管综合网络化执法体制,及时发现"烂尾"塔机的存在。在发现"烂尾"塔机后对其进行安全分析,在确认为重大危险源之后通过勒令产权人或建设方自行拆除或通过法院申请强制拆除的方式消除安全隐患。

4 结束语

“烂尾”塔机存在危害群众利益的潜在风险，将其纳入公共安全管理的体系中，运用公共安全管理的理念进行管理。重视预防，加强风险评估和监测，建立建筑主管部门、城市综合执法部门、检验检测机构、基层特种设备管理人员信息沟通网络，及时发现和识别危险源，采取应对措施，发挥产权单位的主体责任，必要时由政府部门协调，在遵守法律法规的前提下，利用政府强制能力进行强制拆除，真正发挥政府各级部门在维护公共安全中应尽的义务，保障人民群众的生命财产安全不受损失。

参考文献

[1] 朱莹．城市烂尾楼改造项目安全管理问题探索[J]. 四川建筑．2007(27)9:166.
[2] 赵汗青．中国现代城市公共安全管理研究[D]. 长春:东北师范大学．2012.
[3] 孙连凯．基层特种设备监管研究[D]. 天津:天津大学．2012.
[4] 郭济．政府应急管理实务[M]. 北京:中共中央党校出版社，2004.
[5] 黄媛媛．我国特种设备安全监察体系研究[D]. 天津:天津大学．2012.

（该论文发表于《建筑机械化》2016 年第 2 期）

基于条形码技术的施工升降机防坠安全器检验管理系统开发

屈名胜　马天榜　张志仁

（陕西省特种设备质量安全监督检测中心　陕西 西安 710048）

摘　要：为了满足大批量防坠安全器检验过程的管理需求，提高检验效率并降低出错率，开发了一套基于条形码技术的施工升降机防坠安全器的检验管理系统。系统包括业务管理系统、检验管理系统和条形码管理系统三部分。通过引入条形码技术，建立以唯一设备识别码为基础的数据库，实现了从业务受理、检验数据的获取、报告的出具、审核批准、领取出库、检验状态信息实时发布、到期检验提醒的全流程管理，具有良好的应用效果。

关键词：条形码技术；施工升降机；管理系统；开发

0　引言

随着施工升降机在建筑行业中应用日益广泛，伴随的安全事故也大幅度增加，特别是群死群伤事故更为突出。防坠安全器是施工升降机上的重要安全防护装置，是保证乘坐人员安全的最后一道屏障，是列入特种设备目录的五种安全保护装置之一。它的每年定期检验标定，是保证防坠安全器可靠工作、安全使用的重要措施[1]。

伴随着我中心防坠安全器定期检验业务量的增大，传统的检验过程管理信息化程度低、数据库不健全，存在重复工作多，效率低、出错率高等问题。迫切需要开发一套检验管理系统，通过引入条形码技术，建立以唯一条形码为防坠安全器终身标识的设备数据库，通过对数据库的管理，实现对经我中心检验的防坠安全器定期检验过程和全寿命周期的管理。实现从设备受理登记、检验检测图表数据获取、报告出具、审核、批准到设备领取出库，用户实时检验状态查询、电话短信提醒等全流程的信息化管理。

1　条形码技术及其应用

1.1　条形码技术

条形码技术作为仓库信息系统中的一种自动识别技术，是实现仓库物资信息自动采集和传输的重要技术。目前大多数类似于超市、学校图书馆等使用的都是一维条形码，他们在条形码内存储一些简单的数字信息，利用条空排列以及特殊的识别仪器对这些数字进行识读，然后调用计算机内相关数据库数据，针对这些信息对其进行操作和处理，实现数据信息的传递[2]。由于条形码技术具有录入速度快、准确性高、信息采集量大、操作简易成本低、工作效率高、避免重复工作等优点[3]，在现代仓储信息的形成和传输过程中，条形码技术起着重要的支撑作用，已成为仓储实现现代化管理的必要的前提条件，并在现代仓储系统中被广泛采用。

1.2 条形码在系统中的应用

根据我国建筑工业行业标准[4]第5.4条规定，防坠安全器的使用寿命为5年，国家强制标准[5]第11.1.9条规定的检验周期为1年，并且每台防坠安全器在出厂时其生产厂家对其进行了编号，不同生产厂家的编号规则并不一致，因此可以设定一定的编码规则，给每一台防坠安全器编制唯一的条形码，图1为应用示例。通过对条形码的管理，建立相应的数据库，将唯一条形码贯穿防坠安全器寿命期内定期检验的全流程，实现对防坠安全器检验检测的信息化管理。

图1 防坠安全器使用条形码示例

2 系统构成

系统由业务管理系统、检验管理系统和条形码管理系统三部分构成，每个子系统下属不同的管理单元，系统功能涵盖了防坠安全器定期检验的全过程，实现从用户报检、PDA数据采集、受理单/条形码标签的打印、用户缴费、检验检测数据的获取、报告的出具审核批准、检验状态信息的实时发布、用户电话、短信提醒服务等过程的全流程信息化管理。具体的系统构成如图2所示。

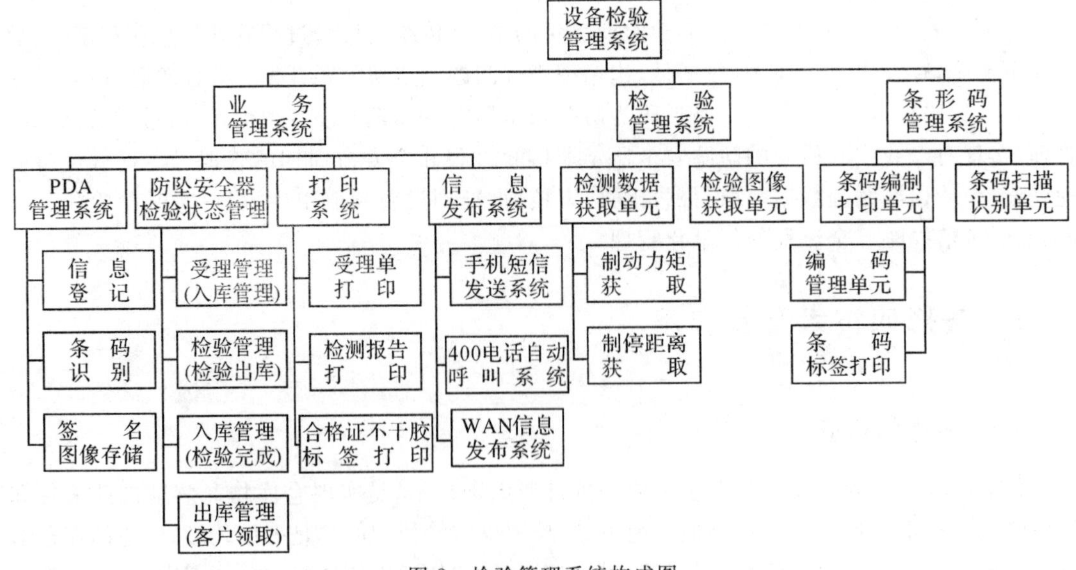

图2 检验管理系统构成图

3　系统的实现

3.1　软件系统

设备检验管理系统采用 Smart Client 智能客户端与 J2EE/MVC 架构相结合的策略。检验管理系统共分为 4 个子系统，相互联系如图 3 所示。

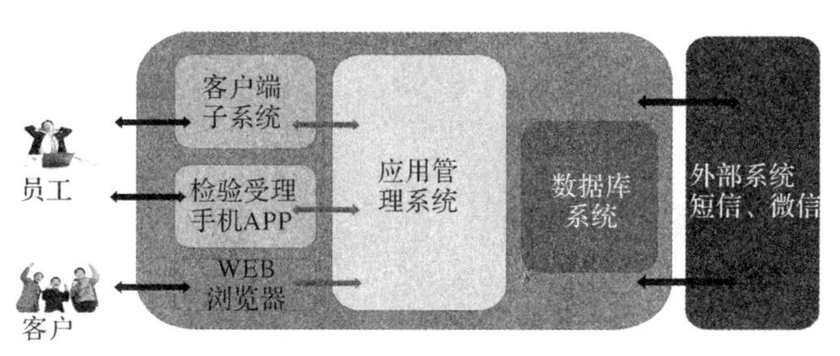

图 3　检验管理系统构成

(1)应用管理子系统。

(2)检验管理客户端子系统。

(3)检验受理手机 APP 子系统。

(4)数据库系统。

3.2　系统架构概要说明

宏观来看，检验管理系统平台分为三层体系结构，即用户层、服务层和数据层，如图 4 所示。

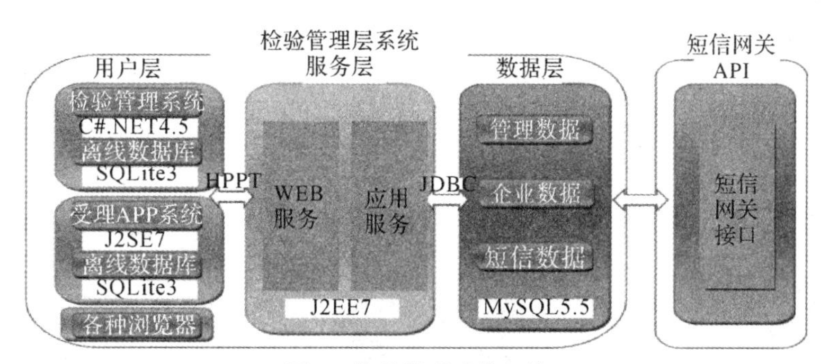

图 4　检验管理系统架构

(1)用户层：它主要指用户界面，它要求尽可能简洁，使终端用户不需要进行任何培训就能方便地访问信息。

(2)应用层：应用层即应用服务器，所有的应用系统、应用逻辑、控制都在这一层，系统最复杂的一层。

(3)数据层：数据层即数据库服务器，存储大量的数据信息和数据逻辑，所有与数据有关的安全、完整性控制、数据的一致性、并发操作等在这一层完成。

3.3 硬件系统

系统的硬件系统包括手持 PDA 数据终端、条形码打印机、报告/单据打印机和 PC 电脑等。其中手持 PDA 数据终端通过无线网络访问 SQL Server 控制打印机打印受理单，条形码打印机和报告/单据打印机由 PC 机通过访问 SQL Server 控制。短信通知和 400 电话通过租用其他运营商的相应服务由 SQL Server 控制实现相应的功能，相互之间的联系情况如图 5 所示。

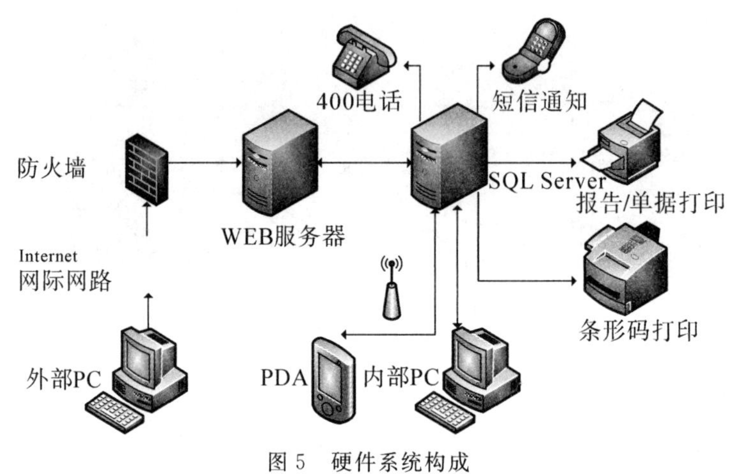

图 5　硬件系统构成

3.4 检验管理系统

采用 C++对此部分数据接口进行重写，检验时综合管理系统调用该 C++程序编译的 DLL 以获取具体的检测过程数据。

3.4.1 数据采集

数据采集主要任务是将施工升降机坠落试验过程中防坠安全器的运行速度及速度变化、制停距离等信息，通过一系列采集装置，转换为数字信息，保存到计算机，以供后续进一步分析。

数据采集的具体过程如图 6 所示。

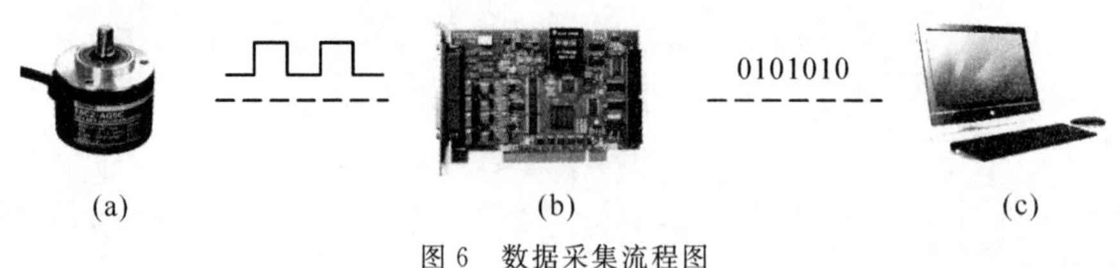

图 6　数据采集流程图

(a)旋转编码器；(b)AD 转换卡；(c)计算机

数据采集过程如下。

(1)试验架运行时齿轮通过联轴器与编码器相连，试验架运行带动编码器转动。

(2)编码器通过自身转速频率，输出相应的脉冲信号。

(3)AD 转换卡接收到编码器输出的脉冲信号，进行数模转换，转换成数字信号，如空载时是2 048(0x0800)。

(4)计算机将AD卡数字信号进行相应计算,得到升降机具体速度 $S=(V_t-2\ 048)\times N$。

式中:S 为实时速度值;V_t 时刻AD卡输出数值;2 048为基准值,即0值基点;N 为比例系数,由整个采集过程中一系列变换决定,是一固定值。

通过以上计算,得到每一时刻升降机运行速度,具体采样周期可以具体设定。

3.4.2　数据分析

数据分析部分主要是根据采集到的瞬时速度值,并参照系统所设定的最大速度值,计算出加速度变化、制动距离等数据。由于受到采样周期、计算精度、误差分析等一系列因素的影响,需要通过反复试验,确定最佳的计算方法和比例。通过计算机完成对施工升降机运动数据的采集之后,需进一步对防坠安全器的相关性能参数进行计算分析,其主要性能参数包括以下几个。

(1)制动距离(m)。

(2)动作速度(m/s)。

其计算方法如下。

(1)求取制动距离值。防坠安全器制动距离的计算主要采用积分得到,其数学表达式为

$$S=\int t = \max(t)_{t=0}\,\mathrm{d}v$$

式中,$t=0$ 与 $t=max(t)$ 分别表示施工升降机开始运行与停止运行的时间。

(2)求取动作速度值。根据施工升降机运动动作曲线可以看出,升降机运行过程中加速度小于重力加速度 g 的时刻即为动作速度的时刻。由计算机在升降机运行过程中实时的将一些数据存储在缓存中,读出全部的缓存数据进行分析,进而计算得到动作速度时刻,有

$$t=\mathrm{first}((v_i-v_{i-1}),<g),(i=0,1,\cdots,\max(i))$$

而　$$V=v_t=V(\mathrm{first}((v_i-v_{i-1}),<g)),(i=0,1,\cdots,\max(i))$$[6]

在这种情况下,因为加速度对速度的影响程度开始逐渐降低,所以速度值也是整个系统运行中的最大值。

4　总结

系统建成后实现了下述管理目标。

(1)解决了检验设备的受理、检验等业务环节的数据快速采集、识别与信息交互效率低的问题。

(2)实现了设备标签条形码标签,合格证标签的制作、打印和补打功能,在业务流程上以条形码标识作为检验等操作唯一贯穿系统的关键信息。

(3)实现了受理时通过手持无线终端登记信息,并将数据发送服务器打印设备标签,如已存在设备条形码标签可通过扫描条形码自动获取设备信息,方便准确的打印受理单。

(4)实现了检验时扫描条形码,准确无误的获取信息并打印检测报告。

(5)实现了受理、检验通过无线数据终端采集实时传输模式,快速有效地传递到系统。

(6)实现了实时、快速、便捷的通过网络、手机短信发布检验信息。

(7)实现了条形码系统数据汇总报表,为后期用户查询提供相关的数据报表。

(8)提高了检验等业务的工作效率,降低人工操作数据错误的概率,从而保证后台系统的

可靠性。

上述管理目标的实现，大幅度提升了防坠安全器定期检验效率，降低了出错率，受到报检用户和检验人员的一致好评，通过对数据库的升级改造将该系统应用于电梯等数量较大特种设备的检验管理，具有很好的应用空间。

参考文献

[1] 张宝华，栾天爽，马特，等．浅谈施工升降机防坠安全器检定的重要性[J]．价值工程，2013(17)：96.

[2] 赵博，黄进．二维条形码 PDF417 编码原理及其软件实现[J]．电子科技，2007(4)：75－78.

[3] 王 峰，刘昌．浅谈条形码技术在设备管理中的应用[J]．中国管理信息化，2012，15(7)：61.

[4] 中华人民共和国建设部．JG 121－2000 施工升降机齿轮锥鼓形渐进式防坠安全器[S]．北京：中国标准出版社，2000.

[5] 中华人民共和国质量监督检验检疫总局，等．GB 10055—2007 施工升降机安全规程[S]．北京：中国标准出版社，2007.

[6] 李浩．施工升降机防坠安全器检测系统的设计与实现[D]．石家庄：河北科技大学，2012.

（该论文发表于《机电一体化》2016 年第 2 期）

我国特种设备发展前景研究

刘　懿

（陕西省特种设备质量安全监督检测中心　陕西 西安 710048）

摘　要：在科学高速发展的今天，越来越多的企业纷纷开始投入到特种设备的生产领域之中，特种设备的发展模式逐渐成为信息化时代中备受关注的焦点。随着特种设备走进人们生活和工作的环境，特种设备产业也走进了高速发展的时期。基于此，本文对能够影响特种设备发展的几方面因素展开讨论，分析了其对特种设备制造业的具体影响，同时详细论述了如何更好地进行特种设备生产工作，希望以此促进特种设备行业更好、更快地发展。

关键词：特种设备发展；问题分析；控制策略

0　引言

伴随着我国机械制造技术的快速发展，市场运营需求对特种设备工作也提出了较高的要求，特种设备制造业又是机械制造业的重要组成部分，其对于确保机械制造业发展过程中的生产效率和实践操作，保障整体行业规划的实施都有着非常重要的作用。但是不可否认，当前市场特种设备发展中还存在较多的限制性问题，并且其运营模式受到各种外界因素的制约，阻碍了其深化发展，接下来，笔者结合市场实际状态下的特种设备发展缺陷及对行业发展模式的影响运行相应的问题和控制策略分析，来推动特种设备行业更好更快的发展。

1　当前市场发展影响行业模式改变的问题分析

结合特种设备发展的行业特点和笔者主要从事的职业，笔者认为，能够对特种设备经营规模的建立与发展产生重要影响的因素有以下几方面。

1.1　当前特种设备市场运营体系的不系统

当前，随着我国机械技术的进步，特种设备的发展模式也趋于一体化。但是在高速发展的背后显露出的是市场运营体系的不完整，具体表现在运营网络覆盖的区域有限，相关生产公司运营效率低下，市场运营系统的不健全以及供货商缺少规范性制度约束，并且在以企业为主体联合科学技术部门开发的新一代特种设备缺乏相应的技术规范引导。在特种设备自主性服务模式的前提下，建立相应的认证管理模式是推动市场运营体系发展的主要因素之一。但是，我国特种设备发展受经济发展模式和政治体制的双重限制，导致综合运营制度很难确立起来，同时在以国有企业为主导的经济发展模式下，服务体系的不完整也是导致综合服务制度难以健全的主要因素。

1.2 国内企业和跨国企业的产品相比科技含量较低

在我国规范化制度还不是很完善的情况下，生产商及经营商为了追求更高的经济效益，对科技创新性的规范要求不断降低，且粗糙化的生产模式也开始不断地涌现。再者，在科技运营效率方面，国内企业和跨国企业中员工自身的服务态度不够端正，专业性服务技术水平较低，对电商的科技趋势发展无法进行准确的分析，导致在相关运营操作中不断出现纰漏，因此给生产单位造成了不必要的经济损失。因为特种制造业市场对专业性技术人才的需求量很大，而许多不具备专业技术水平的人员混入了生产岗位之中，其对工作无法进行专业角度的实践与分析，从而影像设备的科技含量，间接性地妨碍了国内行业发展和企业运营效率的提高。

1.3 行业制度体系的不完整

在行业不规范的服务背景下，不正当的人为操作和经销运营系统的低效率都会对行业产生重大影响，进而影响到行业整体运营状态。再者，在行业平台操作方面，进行完善化操作的基本原则就是在保证市场系统运营效率的前提下对操作模式进行规划分析，但是现在众多的生产商和经销商进行不正当的操作，导致行业体系的畸形并且严重影响了行业效率的提高。最后，由于没有规范化的业内制度造成行业系统的运营成本增加、产品积压、分销渠道狭隘的现象，阻塞了行业发展的道路。

2 关于推动行业发展的对策探讨

针对以上能够对当前我国特种设备行业产生影响的几方面因素，笔者认为，行业有序地发展应该从以下方面进行创新，进而对阻碍行业发展的因素进行有效控制。

2.1 在行业发展中要深化管理

在行业管理工作中要完善行业制度的建立。提高行业发展速度，保持行业发展的稳定，使行业发展模式具有规划性。具体工作开展需要从以下几方面做起。

2.1.1 在行业发展落实责任制、定时对企业进行审查

由当地行业主管负责，组织制订和执行特种设备行业规范条例，组织审查行业的工作开展并建立相应的监督机制。

2.1.2 建立生产企业行业准入制度

作为设备生产企业，具有技术水平高、管理复杂等行业特点。必须明确行业相应的业绩审查，只有审查合格的具有相关资质的企业才可以进行相应的生产工作。

2.1.3 制订特种生产设备的行业管理细则

在行业分配环节中要建立相应的细则对行业状况进行规范，因为没有相应的规章制度很难对行业发展进行管理与安排，也难以推动行业健康发展。对于复杂的行业状况，其管理制度应该更加细化，其要求更为严格。

3　行业意识形态的工作方式的转化

3.1　建立健全行业行政责任制度建设

在行业实践中证明，依法实行责任强化制度，对于强化行业工作人员的工作素质，规范其履行行为，推进行业卓稳有效发展，起到了相应的优化作用。要认真落实相应的责任制度，全面加强依法监督体系的建立。在工作中应当坚持“稳扎稳打”的行政工作方针，紧密结合体系制度的综合建立，抓紧做好当地经济状况的调查研究、试点行业整治的前期基础工作，积极稳妥地实行核心管理机制。明确每个人员的执法规范和要求，实行完整的岗位责任制度，构建完整的服务岗责体系。应该细化每个工作中的工作流程，包括详细的行业服务规划和完善的服务体系。要注意机构中各个工作环节与步骤的有机衔接，保证整体服务体系的高效运行。要在一定时期内组织以行业的服务为主要整改内容的绩效考核，并逐步建立相应匹配的行政奖罚制度。还应该建立行政执法审核查询制度。对有工作错误责任的企业，要根据行政法治要求依法追究其工作过错，保证行业整体的健康有序发展。

3.2　行业规划要着重改变外部环境限制

在行业发展中要在推进内部行政、依法监督工作的同时，要积极开展工作，争取社会群众对行业工作的支持，形成全面开展的合力局面。推进行业发展，要依法协助履行行业工作义务，突出抓好对经济体和企业的工作落实状况，充分发挥社会经济机构对行业工作开展的协助作用。

3.3　树立多元化全方位行业模式目标

在行业发展中，行业的模式目标是多元化行业规划步骤的集中表现，同时，目标立足于层次化、具体化的行业发展前提。目标的制定是整体行业发展过程的向性规划，对整体的任务有着引导功能，其具体的定位设计决定着全方位的行业规划能否顺利实施。针对行业发展模式转变受传统制度制约这种状况，进行目标的确立，具体可以采取以下方法：①要把目标与规划工作进行统一，以便更好地对行业进度进行控制和管理，而且要深入了解市场运转状态及发展态势，制定出符合实际市场需要的规划方案，进行实践化生产管理，从而提高对行业发展前景的认识。②在相应的进度安排下，运用目标选择对方案进行优化，同时保持其进度不变的情况下继续深入市场实践。并且在行业规划发展方案时，需要不断地根据行业生产进度进行安排，并且根据实际情况进行合理变更。

4　结束语

综上所述，现阶段的特种设备发展模式受多方面因素的影响，制约了行业规划的开展和生产效率的提升。基于这个情况，笔者针对行业发展的具体情况，从发展模式、规划设计等几个角度着手，提出了几点措施旨在提高行业的效率和水平，希望能够为特种设备行业的发展和进步提供一定的思路。

参考文献

[1] 张纲．在全国特种设备安全监察处长会议上的讲话[J]．中国特种设备安全，2005(4)：15－18．

[2] 张纲．关于推进特种设备品牌建设的思考[J]．中国特种设备安全，2008(9)：6－8．

[3] 张纲．中国特种设备安全监察现状和对策[J]．中国特种设备安全，2005(6)：12－16．

（该论文发表于《华东科技学术版》2015 年第 10 期）

基于B/S模式的电梯管理信息系统的研究

辛宏彬　孟华　常振元　王莹　王涛

（陕西省特种设备质量安全监督检测中心　陕西 西安 710048）

摘　要：通过对电梯管理信息系统的分析，基于B/S模式，对电梯管理信息系统进行设计。在阐述特种设备和B/S模式的基础上，给出了系统的总体运行模式，并对电梯的各个功能模块进行设计，同时建立了电梯管理信息系统的整体模型，最后分析和讨论了实现整个系统所需要的工具和关键技术。

关键词：B/S 电梯管理；关键技术

0　引言

电梯作为特种设备的一种，在生活中使用的越来越多，随着电梯数量的增多，对电梯的安全性能和检测的要求也越来越高，为了提高电梯管理的质量和电梯检测的效率，建立基于计算机技术的电梯信息管理系统变得越来越必要。基于计算机的电梯管理信息系统是一种人机交互的系统，是今后特种设备管理信息的发展趋势。

在当前，计算机的管理模式主要有4种：M/T（主机/终端模式）、F/W模式（文件服务器/工作站模式）、C/S模式（客户和服务器模式）和B/S模式（浏览器/服务器模式）。其中B/S模式是20世纪90年代后期伴随WEB技术发展起来的一种新型的计算机信息系统管理模式，本文主要研究基于B/S模式的电梯管理信息系统。

1　特种设备定义和B/S模式介绍

特种设备是指涉及生命安全和危险性较大的锅炉、压力容器、压力管道、电梯、起重机械、客运索道、大型游乐设施和厂内专业机动车辆[1]。

随着网络技术的不断发展，传统的C/S管理模式的缺点越来越多，已经不能适应现在的信息管理要求。B/S模式是一种在C/S模式上发展起来的多层次的C/S体系结构[2]，是对C/S模式的进一步改进和升华，与其他管理模式相比，具有较强的优势，这种模式的三层结构如图1所示。B/S模式主要是利用了日渐成熟的WEB浏览器技术，结合浏览器的多种Script语言（VB Script，Java Script，…）和ActiveX技术，是一种全新的软件系统构造技术。

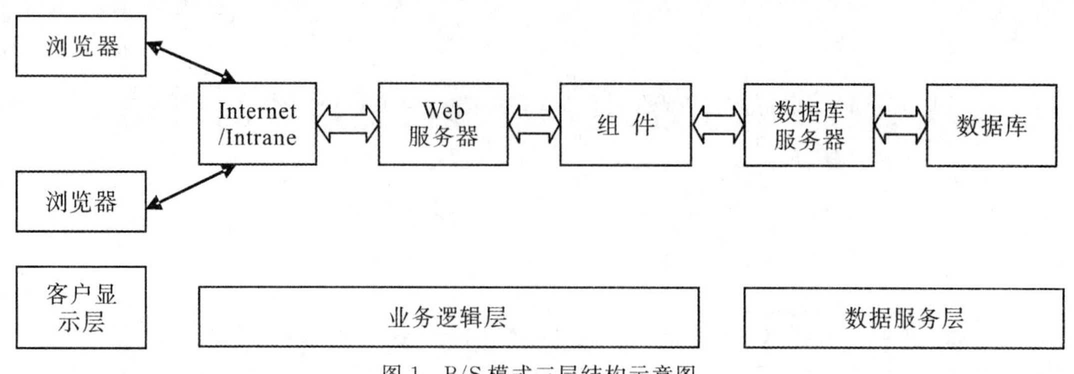

图1 B/S模式三层结构示意图

2 电梯管理信息系统设计原则和约束

2.1 设计原则

(1)保证系统具有实用性,系统能否真正的使用是系统设计的关键。
(2)保证数据的统一性,系统要根据电梯的实际情况,保证基础数据的规范统一。
(3)保证电梯的各类录入信息的安全性和准确性。
(4)在客户端连接数据库过程中,要保证绝对的安全。
(5)在系统的运行过程中,系统管理员要对系统能够进行有效地调节和控制。
(6)系统要对电梯的信息管理应具有较高的效率。

2.2 设计约束

(1)系统要支持以太网和大型的数据库系统。
(2)系统对资源的要求要合理,传输要足够快。
(3)系统在一定程度上,要有高的可靠性和稳定性。
(4)系统要有一定的可扩充能力。

3 基于B/S的电梯管理信息系统设计[3-5]

3.1 总体设计

在系统的开发过程中,可以运用ASP.net技术,服务器可以采用Windows XP作为网络操作系统,数据库系统可以选择Microsoft SQL Server 2005数据库系统,这种数据库系统与Windows XP操作系统结合在一起使用,整个系统以B/S模式的结构体系为基础,系统的整体运行模式如图2所示。

3.2 电梯管理信息系统功能模块设计

本系统的主要服务对象是检测机构、政府部门和使用单位,经过对电梯管理的认真分析和研究,电梯管理信息系统分为前台模块和后台模块两大部分,前台是客户登陆界面,后台是数

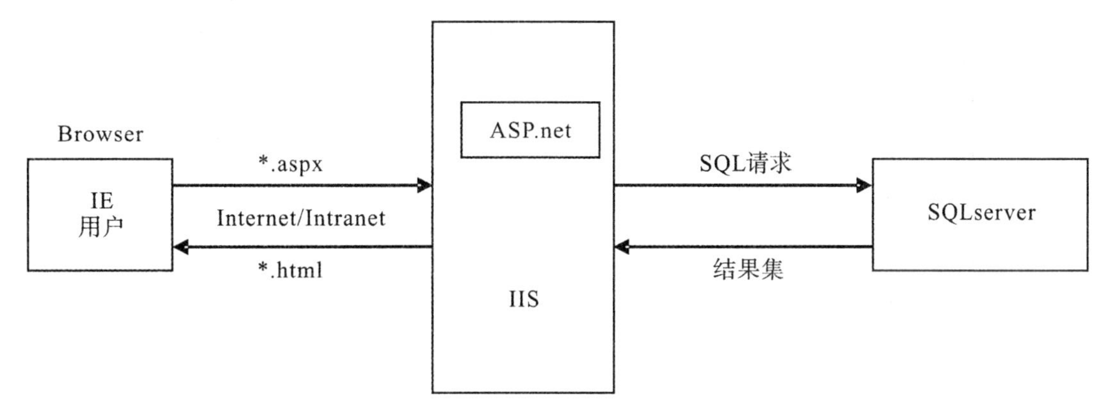

图2　系统运行模式图

据库和信息处理，其系统功能模块如图3所示。前台模块的各项功能如下：

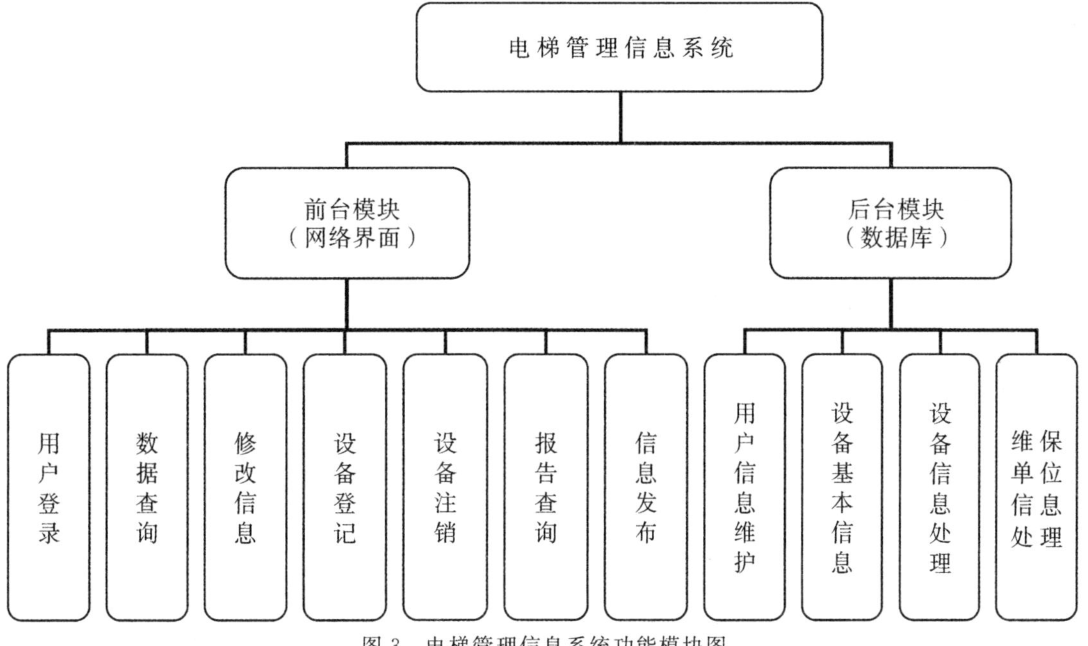

图3　电梯管理信息系统功能模块图

(1)用户登陆：根据用户的登陆信息，验证其合法性，从而确保系统安全，实现用户权限内的添加、更改和删除。

(2)数据查询：用来满足检测机构人员、政府管理人员和用户对设备数据的查询需要。

(3)修改信息：对自己的信息进行更改或删除。

(4)设备登记：对新的电梯注册用户进行登记。

(5)设备注销：对报废的电梯进行注销。

(6)报告查询：满足各方客户对报告书的查询。

(7)信息发布：发布电梯系统数据库中的信息和设备检测的信息等。

后台模块的功能如下。

(1)用户信息维护：由系统管理员对管理员和普通用户的信息进行新增、修改和删除等操作。

(2)设备基本信息:对电梯设备的基本信息进行存储。

(3)设备信息处理:对数据库的设备信息进行各种运算,对该地区电梯设备安全指数进行计算和安全预警等。

(4)维保单位信息处理:它包括对维护保养单位质量进行评定和分级。

3.3　电梯管理信息系统整体模型设计

电梯管理信息系统通过对外服务同意实现前台和后台数据之间的连接,整体模型如图4所示。电梯管理系统总共四类用户,分别是政府部门用户、检测机构、使用单位和维护保养单位。

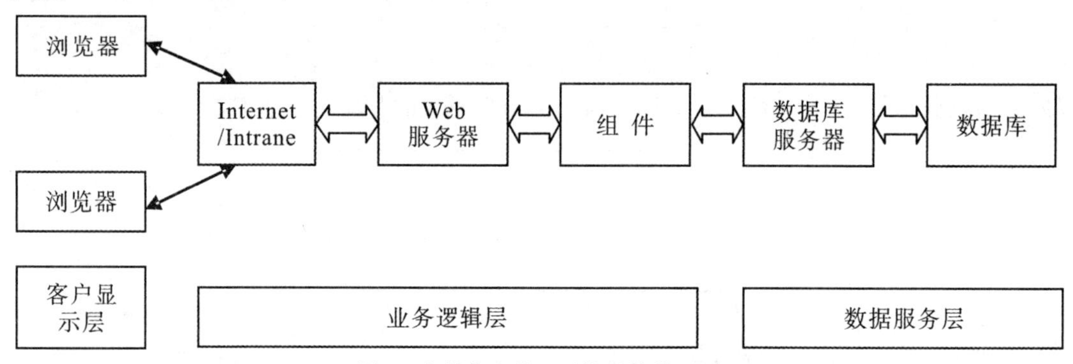

图4　电梯信息管理系统整体模型图

4　B/S模式电梯信息系统的开发工具和系统实现的关键技术

Dreamweaver,Flash 和 Fireworks(应该有更先进的软件)网络"三剑客"三个软件的配合使用,通过这三个软件,可以打造出美观且实用的网络界面。

(1)数据库的设计。数据库设计的主要任务就是根据电梯用户的信息需求、处理需求和数据库的运行环境(包括 DBMS、操作系统及硬件的特性),设计出合理的数据模式。

(2)ADO. net 技术。ADO(ActiveX Data Object)[2]是微软公司开发的一种新接口,ADO技术是基于 OLEDB 的一种访问数据库的接口技术,ADO 对 OLEDB 的接口进行了封装,定义了 ADO 对象,ADO 访问数据库是通过访问 OLE DB 数据提供程序来进行的,采用这种技术进行数据库的访问,相对其他的访问数据库技术,具有更高的效率。

(3)ASP 技术。ASP(Active Server Pages)[5],是一种脚本编写模型,它运行于服务器端,利用这种技术,开发者可以使用几乎所有的脚本语言(如:VBScript、Jscript 或 Perl 等)来进行脚本的编写,另外,利用 ASP 技术,可以很容易地把 HTML 标签和文本,脚本命令和 ActiveX 控件连在一起,共同实现动态的网页,并且在不需要进行复杂的编程的条件下,能够创建交互式的 WEB 站点。

5　结束语

本文基于 B/S 模式对电梯管理信息系统进行设计,详细地阐述了电梯管理信息系统设计的总体思路和实现的关键技术,对基于信息技术的电梯管理信息系统的实现具有一定的参考价值。

参考文献

[1] 中华人民共和国国家质量监督检验检疫总局．特种设备安全监察条例[M]．北京：中国标准出版社，2009.

[2] 刘丽娜，齐会娟，李德雄．基于B/S模式的数字校园教育管理平台设计与实现[J]．石家庄铁路职业技术学院学报．2008，7(2)：59－62.

[3] 马丽红，蔡东宏．用ASP开发基于B/S模式的科技管理信息系统[J]．计算机技术与发展，2008，18(1)：223－225.

[4] 潘英帅，杨春节，李平．特种设备管理信息系统研究与应用[J]．工业控制计算机．2006，19(10)：53－54.

[5] 李岚．基于B/S模式的设备技术监督管理信息系统研究与设计[D]．天津：天津大学，2004.

（该论文发表于《机械工程与自动化》2012年第5期）

浅谈电梯应急处置服务平台实施标准化战略

王春玲

（陕西省特种设备质量安全监督检测中心　陕西 西安 710048）

摘　要：建设电梯应急处置服务平台，是新型政府职能安全监管模式的需求，建立标准规范化管理，能有效规避或减少检验风险。文章分析了96333管理平台的功能作用，对平台的标准化管理进行了探讨。

关键词：预防预警；标准化；安全监管

0　引言

随着我省经济的快速持续增长，带动了特种设备的急速增加，我省现在拥有电梯12万余部，使特种设备检验机构面临越来越大的压力以及检验风险，为全面落实科学发展，努力构建社会主义和谐，整体提高陕西质监标准化水平，充分发挥标准化对国民经济和社会发展的技术支撑作用，全面提升陕西特种设备检验的竞争力。2015年初，经省局批准，搭建起覆盖全省行政区域范围的96333电梯应急处置服务平台，为进一步加强特种设备的安全监管，做好特种设备安全预防预警和应急处置工作。

对96333电梯应急处置服务平台实施标准化工作，是提高工作效率，为特种设备检验工作规避或减少风险提供支撑。标准化工作是指在系统内有比较完善的责任制度，以及安全的检验、维保流程，使每个环节都能安全工作，符合国家法律法规，并且能长期有效地实施下去，确保电梯事故应急救援工作顺利进行，从而构建和谐发展社会。

1　应急处置服务平台建设标准

电梯应急处置平台的建设和运行应符合《中华人民共和国特种设备安全法》《特种设备安全监察条例》《TSG T5001电梯使用管理与维护保养规则》等法律、法规、规范和标准的规定。

（1）各处置中心建设的规模应与当地电梯数量、管理要求相适应，原则上配备负责人1名，话务员4～6名，人员和办公环境应满足24小时值班需要，并在人员服装、经费等方面给予充分保障。

（2）各处置中心应建立以应急救援热线“96333”为基础的应急处置信息系统。在电梯轿厢张贴“96333”应急救援标签，乘客遇紧急情况时，拨打当地“96333”报告标签上的七位应急救援识别码，接警的处置中心即可在电梯应急处置信息系统中找到电梯位置和使用维保单位等相关信息，并记录乘客困梯等故障报告、救援等情况，以及投诉举报等信息。

(3)各处置中心应建立应急处置工作流程等制度。按照陕西省质量技术监督局要求,建立从接到乘客困梯、故障报警电话,直到完成救援后对乘客进行回访的程序、流程等,以及接受群众咨询、投诉处理的程序、流程等制度,规范故障统计格式和上报机制。

(4)各处置中心应建立与电梯救援队伍的协调机制。与当地电梯签约维保单位、其他电梯维保单位和公安消防等社会救援力量建立应急协调指挥机制,明确在实施应急救援中各自责任和义务等,解决好施救处置分工、分级响应责任界定、激励和惩处等问题。

2　规范电梯应急处置服务中心人员管理、硬件管理、软件管理和环境管理等

陕西电梯应急服务处置中心是在 2016 年 1 月开始正式启用,在人员、硬件、软件、环境等方面都有了明确性规范,才能有效地承担电梯故障的受理职能,充分发挥应急协调指挥功能,最大程度缩短乘客被困时间,进一步提高电梯应急处置和服务能力,实现精准救援,保障人民群众的电梯使用安全。

(1)各处置中心话务人员必须 24 小时接听 96333 应急救援热线。为当地公众提供电梯突发事件紧急呼救、派遣救援、事故隐患举报等服务。一旦发生电梯困人或故障等紧急情况时,启动一级响应,派遣签约维保单位实施救援;一级救援短时间内无法有效响应时,立即启动二级响应,指挥困人电梯附近维保单位实施救援;如二级响应仍无法实施救援,则将启动三级响应,联动当地公安、消防等社会力量实施救援。工作人员每日将各地市接警数量、投诉建议等内容认真做好工作记录,工作期间发现异常情况必须及时上报监控中心负责人,不得随意隐瞒,影响处理。监控中心工作人员必须严格遵守工作纪律,保证上班时间人员到岗。

(2)中心服务器机房内必须保持整洁,不得放置无关的设备和物品每日检查服务器机房的温度和湿度,保持恒温、恒湿。中心计算机设备开机顺序:先开 USB 电源、打印机、扫描仪、显示器等外设,再开主机;关机顺序相反,不得强行开/关机。中心计算机严禁使用磁盘、光盘和移动磁盘等传输介质。应及时按正确方法清洁和保养设备上的污垢,不得私自拆卸机械、增加、减少或试用新配件,以确保监控设备的正常运行。

(3)对中心软件的运行日志和使用情况进行监控,以便及时发现软件存在的问题制定备份策略,平台软件数据备份至少每天一次,备份介质场外存放,并建立数据备份日志。中心计算机软件应采用正版软件,禁止安装与应急处置工作无关的应用软件。禁止使用平台计算机网络聊天、玩游戏、看视频及浏览与应急处置工作无关的网页。

(4)除日常应急处置工作外应保持安静,严禁聚众聊天、高声喧哗,应制定卫生环境值日计划表,保持平台环境干净清洁,无杂物、纸屑和垃圾,绿化植物放置有序,美观、保持良好状态。保持办公桌面清洁、有序,桌面除当前使用文件、电脑、口杯、电话、笔筒和文件盘(柜)外,不允许放其他物品。

3　电梯应急救援机构制度

电梯应急救援机构是实施设备紧急救援的,近几年设备的不断增加,还有一些设备老化,使救援机构的工作量不断加大,但有了标准化机构,无论市场怎么变化,业务量怎么加大,救援

工作也会及时、有序地进行。有了明确的工作程序，才能保证电梯的维护和保养到位，才能使以前维保单位的“重价格，轻质量”现象尽量杜绝，才能使以前没有责任心的维保人员彻底消失。

(1)制定电梯救援责任人、责任制度和职守制度确保 24h 值守电话畅通，30 s 内接听应急救援电话，救援人员在规定的时间内到达现场。

(2)救援人员应由两人组成，并持有特种设备作业人员证，救援人员应熟悉《电梯应急救援安全操作规范》等，熟悉电梯救援方法和救援流程，按照应急救援操作步骤和规范要求，安全、可靠地实施救援任务。

(3)完成救援任务后，救援人员应立即电话告知救援情况，维保单位应及时排查电梯故障并维修，故障及维修情况报告报送处置中心，并存入电梯档案。

(4)维保单位新保或失保电梯，应在 3 日内向应急处置公共服务平台备案。

(5)维保单位变更 24 h 值守电话、应急负责人通讯方式，应及时告知应急处置公共服务平台。

(6)维保单位应协助做好电梯应急处置相关工作，做好“应急救援标识牌”张贴，确保准确到位，注意标识牌的检查，防止污损，发生破损的及时补贴，协助完成维保电梯 GPS(地理位置信息)数据采集和上报。

4　电梯重大事件分级上报

特种设备的事故不可忽视，只有建立完善的等级制度，切实搞好现场安全管理，才能使伤亡或者伤害避免或者将至最低。

(1)各处置中心话务人员在遇到电梯重大事件时，除根据应急救援规范化流程执行外，还应根据事情的严重程度逐级上报。

(2)若电梯应急处置平台出现系统故障 5 min 内无法恢复正常时，话务人员应上报话务员组长、处置中心负责人，并通知相关技术部门解决问题，并详细记录解决过程，及时向中心负责人汇报事件最新处理情况，若系统故障 1 h 内无法修复，中心负责人根据情况向上逐级汇报。

(3)如果电梯困人时救援人员未能在 30 min 内到达现场、电梯故障 48 h 内无法维修完成时，话务人员应上报给处置组长和中心负责人，并详细记录，随时向中心负责人报告事件最新处理情况。

(4)假如发生人员伤亡事故的电梯应急处置案件，话务人员除根据应急救援规范化流程执行外，可根据实际情况致电 110,120 联动救援，同时上报给话务组长和处置中心负责人，中心负责人根据情况向上逐级汇报。

坚持改革导向，完善标准化工作体制。标准化工作牵涉面广、影响力大，关键要靠体制机制改革的催化。在特种设备检验检测、管理工作和创新工作中实施标准化战略。强化标准化助推特种设备行业的战略意识、战略定位和战略布局，构建特种设备行业发展的“大标准”。在特种设备系统，大力推广 96333 平台标准化管理是强化特检安全工作中的一大举措。只有保证能够长期坚持标准化工作，才能够使大众安全、有效地使用特种设备，也能使使用特种设备发生的事故率降至最低。要深入实施品牌战略、标准化战略，积极推动特检工作由重检验向重服务转变，使检验工作的整体水平、影响力进一步提升。

参考文献

[1] 田世宏．实施标准化战略 践行新发展理念[J]. 中国标准化,2016(2):15－17.

[2] 杨坚红.标准体系促发展良好行为增效益——完善标准化体系是搞好企业标准化工作的关键[J]. 航空标准化与质量,2009(3):55－56.

[3] 评论员.特种设备检验检测工作改革势在必行[J]. 中国特种设备安全,2010(5):01.

(该论文发表于《第十四届中国标准化论坛论文集》)

电梯与数据信息化的关联

高佳

（陕西省特种设备质量安全监督检测中心　陕西 西安 710048）

摘　要：信息时代的到来，使得一个个小小芯片的巨大功能逐步覆盖到了社会的诸多领域中，特种设备监管也开始了属于它的新纪元，电梯行业也不例外。信息化发展的第一次浪潮为计算机，接着是互联网，第三次则为物联网。信息化的使用是对电梯行业传统的刺激与革新，能够进一步提升电梯服务的节能、舒适与安全。

关键词：电梯；数据信息化；关联

1　电梯数据信息化的特征

电梯数据信息化的特征主要有五点：信息追踪、私密信息、信息共享、报警及时以及成本较低。整梯企业用户借助电梯信息化能够对电梯的地址进行快速定位，同时获取电梯的具体信息，既包括电梯运行情况及保养情况、年检情况等信息，也包括电梯的物业公司、安装单位、维保单位以及使用单位等的具体联系方式与名称。整梯企业的一些信息具有一定的私密性，如振动曲线、厂家信息、运行调试参数等调试信息，配件参数信息以及非事故故障信息等，信息化能够作为信息通道将这些信息向整梯企业传递，而不会对这些信息进行任何其他处理。例如电梯信息化中可进行“云博士”栏目的设置，“云博士”的设置目的是储存各种电梯知识以及电梯维修经验。用户可在“云博士”中输入知识与经验，“云博士”也是一个互动平台，用户可通过网络发问与其他用户可回答其问题的方式互动在“云博士”中自动登录查看问题与解答。电梯控制器与电梯信息化之间形成协议通讯后，电梯物联网可对电梯信息进行准确获取。在事故发生时可通过信息通道自动报警，实现对电梯事故信息的第一时间掌握，此外，还能够通过短信、系统消息等方式对相关人员下达通知，提高事故处理的效率。将“通讯转换器”加装于电梯控制器，通过协议方式对电梯控制器的信息进行采集，设备成本花费不高，且非常可靠安全[3]。设备安装也十分简单，只要将“通讯转换器”加装在电梯主板上并与“通讯节点”相连即可，上述操作后即可完成电梯的信息入网。运行为云架构方式，费用并不高，后期维护与服务器花费较低且能够可靠运行；一个小区只有一个数据流量产生，所以通过小区组网方式下每台电梯所用流量费用很低。

2　数据信息化在电梯应用中的效果

2.1　信息化扫清监管死角和盲区

将电子化、信息化的科学管理运用到先行的特种设备监管中，研发基于射频技术的“特种设备——电梯安全信息化管理平台”，这一技术在山西太原市运用得十分成功。电梯安全信息化管理平台在太原市得到了成功试点，建立起了实时动态信息化的管理平台，信息化的网络解决了电梯监管人员少任务重的极度不均衡工作状况，改变了过去特种设备质量技术监督部门以点带面的被动工作模式，以科技信息手段减少了传统人为管理中出现的不到位、疏漏等问题，清扫监管死角和盲区，大大提高了各级质监部门的工作效率，真正实现了电梯公共安全监控和安全预警功能。电梯安全信息化管理平台的启动，将电梯安全管理和公共安全带入全新的信息化时代，最大限度地保障电梯使用安全。

2.2　开创电梯监管全新模式

电梯信息化管理平台是有别于以往电梯管理系统的新一代运营监管系统，它为电梯信息化管理，日常运作监控，维护保养管理和安全预警等方面，提供了一整套的集成管理系统。电梯维保人员在每次进行电梯维护保养时，通过手持终端机扫描专用电子使用登记证(牌)后，按照规程对电梯进行维保，并将维护数据和情况录入手持机内，由使用单位管理人员对维保工作进行监督并确认，然后将维保信息上传到全市电梯维保信息管理平台数据中心，使监管人员随时可以一目了然、有序监管。大大提高了对电梯维保单位监管的针对性和有效性，显著提高了电梯安全监察工作效率，有效解决了因监察人员数量严重不足和电梯数量众多导致电梯维保监管难以实时有效监控评估的问题。

3　数据信息化在电梯使用和维保中的应用

3.1　提高维护效率

电梯数据信息化的应用对于电梯保养与维修效率的提升十分有利。在电梯故障出现事故时能及时有效获取故障信息，对于维保质量与管理水平的提升也大有帮助，且能够实现人工成本与维保成本的降低；通过建立电梯档案数据化，可对电梯的详细电子档案进行浏览与查阅，对电梯的运行状况进行监视，以客观数据对电梯保养与维修工作进行量化考核；在电梯维保与电梯故障的处理上能够对维保工作人员进行提醒并记录考勤，且通过登录“云博士”可将参考的故障解决方案提供给工作人员；可对电梯二次维修率、维修用时统计、急修到场速度统计、接警率统计、超期未保电梯、维保满意度、电梯工程统计、配件故障分析、故障分类统计等进行统计分析。

3.2　解决维保问题

质量技术监督局特种设备检验部门每年都会对在用电梯进行定期检验，若电梯检验合格则会得到相应的检验合格报告。质量技术监督局特种设备检验部门对于电梯的保养维护也有明文规定，电梯的保养与维护需由具备资质的公司进行，且该公司需保证每个月两次保养。虽质量技术监督局做出了各项电梯维护保养规定以保证电梯的安全运行，但维保的执行情况依然有一定的难度，在电梯故障发生后，通常也难以明确界定责任，甚至个别地方还存在过伪造电梯检验合格证的问题，伪造电梯安装维修作业人员证，谎报电梯维保质量或次数等情况。针对电梯目前的使用情况与维保存在的问题，最直接有效的解决方法是将维保监管信息化，即建立电梯数据的信息化。以信息化支持特种设备的监督和检验工作，使用单位通过信息化工具有效掌握维保情况；维保单位负责人通过电梯数据信息化对维保工作的状况与质量进行实时监控与了解，从而保证维保质量和监察工作。

3.3 加强监管

电梯信息化的使用有助于使用单位加强对电梯的管理工作。在电梯发生故障困人时，维保单位通过电梯信息化能够第一时间获取故障相关信息，从而保证救援抢修的速度和质量，使用单位借助信息化能够对电梯的运行状态与情况进行实时监控；对电梯的保养质量、维修情况以及维保公司的工作情况进行检查；实现对电梯检验和维保记录的查询；若有过期未处理项目也可发出提醒，督促其完成。

4 结束语

高科技的信息手段已经走进了我们生活的方方面面，在特种设备监管中运用科技的力量来完善电梯管理模式和加强电梯管理力度。电梯使用单位、电梯监管部门、电梯维保单位、电梯制造单位等通过数据信息化有效结合物联网对电梯进行共同管理。对于电梯整个行业的发展具有重要作用与积极影响。

参考文献

[1] 刘晓霞. 太原市推广电梯安全信息化管理平台[J]. 大众标准化，2011(4)：65.
[2] 许亮. 信息化推进上海三菱电梯卓越质量管理[J]. 上海企业，2010(2)：35－37.
[3] 陈哲，冯胜刚. 高科技促监管模式创新——太原质监局推出“特种设备——电梯安全信息化管理平台”[J]. 中国质量万里行，2010(12)：68－69.

（该论文发表于《工业》2017年第3期）

提升起重机外购件入厂合格率

孙南　王莹　龚鑫凯　杨新明

（陕西省特种设备质量安全监督检测中心　陕西 西安 710048）

摘　要：制造业企业从企业外部购进大量的原材料和零部件，这些外购件的质量对企业的制成品质量有着直接的影响。对于大量使用外购件的机械制造企业，提升对外购件的检验合格率就显得尤其重要。QC活动在开发智慧、提高质量、降低消耗、增加效益等方面，发挥着越来越大的作用，QC 小组活动的开展与实施有效的起到了控制外购件入厂合格率、提高员工工作素养的积极作用。

关键词：起重机；外购件；合格率；质量检验

0　引言及活动计划安排表

QC 活动计划是贯彻全年工作任务的安排实施策略，可分为八个阶段分步骤实施，这八个阶段为选定课题、现状调查、确定目标、因果分析、要因确定、对策实施、效果验证、巩固措施和总结体会，活动计划安排如图 1 所示。活动的重心是在效果验证和巩固措施阶段，这一阶段的工作效果影响着整个活动的质量和效率，最后的总结体会阶段是对全部活动阶段的提炼与升华，对下一年的活动安排有着积极而重大的影响。

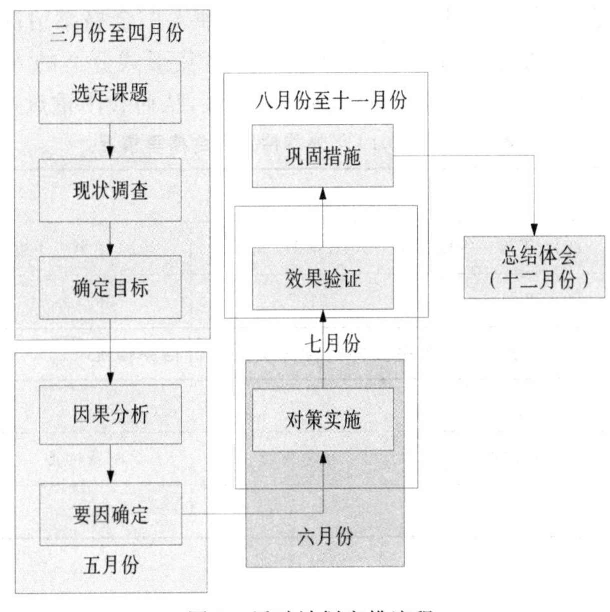

图 1　活动计划安排流程

1 活动内容

1.1 活动单位概况

陕西省特种设备质量安全监督检测中心(以下简称中心),原为1985年成立的陕西省劳动安全卫生监测检验中心,2000年划转至陕西省质量技术监督局,是陕西省质量技术监督局的直属单位,2001年获得国家质检总局核发的《特种设备检验许可证书》;同年获得了陕西省质量技术监督局计量认证和审查认可。2003年获得机电类特种设备安装改造维修许可评审资格。主要从事电梯、起重机械、游乐设施、场(厂)内专用机动车辆的监督检验、定期检验以及施工升降机防坠安全器校验等工作。是具有独立法人的公正第三方地位的检验机构。

1.2 活动详情

1.2.1 选定课题

现代化大生产的发展促使企业越来越专注于自身的核心业务,由此导致每个制造业企业都需从企业外部购进大量的原材料和零部件。这些外购件的质量对企业的制成品质量有着直接的影响。为控制外购件质量,企业往往需要通过质量检验对外购件的质量进行评价和控制。进行质量检验就需要质检人员耗费一定的时间和费用,因而也就存在经济问题;另一方面质量检验结果也成为分析研究供应商的质量供应能力、对供应商进行经济性评价提供了依据。对于大量使用外购件的机械制造企业,提升对外购件的检验合格率就显得尤其重要,因此课题选定为提升对外购件的检验合格率。

1.2.2 现状调查

现状调查分为三部分内容,包括调查2010年外购件入厂合格率情况见表1、调查主要外购件分类入厂合格率情况见表2、调查2010年外购件订货形式分类的入厂合格率情况(见图2)。从图表中可以直观的反映出每个阶段合格率的高低,从而找出重点,确定目标。

表1 调查2010年外购件入厂合格率情况

合格率	时间			
	2010年第一季度	2010年第二季度	2010年第三季度	2010年第四季度
外购件入厂合格率/(%)	90.4%	91.7%	88.1%	88.3%

表2 调查主要外购件分类入厂合格率情况

合格率	种类			
	标准件类	机电件类	电器件类	铸锻件类
外购件入厂合格率/(%)	98.4%	81.3%	93.4%	89.7%

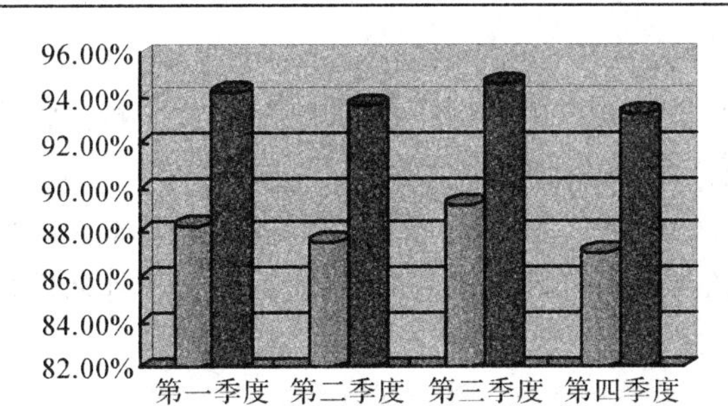

图2 调查2010年外购件订货形式分类的入厂合格率情况

1.2.3 确定目标

通过详细的现状调查,可以得出如下结论。

1)2010年三、四季度外购件入厂合格率明显偏低。

2)机电件类和铸锻件类的外购件入厂合格率偏低。

3)不具有技术要求外购件和具有附加技术要求外购件合格率差距较大。

由此可得出具体目标:加强外购件质量控制、严把三、四季度外购件质量关,争取将外购件合格率提升至95%以上。

1.2.4 因果分析

外购件合格率影响因素可分为外购件种类数目和技术协议传递流程两部分。本文对这两种影响因素做了详细的分析。

(1)外购件总类分析。

外购件种类繁多是影响合格率的重要因素之一,每增加一种外购件必然相应需要一种检查手段的技术要求,外购件种类日益增加提高了检查的难度、强度和持续性,导致检查过程中出现疏漏从而影响到合格率(见图3)。

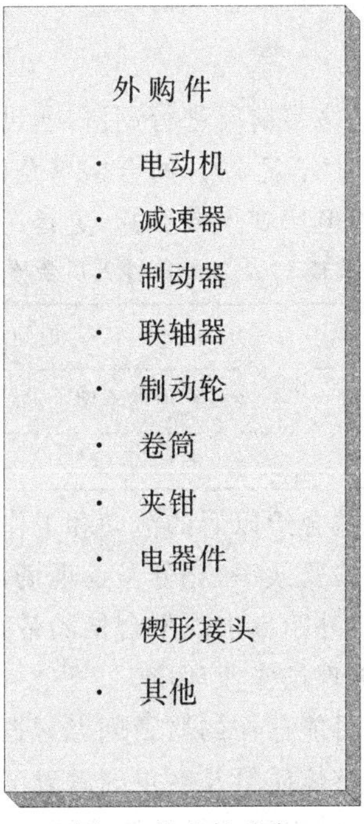

外购件

- 电动机
- 减速器
- 制动器
- 联轴器
- 制动轮
- 卷筒
- 夹钳
- 电器件
- 楔形接头
- 其他

图3 外购件种类

(2)技术协议传递流程分析。

在技术协议传递阶段,由供应方与设计人员首先确定技术协议,再由采购员将技术协议附加在采购合同中,即完成协议传递流程。

在这一流程当中却忽略掉了最为关键的一个环节,即零件完整性检查环节。实际情况往往是检验员缺乏必要的技术要求,无法展开对外购件的完整性检验,从而给外购件合格率埋下隐患。

1.2.5 要因确定

详细分析两种影响因素,不难发现,其中影响最为重要的因素出现在技术协议传递流程阶段,原因如下。

(1)外购件虽然种类繁多,却大多具有国家标准约束,对合格率影响不大。

(2)外购件检验缺失重要环节,为合格率埋下隐患。小组成员对外购件传递流程进行分析,得出结论如外购件技术协议在签订合同时,将技术协议附加在合同中,并由采购员将所有技术协议提前交给外购件专检人员进行存档,那么将大大减少外购件的漏检项目。

(3)外购件标准虽然齐全,但是无专项的检验卡片,在实际检验中操作性较差,既降低检验的效率又影响检验的差误率。

1.2.6 对策实施

针对以上因素,本文提出以下四项措施来解决上述问题。

(1)制作电动机、减速器、制动器、联轴器等采购件的检验卡片,明确检验内容,外购件覆盖率达到80%以上。

(2)下发关于《规范与供应商签订技术协议合理性》的管理要求,明确传递要求。

(3)对外购件专检人员进行专项培训,使其掌握相关检验标准以及下发的检验卡片。

(4)质量监察、检查人员定期对外购件检验情况进行抽检。

1.2.7 效果验证

活动末段再次对外购件入厂合格率情况进行调研,通过表3和图4可以直观的反映出QC活动产生的效果。2010年三、四季度不足90%的合格率全部分别提升至97%和96.3%,其他两个季度也分别有所增长。活动不但达到预期目标,更是超过了制定目标0.45个百分点。

表3 调查2011年外购件入厂合格率情况

合格率	时间			
	2011年第一季度	2011年第二季度	2011年第三季度	2011年第四季度
外购件入厂合格率/(%)	94.8%	93.7%	97.0%	96.3%

除此之外,活动产生的无形效益会给以后的活动和工作带来积极影响,具体见如下。

(1)提高了检查员对外购件的检验效率,充分发扬现场检查监控职能,完善内部制度。

(2)增加了生产效率,降低由于外购件出现不合格品带来的损失。

(3)减少了不良品的积压,改善现场作业环境。

(4)以客户关注项和目前产品可能存在的质量问题风险控制重点,以日检周报的制度,较为有效的控制质量关,提高产品的整体质量及客户的满意度。

(5)为供应商的质量供应能力、供应商进行经济性评价提供依据。

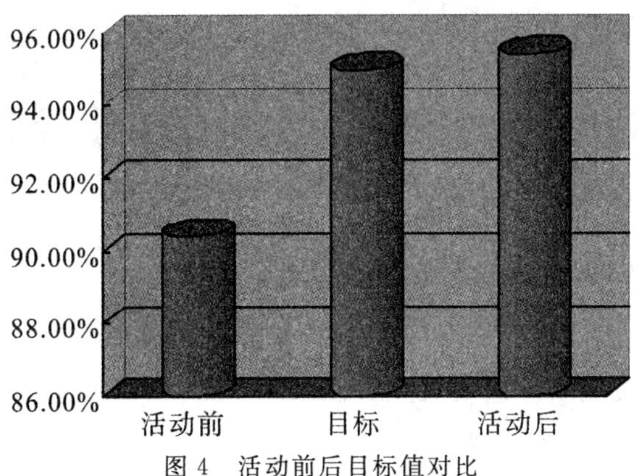

图 4 活动前后目标值对比

1.2.8 巩固措施

为保证 QC 活动取得成果,增加其可持续性,本文提出表 4 巩固措施。

表 4 调查 2011 年外购件入厂合格率情况

项目名称	目 标	时 间
完善卡片检验项目的可操作性	卡片检验项目的可操作性达到 100%	2011 年 11 月 15 日
提高检验卡片覆盖范围	检验卡片覆盖外购件范围 90%以上	2011 年 11 月 15 日

2 总结与体会

2.1 活动体会

通过这次活动提高了质量工程师以及检查专员的检验水平,进一步增强了解决实际问题的信心。

增强了小组内部的团队精神,为今后的工作打下坚实的基础。

三、四季度一般都是制造企业的繁忙期,针对这个阶段要不断完善管理制度,强化监督管理才能使产品整体质量不受影响,为产品的整体质量打下坚实的基础。

参考文献

[1] 黄贤英,盛莉. 嵌入式网络视频服务器的设计[J]. 微计算机信息,2007,23(2):70－71.

[2] 杨世兴.煤矿监测监控系统的现状与发展[J].安全技术,2004(5):11－12.

(该论文发表于《机械管理开发》2012 年第 5 期)

电梯曳引钢丝绳的质量控制

王家玮　吴英豪　辛宏彬

（陕西省特种设备质量安全监督检测中心　陕西 西安 710048）

摘　要：分析了电梯曳引钢丝绳的受力和磨损机制，并通过对钢丝绳的冶炼、轧制、热处理以及使用过程等环节的工艺控制进行研究，从而增加了钢丝绳寿命，保障电梯安全。

关键词：曳引钢丝绳；磨损；质量

0　引言

随着社会的发展，城市中的高楼大厦越来越多，电梯作为高层的交通工具，其需求日益增长。我国电梯行业虽起步较晚，但发展迅猛，截至目前我国已成为世界第一电梯制造国和新梯年增加量第一的国家，然而诸多品牌和技术良莠不齐导致电梯安全问题相伴而生，通过统计在用电梯的使用情况以及事故调查，由曳引钢丝绳造成的安全隐患与事故是最为危险和致命的。由于电梯轿厢是通过电梯曳引钢丝绳与曳引轮摩擦所产生的曳引力来驱动，钢丝绳一旦出现磨损、断丝、断股等情况，电梯的安全就得不到保障，更换钢丝绳又会造成人力和财力的浪费，因此研究曳引钢丝绳的质量控制显得重要且必要。

1　曳引钢丝绳的磨损机制分析

电梯检规中对钢丝绳有如下规定：出现下列情况之一时，悬挂钢丝绳应当报废：①出现笼状畸变、绳芯挤出、扭结、部分压扁、弯折；②断丝分散出现在整条钢丝绳，任何一个捻距内单股的断丝数大于 4 根；或者断丝集中在钢丝绳某一部位或一股，一个捻距内断丝总数大于 12 根（对于股数为 6 的钢丝绳）或者大于 16 根（对于股数为 8 的钢丝绳）；③磨损后的钢丝绳直径小于钢丝绳公称直径的 90%。这体现了电梯钢丝绳的重要性及检验的严苛，从侧面也反映了钢丝绳的综合性能对其寿命的影响是巨大的。

一般最为普遍的电梯钢丝绳的受力分析[1]如图 1 所示。

由图 1 可以看出，电梯钢丝绳主要受 3 个力的作用，即弯曲应力、拉应力和接触应力。由于拉应力与弯曲应力及接触应力成正比关系，因此重点分析弯曲应力和接触应力对钢丝绳疲劳寿命的影响。

弯曲应力的计算公式为

$$\sigma_w=\frac{T\cdot e^{f\alpha}}{(n\cdot A)\cdot(e^{f\alpha}-1)}+\frac{qv^2}{A}+\frac{\cos\beta_r\cdot(1+\sin^2\beta_r)\cdot\delta\cdot E}{D+d-\delta} \tag{1}$$

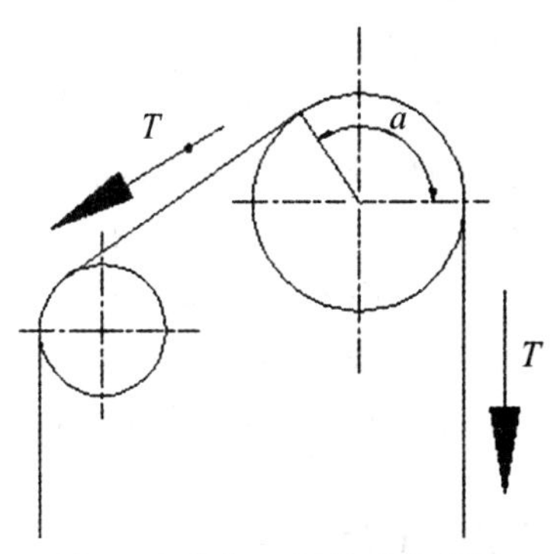

图 1　电梯钢丝绳的受力分析

其中 σ_w 为外层钢丝所受到的弯曲应力；β_r 为外层钢丝在股中的捻角(°)；δ 为外层钢丝直径，mm；其中 d 为钢丝绳直径，mm；D 为曳引轮直径，mm；E 为钢丝绳的弹性模量，MPa；V 为钢丝绳运行速度，m/s；q 为钢丝绳单位质量，kg/m；T 为钢丝绳所受总拉力，N；f 为曳引轮当量摩擦因数；α 为钢丝绳在曳引轮上的包角，rad；n 为钢丝绳的根数；A 为钢丝绳金属截面积，mm^2。

钢丝绳在半圆槽和 V 形槽中的接触应力(即比压)示意图如图 2 所示。

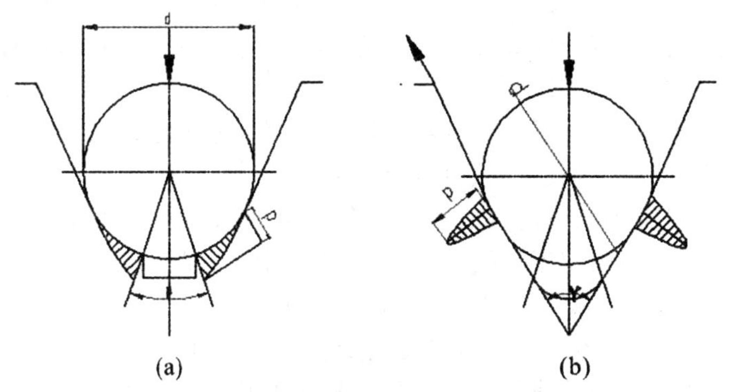

图 2　钢丝绳在半圆槽和 V 形槽中的比压

(a)半圆槽中比压分布；(b)V 型槽中比压分布

接触应力的计算式如下。

钢丝绳在半圆槽曳引轮中的比压 P 计算式[2]为

$$P=\frac{T\cdot 8\cos\frac{\beta}{2}}{(n\cdot d\cdot D)\cdot(\pi-\beta-\sin\beta)} \tag{2}$$

其中 β 为曳引轮的下切口角，rad。特殊情况 $\beta=0$ 时，其比压计算式为

$$P_{RO}=\frac{8T}{\pi\cdot n\cdot d\cdot D} \tag{3}$$

对于钢丝绳在 V 形槽中的比压 P_V 计算式为

$$P_V=\frac{4.5T}{n\cdot d\cdot D\cdot\sin\frac{\gamma}{2}} \tag{4}$$

其中 γ 为 V 形槽的槽角，rad。

从弯曲应力表达式可以看出，钢丝绳开始磨损时，除了包角 α、钢丝绳直径 d 和钢丝绳金属截面积 A 均变小之外，其他参数保持不变，通过公式可计算出钢丝绳所受的弯曲应力增大，无论是半圆槽还是V形槽的钢丝绳比压同样会随着钢丝绳的磨损而增大，从而影响摩擦副的摩擦状态，造成摩擦因数改变，导致电梯的曳引力变化，容易发生电梯事故。一旦钢丝绳磨损加剧，将会有多种磨损的参与，如磨损的磨屑将发生磨粒磨损，此类磨损将导致摩擦副的温度升高，加剧氧化磨损和疲劳磨损，严重会产生黏着磨损，由于曳引钢丝绳在有润滑油的介质下参与磨损，疲劳裂纹在循环交变载荷的作用下将加速扩展，并脱落成更大的磨粒参与磨损，如此反复作用，摩擦副的摩擦环境进一步恶化导致钢丝绳磨损严重甚至于报废，从这一意义上说，如何控制钢丝绳的质量，增加钢丝绳的耐磨性等综合性能，保证电梯的安全显得尤为重要。

2 曳引钢丝绳的质量控制方式

电梯曳引钢丝绳通常采用50～65号优质碳素钢或60Si2Mn钢制造。钢材获得高性能的原因之一是保证其组织的纯净度，即对夹杂特别是非金属夹杂[3]的控制应严格要求，因为夹杂物破坏了基体的连续性，加大了组织不均匀性从而严重影响材料的性能。一般的夹杂物产生于钢的冶炼脱氧和凝固过程，按照塑性变形能力分为脆性夹物、塑性夹杂物、球状不变型夹杂。其中A类夹杂物是硫化物；B类夹杂物为氧化铝类；C类是硅酸盐；D类夹杂物为球状氧化物类；Ds类夹杂为单颗粒球状夹杂。其中B类夹杂属脆性夹杂，对钢丝的性能危害最大，应特别控制。同时磷和硫会导致钢的塑、韧性降低，导致钢丝易发生疲劳断裂，因此电梯钢材中的P和S的质量分数都应低于0.025%，同时还要注重脱氧，防止产生过多的Al_2O_3等不变形夹杂，影响钢材塑性，在钢材轧制或使用时容易形成裂纹源，造成应力集中导致断丝。因此应使用RH精炼炉与VD炉等先进设备，减少钢中夹杂。

钢丝在轧制中因轧速不当或轧机的机械损伤，易出现折叠、表面裂纹、划伤、结疤等一些较为宏观缺陷，此类缺陷造成组织不连续，易产生应力集中造成断丝，因此应合理控制轧速，同时应及时检查轧制设备，防止生产出残次品，造成资源浪费。

轧后冷却过程中应控制冷速[4]。若表面冷却速度大于中心速度，钢丝易发生C，Mn，Cr偏析，导致钢丝中心产生马氏体或网状渗碳体。偏析和组织转变造成钢丝拉拔状态下整体承受外力不均，芯部便会产生微裂纹并向偏析区扩展，当钢丝拉拔力超过裂纹的临界扩展应力，在未达到钢丝抗拉强度的情况下易发生断裂。

除了原材料和轧制的因素外，钢丝的最终热处理[5]也是影响质量的重要一环。钢丝最终热处理组织应为组织致密、晶粒度细小、有很高强度和韧性的索氏体组织，应避免因热处理不当造成表层脱碳形成铁素体组织，铁素体会导致钢丝的综合力学性能下降，尤其导致钢丝绳疲劳性能下降，脱碳可通过添加合金元素、控制炉内气氛、钢丝表面刷高温涂料解决。同时也应避免产生马氏体或者大量网状渗碳体，因为马氏体抗韧性很差，组织不稳定，容易发生相变而产生裂纹。因此应合理控制冷却温度和速度进行热处理从而达到所需性能。

对于在用的电梯钢丝绳的日常保养同样重要，由于电梯在运行过程中，钢丝绳的油芯被交变应力挤压。使用一定时期后，油芯的储油不足，会使钢丝绳产生锈蚀，因此应定期使用钢丝绳专用润滑油对钢丝绳进行润滑。

3 结束语

严格控制钢丝绳生产、使用的各个环节，钢丝绳的寿命就得以延长，电梯的安全就能得到保障，人民的生活水平才能不断提高。

参考文献

[1]　胡吉全，胡正权．钢丝绳受力特性对疲劳寿命的影响[J]. 港口装卸，2005(1)：159.
[2]　全国电梯标准化技术委员会. GB/T 7588—2003 电梯制造与安装安全规范[S]. 北京：中国标准出版社，2003.
[3]　夏木阳，刘建平. 非金属夹杂物对钢丝性能的影响[J]. 金属制品，2001(1)：44.
[4]　王鸿利. 影响盘条表面处理质量的因素[J]. 金属制品，2008(3)：10－11.
[5]　陈方玉. 82B 线材脆性断裂原因分析[J]. 武钢技术，2005，43(6)：9.

（该论文发表于《机械工程与自动化》2015 年第 6 期）

浅谈西安市电梯安全管理制度建设及安全分析

王莹　孙南

（陕西省特种设备质量安全监督检测中心　陕西 西安 710048）

摘　要：通过对西安市电梯安全管理现状的梳理，研究我市电梯管理总体形势，通过研究分析、提高电梯安全管理水平依据，在已有研究基础和实证论证的基础上，进一步深入探索制约西安市电梯安全管理水平的因素，以期提出有针对性的意见建议。

关键词：电梯；人员；安全；管理；措施

1　西安市电梯安全管理制度建设与保障措施

（1）管理机构。电梯属于特种设备，电梯安全归属特种设备管理范畴。目前，我国特种设备的安全监察体制实行的是省以下垂直管理，国务院、省（自治区、直辖市）、市（地）以及经济发达县的质检部门设立特种设备安全监察机构，西安市质量技术监督局下设有职能处室特种设备安全监察处，此外还设有西安特种设备检验检测院和西安市特种设备附件安全检测站。西安市各区县也相应设有质量技术监督局和与特种设备相关的安全监察机构，如图1所示。

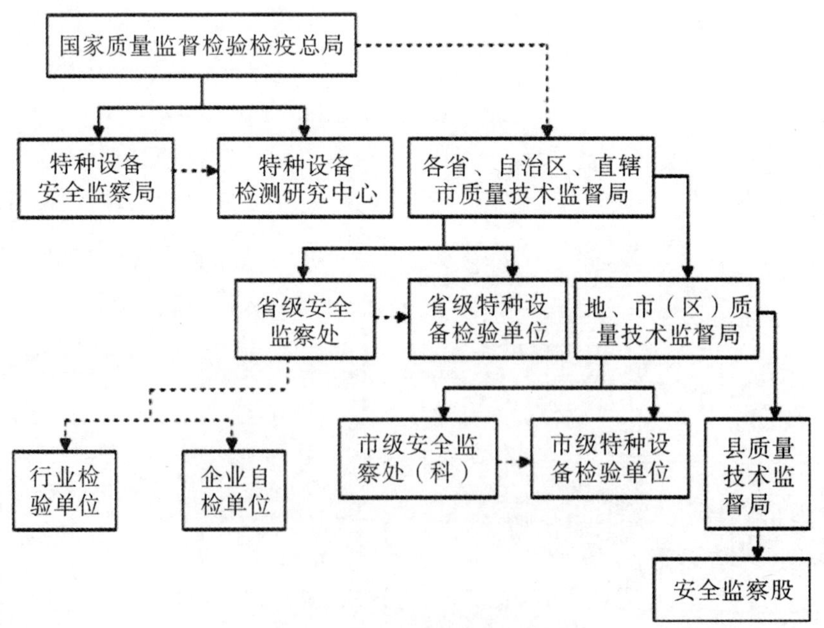

图1　我国特种设备安全监察机构设置

（2）管理措施。我国特种设备安全监察执行的是从设计、制造、安装、使用、检验、维修和改造7个环节全程一体化的安全监察制度。根据特种设备(包括电梯)安全监察工作的特点，主体实行的是如下三种监察方式。

1）行政许可制度。我国对特种设备实行市场准入与设备准用两种制度。市场准入制度指的是对从事特种设备的设计、制造、安装、改造、维修、使用的单位进行资格登记许可，并对部分产品出厂时的安全性能进行监督检验，包括检验机构资质认定、设备型式试验、特种设备安装改造和重大维修的监督检验、定期安检等。此外，对特种设备检验人员也采用资格许可制度。

2）监督检查制度。监督检查的目的是预防事故的发生，其实现手段：一是通过检验发现特种设备在设计、制造、安装、维修、改造中的影响产品安全性能的质量问题；二是对检查发现的问题，用行政执法的手段纠正违法违规行为；以上两种手段通过现场安全监察和专项调查的方式展开；三是通过广泛宣传，提高全社会的安全意识和法规意识；四是发挥群众监督和舆论监督的作用，加大对各类违法违规行为的查处力度；五是加强日常工作的监察力度。特种设备安全监察的主要内容有：特种设备设计、制造、安装、检验、修理、使用单位贯彻执行国家法律、法规、标准和有关规定的情况；特种设备、特种设备操作人员及其他相应人员的持证上岗情况；建立相应的安全生产责任制情况；特种设备的设计、制造、安装、充装、检验、修理、改造、使用、维修保养、化学清洗是否遵守有关法律、法规和标准的规定。

3）事故应对和调查处理。特种设备安全监察机构在做好事故预防工作的同时，要将危机处理机制的建立作为安全监察工作的重要内容。危机处理机制应包括事故应急处理预案、组织和物资保证、技术支撑、人员的救援、后勤保障、建立与舆论界可控的互动关系等。事故发生后，组织调查处理，特种设备安全事故分为特别重大事故、特大事故、重大事故、严重事故和一般事故。特种设备一旦发生上述事故，应按照相关规定进行报告、调查和处理，并及时做好设备事故的统计与分析工作，按照“四不放过”原则，严肃处理事故。

2　西安市电梯安全管理存在的问题

根据西安市特种设备管理局近3年监督抽查情况和日常检查情况报告等资料以及笔者日常工作经验，总结我市电梯使用、安装、维护保养等方面存在以下问题。

(1)电梯安全责任主体不明确。由于电梯使用管理的自身特点，特别是住宅电梯是“多个业主共有财产”，电梯的所有权、使用权、物业管理权、技术管理权(维修、维保权)和具体使用者往往是多个主体。各主体似乎都要承担相关责任，又都认为自己不一定承担甚至可以推卸责任，暴露出电梯安全问题未能构建起有效的责任链条，迫切需要明确第一责任者。

(2)电梯采购、维护保养和报废更新存在问题。电梯的配置采购、维护保养和报废更新直接关系电梯的质量安全，但目前房屋建设开发和物业管理的机制和现状，给电梯安全埋下了隐患。一是开发商低价选购电梯。目前房屋开发商是“买电梯不用电梯”，为了最大化地赚取利润，开发商必然会降低电梯的配置数量、规格，选择低成本而与人员流量不匹配的电梯。二是物业低价选择电梯维护保养单位。住宅电梯是“掏钱的业主不能选择电梯维护保养单位”，物业公司为赚取更多的利润，一味压低维护保养价格，而忽视维护保养工作质量。三是电梯报废更新改造和大修资金无法落实。电梯报废更新改造或大修需要动用住宅专项维修资金，但因涉及所有业主，往往很难达成一致，导致电梯报废更新改造或大修时资金不能及时到位。

(3)电梯使用单位安全意识差、管理不到位,安全经费投入严重不足。电梯使用单位负责人安全意识差;电梯管理人员配备数量少,不能满足工作需要,管理不到位;电梯使用单位(物业公司)每年向业主收取的电梯费不能做到专款专用;"五方通话"及视频监控等基本安全保障措施投入不足。

(4)电梯维护保养工作不到位。电梯维护保养工作不到位是导致电梯事故和故障发生的重要原因。电梯制造单位在保障电梯质量安全中能够发挥主导作用,国外发达国家制造企业维保电梯的比例在70%以上,而目前我国正好相反,70%的电梯不是制造单位进行维保,而是由取得资质的小公司维保,维保行业相互压价、恶性竞争,维保工作不能及时到位,维保质量不能保证。

(5)电梯安装改造维修单位存在的主要问题。

1)资源条件匮乏:部分企业法人、经理及主要管理人员对相关法律、法规、技术规范及标准不熟悉;考核年度业绩中,该级别上限的数量不满足;对新标准、技术规范更新不及时;部分计量器具未按规定检定。

2)质保体系不完善:缺少质量目标定期考核的相关规定;缺少质量控制系统各责任人员和检验人员的职责、权限,或不完善;程序文件内容不完整,缺少可操作性;程序文件和记录接口不好;未按照 TSG T5001 的内容补充应急演练;多数企业制定的检验控制程序按 TSG Z0004 的要求缺项较多;各种记录填写不及时;未制定全年教育培训计划,或未按计划实施。

(6)外省电梯安装改造维修单位跨省作业,监管难度大。电梯制造单位及外省电梯安装改造维修单位在陕西销售、安装电梯的数量呈上升趋势,有的电梯销售单位不负责安装,其安装又委托有资质的单位或安装队施工,安装单位又不负责该电梯的维保,一年的免保及维护保养又转给了第三家单位。外省电梯安装改造维修单位跨省作业,分支机构以有资质单位名义参与招标,交管理费,尔后又分包、转包施工,有借证、卖证之嫌。施工单位及其作业人员流动性大,给施工质量埋下隐患,给电梯安全运行埋下隐患,给乘客生命财产安全埋下隐患。

3 小结

通过对西安市电梯安全管理现状的梳理,发现我市电梯管理总体形势安全形势较为严峻且并没有系统的管理思路和手段。分析认为这些问题主要是由于电梯涉及单位的安全观念比较淡薄,没有形成安全自律行为;进而引发在电梯生产、使用、安全监管等环节发生一系列问题,诸如企业电梯安全管理工作的不规范、不完善,政府部门安全监管力度薄弱、提高电梯安全管理水平的能力较差;此外,电梯安全法规和标准并不完善,安全教育和安全培训等工作的欠缺。

参考文献

[1] 陈敢泽.特种设备现代管理理念[J].维修与管理,2008(10):27-28.
[2] 杨振林.特种设备事故致因理论探析[J].工程机械,2008(11):9-11.

(该论文发表于《建筑工程技术与设计》2017年第28期)

西安市电梯安全管理评价框架的构建

王莹　孙南

(陕西省特种设备质量安全监督检测中心　陕西 西安 710048)

摘　要:根据我国对公共安全的分类,公共安全事件分为社会安全事件、公共卫生事件、自然灾害和事故灾难四类,根据西安交通大学公共管理学院区域公共安全评价课题组的研究,这四个领域的都可以单独运用“脆弱性-能力”综合框架建立指标体系对其现状进行评价。电梯安全管理是为预防电梯安全事故而进行的,属于事故灾难的一种。因此,也可以依据“脆弱性-能力”综合框架建立指标体系对其进行评价。

关键词:脆弱性-能力;框架;安全;管理;电梯

“脆弱性-能力”综合框架是由西安交通大学公共管理学院区域公共安全评价课题组率先提出并明确引入区域公共安全评价中的,并进行了一系列的应用研究,根据我国对公共安全的分类,公共安全事件分为社会安全事件、公共卫生事件、自然灾害和事故灾难四类,根据西安交通大学公共管理学院区域公共安全评价课题组的研究,这四个领域的都可以单独运用“脆弱性-能力”综合框架建立指标体系对其现状进行评价。电梯安全管理是为预防电梯安全事故而进行的,属于事故灾难的一种。因此,也可以依据“脆弱性-能力”综合框架建立指标体系对其进行评价。

虽然脆弱性和应对能力共同决定了西安市电梯安全管理的现状,但是根据学者的文献可以看出脆弱性和应对能力之间呈现复杂非线性关系,两者之间的数量关系难以做出明确的界定。在本文的研究中,脆弱性和应对能力共同影响和决定电梯安全管理,因此在本文中,将脆弱性和应对能力按相同权重处理,各为0.5。本文运用 Yaahp6.0 软件对指标的权重进行计算,通过软件绘制的层次结构模型如图1所示。

(1)***G*** 矩阵权重计算见表1。

表1　一级指标权重计算

电梯安全	脆弱性 A	应对能力 B	W_i
脆弱性 A	1	1	0.5
应对能力 B	1	1	0.5

判断矩阵一致性比例:0.000 0<0.1;对总目标的权重:1.000 0。

(2) ***A*** 矩阵权重计算见表2。

表2　脆弱性指标权重计算

脆弱性	诱发因素	易损性	W_i
诱发因素	1.000 0	3.100 0	0.756 1
易损性	0.322 6	1.000 0	0.243 9

判断矩阵一致性比例:0.000 0<0.1;对总目标的权重:0.500 0。

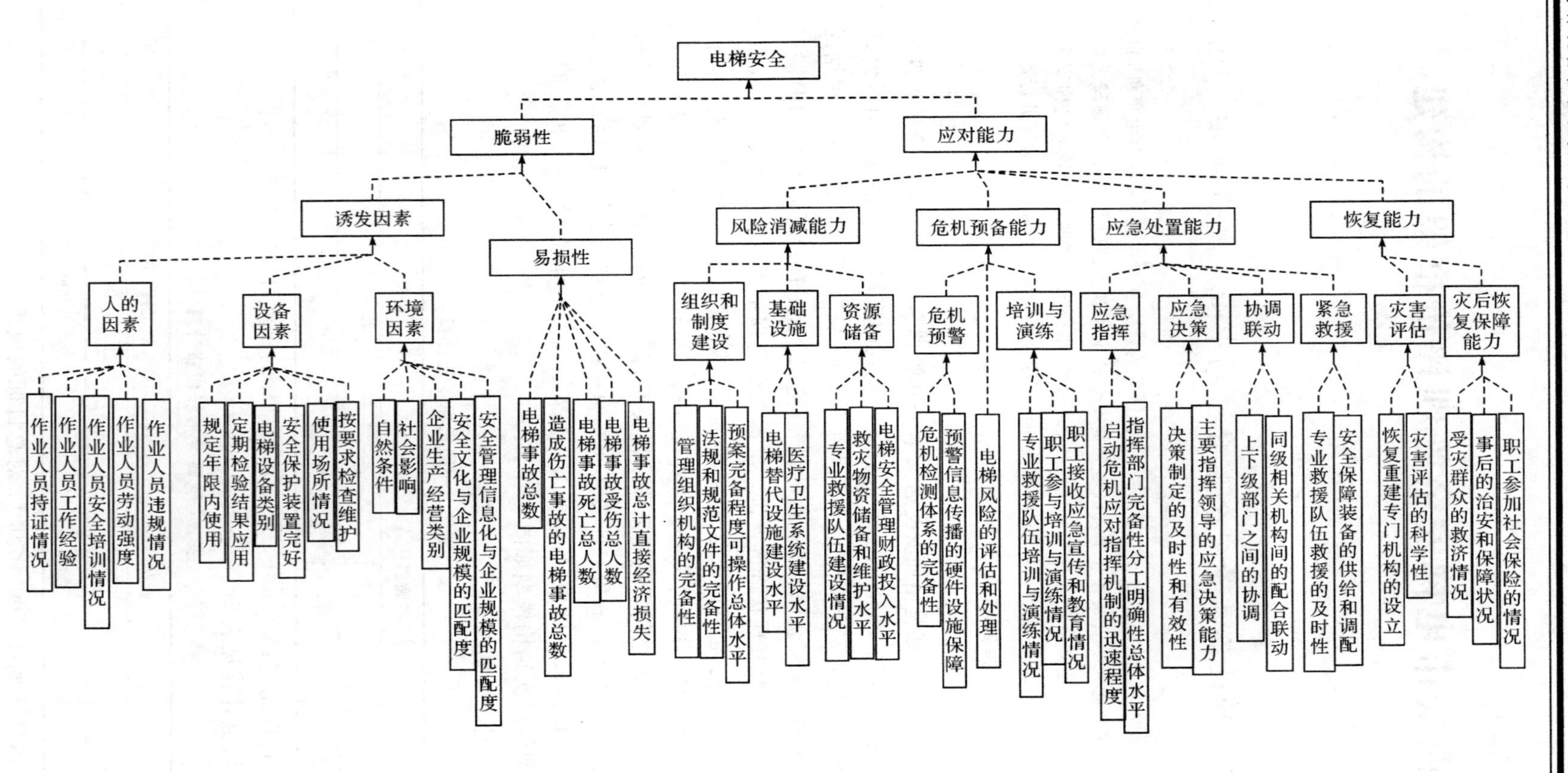

图1 软件中的层次分析模型构建

(3) **B** 矩阵权重计算见表 3。

表 3　应对能力指标权重计算

应对能力	风险消减能力	危机预备能力	应急处置能力	恢复能力	W_i
风险消减能力	1.000 0	4.231 7	2.166 7	4.861 1	0.507 7
危机预备能力	0.236 3	1.000 0	0.333 3	2.102 7	0.125 3
应急处置能力	0.461 5	3.000 3	1.000 0	3.181 0	0.284 7
恢复能力	0.205 7	0.475 6	0.314 4	1.000 0	0.082 3

判断矩阵一致性比例:0.026 9<0.1；对总目标的权重:0.500 0。

(4) **A**1 矩阵权重计算见表 4。

表 4　诱发因素指标权重计算

诱发因素	环境因素	设备因素	人的因素	W_i
环境因素	1.000 0	0.333 3	0.250 0	0.122 4
设备因素	3.000 3	1.000 0	0.523 4	0.325 7
人的因素	4.000 0	1.910 6	1.000 0	0.551 9

判断矩阵一致性比例:0.013 8<0.1；对总目标的权重:0.378 0。

(5)**A**2 矩阵的权重计算见表 5。

表 5　易损性指标权重计算

易损性	电梯事故总数	造成伤亡的事故总数	电梯事故死亡人数	电梯事故受伤人数	总计直接经济损失	W_i
电梯事故总数	1.000 0	0.500 0	0.311 1	2.166 7	1.666 7	0.158 9
造成伤亡的事故总数	2.000 0	1.000 0	0.486 1	2.166 7	3.000 0	0.141 3
事故总死亡人数	3.214 4	2.057 2	1.000 0	3.333 3	1.576 7	0.362 6
事故总受伤人数	0.461 5	0.461 5	0.300 0	1.000 0	1.166 7	0.106 1
总计直接经济损失	0.600 0	0.333 3	0.634 2	0.857 1	1.000 0	0.114 4

判断矩阵一致性比例:0.050 8<0.1；对总目标的权重:0.122 0。

(6)**B**1 矩阵的权重计算见表 6。

表 6　风险消减能力指标权重计算

风险消减能力	组织和制度建设	基础设施	资源储备	W_i
组织和制度建设	1.000 0	3.000 0	0.500 0	0.309 0
基础设施	0.333 3	1.000 0	0.200 0	0.109 5
资源储备	2.000 0	5.000 0	1.000 0	0.581 6

判断矩阵一致性比例：0.003 6<0.1；对总目标的权重：0.253 9。

(7)**B**2矩阵的权重计算见表7。

表7 危机预备能力指标权重计算

危机预备能力	危机预警	培训和演练	风险评估情况	W_i
危机预警	1.000 0	3.000 0	0.500 0	0.300 0
培训和演练	0.333 3	1.000 0	0.166 7	0.100 0
风险评估情况	2.000 0	5.998 8	1.000 0	0.600 0

判断矩阵一致性比例：0.0000<0.1；对总目标的权重：0.062 7。

(8)**B**3矩阵的权重计算见表8。

表8 应急处置能力指标权重计算

应急处置能力	应急决策	协调联动	紧急救援	应急指挥	W_i
应急决策	1.000 0	4.000 0	2.057 2	2.000 0	0.443 9
协调联动	0.250 0	1.000 0	0.333 3	0.857 1	0.113 9
紧急救援	0.486 1	3.000 3	1.000 0	1.499 9	0.189 6
应急指挥	0.500 0	1.166 7	0.666 7	1.000 0	0.174 1

判断矩阵一致性比例：0.022 5<0.1；对总目标的权重：0.142 3。

(9)**B**4矩阵的权重计算见表9。

表9 恢复能力指标权重计算

恢复能力	灾害评估	灾后恢复保障能力	W_i
灾害评估	1.000 0	0.266 7	0.210 5
灾后恢复保障能力	3.749 5	1.000 0	0.789 5

判断矩阵一致性比例：0.000 0<0.1；对总目标的权重：0.041 1。

另外，**A**11矩阵、**A**12矩阵、**A**13矩阵、**B**11矩阵、**B**12矩阵、**B**13矩阵、**B**21矩阵、**B**22矩阵、**B**31矩阵、**B**32矩阵、**B**33矩阵、**B**34矩阵、**B**41矩阵、**B**42矩阵的权重的计算方式与上文的相同，本文不在此一一列举。西安市电梯安全管理评价单层指标权重的所有结果见表10。

(10)最终权重的计算。

前文已经计算了各级指标的单层权重，四级指标相对于目标层的最终权重只需将各单层指标相乘即可得到，具体计算过程本文不在此赘述。四级指标相对于目标层的最终权重的计算结果见表11。其他各级指标对于目标层的权重计算方法相同。

表 10　单层指标权重表

目标层	一级指标	二级指标	三级指标	四级指标
西安市电梯安全管理 G	脆弱性 A (0.5)	诱发因素 A1 (0.756 1)	人的因素 A11 (0.551 9)	作业人员持证情况 A111(0.421 6)
				作业人员工作经验 A112(0.296 0)
				作业人员安全培训情况 A113(0.056 5)
				作业人员劳动强度 A114(0.090 4)
				违规使用情况 A115(0.135 5)
			设备因素 A12 (0.325 7)	规定年限内使用 A121(0.099 4)
				定期检验结果应用 A122(0.164 4)
				电梯设备类别 A123(0.060 6)
				安全保护装置 A124(0.335 7)
				使用场所情况 A125(0.053 9)
				按要求检查维护 A126(0.286 0)
			环境因素 A13 (0.122 4)	自然条件 A131(0.055 7)
				社会影响 A132(0.085 3)
				企业生产(经营)类别 A133(0.166 1)
				安全文化与企业规模的匹配度 A134(0.290 7)
				安全管理信息化与企业规模的匹配度 A135(0.402 2)
		易损性 A2 (0.243 9)	实际损害程度 A21	电梯事故总数 A211(0.158 9)
				造成伤亡事件的电梯事故数 A212(0.257 9)
				电梯事故总死亡人数 A213(0.362 6)
				电梯事故总受伤人数 A214(0.106 1)
				电梯事故总计直接经济损失 A215(0.114 4)
	应对能力 B(0.5)	风险消减能力 B1 (0.507 7)	组织和制度建设 B11 (0.309 0)	管理组织机构的完备性 B111(0.571 7)
				法规和规范性文件的完备性 B112(0.304 4)
				预案完备程度可操作性总体水平 B113(0.123 9)
			基础设施 B12 (0.109 5)	电梯替代设施建设水平 B121(0.739 1)
				医疗卫生系统建设水平 B122(0.260 9)
			资源储备 B13 (0.581 6)	专业救援队伍建设总体水平 B131(0.155 8)
				救灾物资储备和维护水平 B132(0.241 7)
				电梯安全管理财政投人水平 B133(0.602 6)
		危机预备能力 B2 (0.125 3)	风险评估 B21(0.600 0)	电梯风险的评估和处理 B211
			危机预警 B22 (0.300 0)	危机监测体系的完备性 B221(0.806 5)
				预警信息传播的硬件设施保障 B222(0.193 5)
			培训与演练 B23 (0.100 0)	专业救援队伍培训与演练情况 B231(0.638 2)
				职工参与培训与演练的情况 B232(0.237 1)
				职工接受应急宣传和教育的情况 B233(0.124 7)

续表

目标层	一级指标	二级指标	三级指标	四级指标
		应急处置能力 B3（0.284 7）	应急指挥 B31（0.174 1）	启动危机应对指挥机制的迅速程度 B311(0.785 7)
				指挥部门完备性分工明确性总体水平 B312(0.214 3)
			应急决策 B32（0.443 9）	决策制定的及时性和有效性 B321(0.828 6)
				主要指挥领导的应急决策能力 B322(0.171 4)
			协调联动 B33（0.113 9）	上下级部门之间的协调 B331(0.327 1)
				同级相关机构间的配合联动 B332(0.672 9)
			紧急救援 B34（0.268 1）	专业救援队伍开展救援的及时性 B341(0.260 9)
				安全保障装备的供给和调配 B342(0.739 1)
		恢复能力 B4（0.082 3）	灾害评估 B41（0.210 5）	恢复重建专门机构的设立 B411(0.203 2)
				灾害评估的科学性 B412(0.796 8)
			灾后恢复保障能力 B42（0.789 5）	受灾群众的救济状况 B421(0.275 3)
				事后的治安和保障状况 B422(0.118 0)
				职工参加社会保险的状况 B423(0.606 7)

表 11　四级指标对目标层的权重

指　标	权　重	指　标	权　重
作业人员持证情况	0.088 0	电梯替代设施建设水平	0.020 5
作业人员工作经验	0.061 8	医疗卫生系统建设水平	0.007 2
作业人员安全培训情况	0.011 8	专业救援队伍建设总体水平	0.023 0
作业人员劳动强度	0.018 9	救灾物资储备和维护水平	0.035 7
违规使用情况	0.028 3	电梯安全管理财政投入水平	0.089 0
规定年限内使用	0.012 2	电梯风险的评估和处理	0.037 6
定期检验结果应用	0.020 2	危机监测体系的完备性	0.003 6
电梯设备类别	0.007 5	预警信息传播的硬件设施保障	0.015 2
安全保护装置	0.006 6	专业救援队伍培训与演练情况	0.004 0
使用场所情况	0.041 3	职工参与培训与演练的情况	0.001 5
按要求检查维护	0.035 2	职工接受应急宣传和教育的情况	0.000 8
自然条件	0.002 6	启动危机应对指挥机制的迅速程度	0.019 5
社会影响	0.003 9	指挥部门完备性分工明确性总体水平	0.005 3
企业生产(经营)类别	0.007 7	决策制定的及时性和有效性	0.052 4
安全文化与企业规模的匹配度	0.013 5	主要指挥领导的应急决策能力	0.010 8
安全管理信息化与企业规模的匹配度	0.018 6	上下级部门之间的协调	0.005 3
电梯事故总数	0.019 4	同级相关机构间的配合联动	0.010 9

续表

指　标	权　重	指　标	权　重
造成伤亡事件的电梯事故数	0.031 4	专业救援队伍开展救援的及时性	0.028 2
电梯事故总死亡人数	0.044 2	安全保障装备的供给和调配	0.010 0
电梯事故总受伤人数	0.012 9	恢复重建专门机构的设立	0.001 8
电梯事故总计直接经济损失	0.014 0	灾害评估的科学性	0.006 9
管理组织机构的完备性	0.044 8	受灾群众的救济状况	0.008 9
法规和规范性文件的完备性	0.023 9	事后的治安和保障状况	0.003 8
预案完备程度可操作性总体水平	0.009 7	职工参加社会保险的状况	0.019 7

参考文献

[1]　陈敢泽．特种设备现代管理理念[J]．维修与管理，2008(10)：29－30.

[2]　杨振林．特种设备事故致因理论探析[J]．工程机械，2008(11)：9－11.

（该论文发表于《建筑工程技术与设计》2017 年第 29 期）

网络技术在电梯中的应用

郝鹏杰

（陕西省特种设备质量安全监督检测中心　陕西 西安 710048）

摘　要：随着现代建筑技术的发展，高层建筑和超高层建筑数量和规模不断地扩大，成为现代化城市的标志。电梯在高层建筑中是重要的垂直交通工具，其安全、稳定、可靠性关系到人们的日常生活。电梯属于特种设备，当前我国的电梯总数量已经超过170万台，其内部的运行机电设备复杂，当下的电梯检查、管理等工作仍然是传统方式，不仅效率低下，而且反应不及时，很难做到及时地排查和消除安全隐患。

关键词：电梯；网络技术；无线网；应用

1　电梯中的网络技术概述

当前电梯领域综合信息传输系统主要采用的网络方式有有线网络、视频网络以及无线网络，有线网络传输主要有视频传输、光纤电缆传输等，这种传输方式受干扰严重，动态性不足，而视频网络使用的电缆也比较多，交互性较差，组网不灵活。随着多媒体技术的发展，电梯轿厢内各种音频、视频信息的传输愈加重要，信息的传输势必会增加电缆的重量以及长度，这就制约了电梯综合信息传输系统的发展。无线局域网是随着互联网的发展而不断发展起来的，对于电梯综合信息传输来说，采用无线局域网能够取代光纤和电缆，不需要过多的电缆，同时其较高的传输性能能够有效保证电梯运行的可靠性，且维修成本较低，安装方便灵活，相较于传统的有线网络信息传输系统和视频网络来说，无线网络的信息传输更加方便快捷，且稳定性良好，从长远发展来看，基于无线网络的信息传输系统必然会取代有线网络。

2　电梯网络技术的功能

2.1　实时监测电梯运行状态

网络电梯技术的运用可以对电梯的运行状态进行监控，通过传感器端的数据收集，当电梯发生异常时，迅速地感知识别，并将信息传达到电梯的维护单位，维护单位则根据后台监控，实时地查询分析，定位故障原因和部位，并且网络数据库将给出维护建议，及时地进行施救。同时，乘客在电梯中也可以进行查询，实现人梯的交互处理，提供一些个性化的服务，例如进行人脸识别、自动选层、小区的相关信息通知等等。因此电梯网络技术可以实现最大限度的故障响应，降低故障发生概率，保障使用者安全。

2.2 空气质量实时调节

电梯属于一个半封闭的空间，内部的空气流通并不顺畅，当乘客较多发生拥挤，或者在电梯内吸烟、扔垃圾等行为都将影响电梯内的空气质量，影响乘客的舒适性。网络技术可以对电梯内的环境进行监控，设置环境自动调节和检测装置，传感器的空气质量数据的收集，经过智能处理，实时调节温度、湿度，空气质量等，并且可以在电梯的屏幕中进行显示，提高电梯的舒适度。

2.3 不同电梯的网络技术的功能实现

在不同的环境和空间中，电梯的使用人群不同，一些特殊化的功能也有差异。在普通的住宅建筑中，网络技术自动识别小区的住户，实现自动化的智能选层。外来人员进入电梯时需持有临时的电梯卡来乘坐，客观上保障小区住户的安全。在学校中，学生乘坐电梯可以直接用校园卡，绑定学生的信息，了解学生的去向，监控学生的安全。在商业建筑中，可以通过网络技术，基于智能模糊逻辑处理与风险预测调度，在上下班高峰时期，感知峰值交通需求，精确规划和优化任务分配，控制电梯运行距离，实现高效率的电梯运转。

3 网络技术在电梯中的应用分析

3.1 基于无线网络技术的电梯综合信息传输系统

随着城市化进程的加快，高层建筑越来越多，电梯提升高度越来越高，运行速度越来越快，人们对于电梯的多媒体要求、人性化要求也逐渐提升，当前许多的高档写字楼以及酒店的电梯内就配置了多媒体信息显示终端。信息服务器设计：信息服务器的主要功能是对网络信息进行有效的管理，在电梯中通常会有多媒体信息的发送，而信息服务器可以对这些信息的发送和传输进行有效的管理，此外，信息服务器还能够对多媒体终端设备上显示的内容进行有效地交互式管理。信息服务器不仅能够对电梯综合信息进行内部的传输和管理，同时其能够与外网实现连接，这就能够在互联网上对电梯综合信息进行交互和浏览，例如电梯多媒体显示终端设备对视频的实时播放以及动态显示等。多媒体电梯轿厢显示器设计：就目前来看，多媒体技术在电梯综合信息传输系统的应用越来越普遍，在电梯的等候区域通常安装电视等多媒体设备来播放相关宣传片和广告，同时在电梯的轿厢内部也大多安装了多媒体显示器，轿厢内部的多媒体显示器与轿厢顶部的无线设备相连，其能够对电梯楼层位置、运行状态以及运行方向进行准确地显示，除了电梯运行的相关信息显示外，还可以通过无线设备播放一些广告以及其他所需要的多媒体信息，这个可以根据用户的具体需求来自行设定，例如电梯开关门的信号显示，电梯服务状态信号的显示以及电梯信号灯运行状况的显示等。无线局域网络的设计：相较于传统的有线网络以及局域网络而言，无线局域网的灵活性更好，可伸缩性更强，且有着强大的抗干扰能力和保密性能。用无线局域网络可以代替传统的线缆，避免过长、过重的线缆对电梯的运行带来影响，同时无线局域网络能够提供令牌网络和以太网络的相关功能，整个电梯综合信息的传输性能更加强大。

3.2 基于 GSM 网络的电梯五方通话技术

通过使用电梯轿厢电话分机、轿顶电话分机、机房电话分机、底坑电话分机及值班室电话，取得与相应人员的语音联系，则称为电梯五方通话。五方通话装置的有效性如何，会直接影响到被困者的情绪及救援工作的开展情况。但是，一部分建筑的电梯中并未设置五方通话装置，或者采用有线通信方式传输距离较远受干扰严重，当高楼层出现被困情况时，若沟通不畅则会影响救援工作的效率，甚至可能造成意外事故。在电梯的使用中，急救呼叫是人们被困时成功与外界联系的重要途径，但很多报警装置应急电源由于长期不使用而导致电池损坏，急救呼叫功能在电梯停电时无法正常使用。基于 GSM 网络的电梯五方通话系统是用于电梯紧急呼叫中的一套系统，它利用了无线 GSM 网络平台，实现了无线语音传输与电梯五方通话，有效解决了电梯停电时无法进行紧急呼叫的问题，提高了电梯使用的安全性，为用户的日常出行提供了有效保障。

4 结束语

综上所述，本文简要介绍了电梯中的网络技术，探讨了电梯运用网络技术所能产生的作用，并从无线网络技术、GSM 网络等两个方面研究了网络技术在电梯中的应用，旨在通过对网络技术的推广来提升电梯信息传输的准确性和可靠性，提高电梯使用的安全性。

参考文献

[1] 窦岩．物联网技术在电梯监测方面的应用[J]. 科技创新与应用，2017(6)：290.
[2] 陈柏松，陈亮．电梯物联网技术的运用[J]. 电子技术与软件工程，2017(4)：20.
[3] 北京科苑隆科技有限公司．网络型电梯报警系统[J]. 智能建筑，2016(2)：78 - 79.

（该论文发表于《工程技术》2017 年第 3 期）

浅谈杂物电梯与乘客电梯安全部件要求的差异

王　亮

（陕西省特种设备质量安全监督检测中心　陕西 西安 710048）

摘　要：通过分析杂物电梯与乘客电梯安全部件特性要求的差异，得出了检验注意点。

关键词：杂物电梯；乘客电梯；安全部件；差异

0　前言

特种设备安全技术规范《TSG T7006—2012 电梯监督检验和定期检验规则——杂物电梯》已于 2012 年 3 月 23 日颁布，2012 年 7 月 1 日起实施。新检规相对于 2003 年版的《杂物电梯监督检验规程》有了很大的变化，安全部件上的要求也有了新的规定要求。新检规是为了加强对杂物电梯的安装、改造、维修、日常维护保养、使用和检验工作的监督管理。检验人员工作时应该对杂物电梯的各安全部件的特性加以了解。本文结合《GB 25194—2010 杂物电梯制造与安装安全规范》与《GB 7588—2003 电梯制造与安装安全规范》的比较，以及平时检验的一些心得，谈谈杂物电梯各安全部件检验的一些注意点。

1　制动器要求的差异

1.1　结构要求不同

乘客电梯制动器要求所有参与向制动轮或盘施加制动力的制动器机械部件至少应分两组装设，若其中一组不起作用，制动器应仍有能力将载有额定载荷、以额定速度下行的轿厢减速下行，是安全制动器的要求，而杂物电梯无此要求。

1.2　制动效果不同

乘客电梯制动器要求在制停 125％额定载重量以额定速度下行的轿厢减速度不超过安全钳或缓冲器制停的规定；杂物电梯只是要求当轿厢载有 125％额定载重量并以额定速度向下运行时，制动器应能使驱动主机停止运转，未规定轿厢减速度要求。

1.3　制动功能不同

除了具有驻车、平层和紧急制动要求外，靠近曳引轮的乘客电梯冗余型制动器也被认为可以作为上行超速保护装置的制动元件,制动效果有进一步的要求,轿厢上行超速保护装置是安全部件,且需要进行型式试验。而杂物电梯未规定必须设置轿厢上行超速保护装置。

2 层门锁紧和闭合要求的差异

2.1 防止坠落保护要求不同

在正常运行时,层门在轿厢位于层站或开锁区才能打开。杂物电梯要求开锁区域不应大于层站平层位置上下 0.1 m。乘客电梯要求开锁区不大于层站地平面上下 0.2 m,在用机械方式驱动轿门和层门同时动作的情况下,开锁区域可增加到不大于层站地平面上下的 0.35 m。

2.2 门锁装置锁紧尺寸要求不同

杂物电梯层门门锁锁紧元件啮合尺寸没有要求,但应能满足在沿开门方向施加 300 N 力的情况下,不会降低锁紧的有效性。对于同时满足下列条件的杂物电梯:额定速度不大于 0.63 m/s;开门高度不大于 1.2 m;层门地坎距地面高度不小于 0.7 m;门的锁紧无需电气装置电气证实,此时层门也无需在轿厢移动之前进行锁紧。然而,当轿厢驶离开锁区域时,锁紧元件应自动关闭,而且除了正常锁紧位置外,无论证实层门关闭的电气控制装置是否起作用,都应至少有第二个锁紧位置。如果杂物电梯安装在不允许公众进入的区域时,则可不满足用来验证层门锁紧状态和闭合状态装置的共同要求。乘客电梯层门门锁锁紧元件啮合尺寸不小于 7 mm。乘客电梯锁紧元件要求必须有电气安全装置验证锁紧。

2.3 制造和强度要求不同

乘客电梯锁紧元件应耐冲击,使用金属制造或金属加固,乘客电梯门锁应能承受一个沿开门方向,并作用在锁高度处的最小的力,而无永久变形:在滑动门的情况下为 1 000 N 和在铰链门的情况下在锁销上为 3 000 N。而杂物电梯无此要求。

2.4 其他

乘客电梯还有很多杂物电梯没有的要求,乘客电梯层门锁闭装置必须进行型式试验,而杂物电梯层门门锁如果满足部分条件,可以不进行型式试验。

3 限速器要求的差异

3.1 使用目的不同

杂物电梯限速器只用来操作安全钳装置,防止轿厢自由坠落、超速下行及防止对重自由坠落的保护措施,而乘客电梯限速器可以是安全钳和轿厢上行超速保护装置的速度监控元件。

3.2 动作速度要求不同

杂物电梯限速器动作速度对于轿厢安全钳为不小于 1.15 倍额定速度。但最大动作速度应小于下列规定值：额定速度不大于 0.63 m/s 时，为 0.8 m/s；额定速度大于 0.63 m/s 时，为额定速度的 125%。乘客电梯限速器动作速度要求更加细化和复杂。

3.3　电气检查要求不同

杂物电梯限速器没有电气检查要求，只有限速器绳断裂或者过分伸长时，应当通过电气安全装置的作用，使驱动主机停止运转。而乘客电梯限速器至少有超速开关，复位检查开关和张紧装置检查开关等。

3.4　速度校验周期要求不同

《TSG T7006—2012 电梯监督检验和定期检验规则——杂物电梯》规定杂物电梯限速器速度校验周期为 5 年。而《TSG T7001—2009 电梯监督检验和定期检验规则——曳引与强制驱动电梯》规定乘客电梯限速器速度校验周期为 2 年。

4　安全钳要求的差异

4.1　使用目的和条件不同

若杂物电梯井道下方有人员可进入的空间或采用一根钢丝绳悬挂的情况下，杂物电梯轿厢需装设安全钳，所有乘客电梯轿厢必须加装安全钳。杂物电梯安全钳目的是轿厢坠落保护和对重下方过人空间的保护，而乘客电梯安全钳目的除了杂物电梯要求外，还可以是轿厢上行超速保护装置的制动执行元件。

4.2　使用种类不同

杂物电梯可以使用瞬时式安全钳且与速度无关，而乘客电梯规定只有在额定速度不大于 0.63 m/s 时可以使用瞬时式安全钳，若电梯额定速度大于 0.63 m/s，轿厢应采用渐进式安全钳。若轿厢装有数套安全钳，则它们应全部是渐进式的。若额定速度大于 1 m/s，对重（或平衡重）安全钳应是渐进式的，其他情况下，可以是瞬时式的。对安全钳的使用要求更加细化。

4.3　制动效果不同

杂物电梯安全钳动作是瞬时停止。而乘客电梯用于上行超速保护装置和高速坠落保护时，对制动减速度及轿厢地板的倾斜有要求。《GB 7588—2003 电梯制造与安装安全规范》规定在装有额定载重量的轿厢自由下落的情况下，渐进式安全钳制动时的平均减速度应为0.2～1.0 g。而轿厢地板的倾斜度要求轿厢空载或者载荷均匀分布的情况下，安全钳动作后轿厢地板的倾斜度不应大于其正常位置的 5%。而《GB 25194—2010 杂物电梯制造与安装安全规范》中对制动减速度及轿厢地板的倾斜没有要求。

5　小结

综上所述，电梯安全部件在电梯运行中起到了关键的作用，它能够在电梯超速和失控的情况下阻止危险事故的发生，检验中必须格外重视，本文通过对两种电梯各安全部件的要求的差异分析后，增加了检验的一些注意方面知识，从而更好地开展检验工作。两种电梯同样的安全部件各有各的特性，检验时不能一概而论，全面解读了解标准法规，对日常检验工作有很大的促进。杂物电梯新检规《TSG T7006—2012 电梯监督检验和定期检验规则——杂物电梯》2012 年 9 月 1 日实施，特种设备检验人员检验时了解杂物电梯安全部件的要求及特性，掌握一些检验要点，从而更好的提高检验工作质量，保证杂物电梯安全高效的运行。

参考文献

[1] 中华人民共和国国家质量监督检验检疫总局．GB 25194—2010 杂物电梯制造与安装安全规范[S]. 北京：中国标准出版社，2010.

[2] 中华人民共和国国家质量监督检验检疫总局．GB 7588—2003 电梯制造与安装安全规范[S]. 北京：中国标准出版社，2003.

[3] 中华人民共和国国家质量监督检验检疫总局．TSG T7006—2012 电梯监督检验和定期检验规则——杂物电梯[S]. 北京：新华出版社，2012.

[4] 中华人民共和国国家质量监督检验检疫总局．TSG T7001—2009 电梯监督检验和定期检验规则——曳引与强制驱动电梯[S]. 北京：新华出版社，2010.

（该论文发表于《中小企业管理与科技旬刊》2012 年第 9 期）

关于特种设备检验检测安全问题的分析

赵　鹏

（陕西省特种设备质量安全监督检测中心　陕西 西安 710048）

摘　要：在实际生产中，对特种设备的检验检测工作十分重要。通过对特种设备的检验，不但能够消除设备本身所存在的安全问题，同时对于设备的监察也十分重要，是人们生命财产安全的重要保障，所以特种设备的检验检测安全问题意义重大。但是，特种设备检验工作本身就有很大的安全隐患，因此检查过程中必须具备强大的技术支持，同时对于安全管理工作也不能放松。文章详细论述了当前特种设备检验检测中的安全问题及原因，并有针对性地探讨了提升特种设备检验检测安全管理的策略。

关键词：特种设备；检验检测；安全管理

1　特种设备在检验中发生安全问题的原因

1.1　操作人员对于检验安全不够重视

在进行特种设备的检验过程中，操作人员对于整体检验安全不够重视。对于事故出现的原因没有好好地把握，往往认为特种设备在运行的过程中不容易出现问题。因此在进行检验的过程中，整体检验工作不认真，对于规定的检验内容没有很好地进行检测。特种设备存在着很多潜在危险，即使在检验的过程中也容易对检验人员的人身安全造成危害。同时，对于检验安全性不够重视也会忽视特种设备运行过程中存在的问题，影响到特种设备的运行质量。

1.2　在检验过程中没有遵循相关规范

我国对于特种设备的检验工作十分重视，制定了相应的规章制度。同时不同的工业企业对于特种设备的管理，也有着自身的职责和要求。特殊设备检验人员在进行检验的过程中，需要有一定的资质和证明，但是在实际检验的过程中，往往有很多资质较低的检验人员对特殊设备进行检验。这样能够降低整体检验的成本，但是会对检验的安全性和准确性产生影响，同时在检验的过程中非常容易产生安全事故。

1.3　相关部门缺少对于特种设备的监管

我国相关部门缺少对于特种设备的监管，我国相关部门对于特种设备的管理，制定了相应的规章制度。但是在实际的操作过程中，操作人员往往不按照特种设备的管理制度进行管理。有些操作人员的资质较低，在进行操作的过程中往往按照传统的经验进行操作，同时在检验的过程中对于相应的规章制度，没有很好地遵守。这对于特种设备的操作和检验，会造成极大的威胁,影响到特种设备的正常运行。

2　增强特种设备检验检测安全性的方法

2.1　特种设备检验检测制度的完善

(1)催检到位。检验检测机构首先要将年度检验工作的计划做好安排,安排好各类特种设备的检查时间,并在检查之前,通知用户单位具体的检查时间,使得检查工作能够顺利进行。

(2)严格检验。检验时,首先要对用户单位的设备情况进行明确了解,包括设备的注册、是否逾期检验以及设备操作人员是否具备操作资格等都要进行一一检查,确保检验能够做到合理全面。如果有不合格的情况出现,要及时向上级监督机构汇报。

(3)加强检验过程中对隐患的处理。在检验过程中,如果出现安全隐患,必须按照相关管理办法严格执行。要对所在单位签发检验意见书,并对所存在的安全隐患进行详细说明,要求所在单位必须在规定时间内将安全隐患消除。如果用户单位没有按照规定时间将安全隐患消除,那么就要对该单位设备认定为不合理使用,将其报告给上级的监督部门。

2.2　增强对特种设备可能出现的故障进行检测和预防

特种设备的安全涉及方面广、设备问题呈现滞后性的特点,这就要求企业内所有专业人员提高安全管理设备的意识,对特种特备可能出现的故障进行检测和预防,定期组织人员培训,全员参与,保证设备出现问题第一时间反映到维修人员中去。要求企业内员工都要树立一种正确的时间观念和设备检测理念,做到掌握科学方法,及时发现问题并解决问题的理念,在设备的检验过程中保持优良、认真、高效的工作作风,才能真正的做到对特种设备可能出现的问题在源头上遏制。

2.3　提高特种设备检验人员的专业技术水平

2.3.1　加强人员培训、举办培训讲座

根据特种设备检验需要专业性方面,针对不同对象进行特种设备检验课程培训,加大培训课程的支出,重视人才,打造一支能够适应时代发展的专业素质人员。建立教师讲堂,做好课程的准备,定期向设备检测人员进行专业培训,提升对此课程高度的重视,斥资聘请国内外专业人员作为课程培训的导师,进行大规模、定期的专业培训,并将授课过程编在书本并且录制视频,为将来新入职员工的培训做好准备,此举可加强人员的专业能力,为特种设备的安全性再多一层保障。

2.3.2　对新上岗员工进行能力验证

新上岗员工由于缺乏企业内设备检验的经验,必须要通过专人专业指导培训后方可上岗参加工作,并且有管理部门制定新人上岗前的可行标准来严格控制人员专业素质,只有通过了管理部门制定的相应考试才可上岗,在新的检验人员上岗后还要定期对人员进行二次、三次业务考核评价,不断地跟踪以保证新上岗员工的专业能力能够在较短时间内有一个较为快速地发展。只有经过管理人员层层把关后才能保证新上岗员工真正地掌握技术而不是徒有虚表,

此举才能在源头上减少并遏制因人员专业素质不足而导致安全事故。

2.3.3　落实内部员工技能考核以提供员工的工作积极性

特种设备的检验工作较为分散，具有快速性质，这就要求检验检测单位的管理人员采取相应措施提高监督，以便根据考核来提高员工的认识和积极性。对于专业员工上报的设备可行性和状况进行抽查，对于特种设备本身具有问题，而检测员工未发现或者发现后未上报情况的行为进行处罚，对于及时反应设备可能会出现的故障或者问题及时上报并且采取相应有效措施的行为进行奖励，除此之外对每个员工提交的检测报告进行存档，如果设备出现问题而未能及时发现的员工进行相应的负激励。

2.4　完善管理体系，有针对性和区别性的对人员管理培训

特种设备检验的骨干人员是检验人员中最为重要的一环，他们知识经验丰富，有着基层最为坚实的经验作为支撑，他们不但承担着设备检验最重要的一步，又肩负着特种设备检验长足发展的神圣使命，所以在培训中应当做到骨干人员与普通人员区别对待，并且根据技术骨干提出的复杂性问题一起探究并在培训班中得到真正地解决，此举也能够使技术骨干人员在企业特种设备的检验过程中起到带头示范的作用。

3　结束语

综上所述，特种设备的技术和安全发展使保证企业长足发展的重要一环，只有通过技术和经验对企业特种设备科学管理，采用科学的管理方式方法不断提高设备与人员的管理水平才能确保设备的安全性和准确性，并且为国家经济的持续发展贡献力量。

参考文献

[1]　王文杰．特种设备检验检测的安全管理分析[J]．科学大众(科学教育)，2013(1)：166.

[2]　肖北雁，风丽，王文彬．强化特种设备检验检测责任意识的思考[J]．安全，2013(7)：51－53.

[3]　刘福涛．特种设备检验检测的安全管理[J]．安全，2010(4)：19－20.

（该论文发表于《建筑工程技术与设计》2017年第6期）